广州市"三线一单"生态环境分区管控研究

于 雷　王成新
著
吴耀光　卢文洲　马占琪

U0252100

中国环境出版集团·北京

图书在版编目（CIP）数据

广州市"三线一单"生态环境分区管控研究 / 于雷
等著. —北京：中国环境出版集团，2022.12
　　ISBN 978-7-5111-5302-9

　　Ⅰ. ①广…　Ⅱ. ①于…　Ⅲ. ①生态环境—区域环境管
理—研究—广州　Ⅳ. ①X321.265.1

　　中国版本图书馆 CIP 数据核字（2022）第 164938 号

出 版 人　武德凯
责任编辑　王　琳
封面设计　彭　杉

出版发行　中国环境出版集团
　　　　　（100062　北京市东城区广渠门内大街16号）
　　　　　网　　　址：http://www.cesp.com.cn
　　　　　电子邮箱：bjgl@cesp.com.cn
　　　　　联系电话：010-67112765（编辑管理部）
　　　　　　　　　　010-67112739（第三分社）
　　　　　发行热线：010-67125803，010-67113405（传真）
印　　刷　北京鑫益晖印刷有限公司
经　　销　各地新华书店
版　　次　2022 年 12 月第 1 版
印　　次　2022 年 12 月第 1 次印刷
开　　本　787×1092　1/16
印　　张　21.25
字　　数　380 千字
定　　价　95.00 元

编　委　会

主　　编：于　雷　　王成新　　吴耀光　　卢文洲　　马占琪
编　　委：秦昌波　　苑魁魁　　张旭亚　　邱育真　　刘永胜
　　　　　熊　燕　　刘晓伟　　任秀文　　王一舒　　张武才
　　　　　郭　涛　　陈　宁　　熊丽珠　　张娅兰　　姚雅雯
编写单位：生态环境部环境规划院
　　　　　广州市环境保护科学研究院
　　　　　生态环境部华南环境科学研究所
　　　　　广州市蓝翌环保科技有限公司

前　言

　　广州地处广东省中南部，珠江三角洲北缘，南岭山地向珠江口的过渡地带。广州是广东省省会、副省级城市、超大城市、国务院批复确定的中国重要中心城市、首批国家历史文化名城、国家综合性门户城市，是中国通往世界的南大门、粤港澳大湾区、泛珠江三角洲经济区的中心城市及"一带一路"枢纽城市。

　　"十三五"时期是广州市决胜高水平全面建成小康社会的关键时期，但发展不平衡、不充分的问题仍然突出。广州市经济仍将保持中高速增长，经济社会发展与生态环境保护仍不够协调，生态空间占用、资源能源消耗和污染物排放增长的压力长期存在，城市建设与生态用地保护之间矛盾突出，资源环境承载力已经达到或超过上限，大气区域性、复合型污染尚未有效缓解，城市水体污染依然较重。

　　为深入贯彻习近平生态文明思想，全面落实党中央、国务院关于全面加强生态环境保护、坚决打好污染防治攻坚战的决策部署，认真落实生态环境部、广东省关于开展区域空间生态环境评价的有关工作要求，贯彻落实"放管服"要求，更好地健全国土空间开发保护制度，推动形成绿色发展方式，2019年5月，广州市启动编制生态保护红线、环境质量底线、资源利用上线和生态环境准入清单（简称"三线一单"）工作，这是一项推动广州高质量发展的基础性工作，旨在建立与引领带动全省"一核一带一区"协调发展新格局相适应的生态环境管控体系。

　　在广州市生态环境局全力推动和大力支持下，生态环境部环境规划院与广州市环境保护科学研究院、生态环境部华南环境科学研究所、广州市蓝塑环保科技有限公司联合成立技术组，历时两年时间，采取"部门协调，上下联动"的工作模式，经市、区多轮对接，最终形成了广州市"三线一单"研究报告、文本、图集、数据库等四项成果。2021年6月25日，《广州市"三线一单"生态环境分区管控方案》由广州市人民政府正式印发实施。

　　本书以实现分阶段环境质量目标为核心，围绕空间布局优化、污染排放控制、环境风险管控、资源利用效率等方面，梳理和整合相关法规条例、规划计划、战略环评和规划环评的环境管控要求，建立覆盖全市的分区生态环境准入清单，形成空间管控方案精细化"落地"到区、镇街、行政村的精准管控体系。编制团队开展了大量的基础研究工作，对广州市生态环境基础、生态保护红线与生态空间保护、水环境质量底线、近岸海域环境质量底线、大气环境质量底线、土壤环境风险防控底线、资源利用上线、生态环境管控单元及准入清单等进行了专项研究。本书凝聚了"三线一单"编制的主要成果，从广州市实际出发，尝试建立超大城市生态环境分区精细化管控体系，积极探索国土空间规划和"三线一单"生态环境分区管控体系的衔接机制，可供区域环评、规划环评、生态环境分区管控、城市环境规划、国土空间规划等领域的相关部门、研究人员参考。

本书共 11 章，第一章由于雷、张娅兰编写；第二章由王成新、姚雅雯编写；第三章由于雷、张娅兰、马占琪编写；第四章由王成新、张旭亚编写；第五章由卢文洲、刘晓伟、任秀文、张武才编写；第六章由王一舒、张武才编写；第七章由苑魁魁、张旭亚编写；第八章由马占琪、郭涛、陈宁、熊丽珠编写；第九章由马占琪、张武才、苑魁魁编写；第十章由张武才、卢文洲编写；第十一章由吴耀光、邱育真、刘永胜、熊燕编写。全书由王成新、苑魁魁负责统稿，于雷、秦昌波负责定稿，王成新负责图件制作。

在项目研究和本书出版过程中，广州市生态环境局对"三线一单"编制工作给予了重要指导和大力支持，广州市规划和自然资源局、发展改革委、工业和信息化局、林业和园林局、气象局、农业农村局等相关委办局提供了众多资料及建设性的意见建议，在此一并感谢。

由于作者水平有限，书中难免存在错误和疏漏，希望广大读者提出宝贵意见和建议。

作　者
2022 年 11 月

目　　录

第1章 总　　则

1.1　定位与目的

1.1.1　研究定位

为深入贯彻习近平生态文明思想，全面落实党中央、国务院关于全面加强生态环境保护、坚决打好污染防治攻坚战的决策部署，认真落实生态环境部、广东省关于开展区域空间生态环境评价的有关工作要求，广州市启动编制生态保护红线、环境质量底线、资源利用上线和生态环境准入清单（以下简称"三线一单"）工作，健全国土空间开发保护制度、推动形成绿色发展方式、贯彻落实"放管服"要求，推动广州高质量发展，形成与引领带动全省"一核一带一区"①协调发展新格局相适应的生态环境管控体系。

广州市位于珠江三角洲北部，南岭山地向珠江口的过渡地带，是珠江三角洲城市群的核心城市。目前，广州正处于"由国家中心城市向国际大都市迈进"的关键时期，以建设繁荣富裕、文明和谐、绿色低碳的"美丽宜居花城""活力全球城市"、现代化国际大都市为目标。未来一段时期，广州市经济仍将保持中高速增长，经济社会发展与生态环境保护仍不够协调，生态空间占用、资源能源消耗和污染物排放增长的压力长期存在，城市建设与生态用地保护之间的矛盾突出，资源环境承载力已经达到或超过上限，大气区域性、复合型污染尚未有效缓解，城市水体污染依然较重。

因此，要对照"美丽宜居花城""活力全球城市"的战略定位，推进穗港澳深度合作，审视区域发展和资源环境面临的战略性问题。通过编制"三线一单"，构建覆盖全市的分区环境管控体系，持续优化城市开发与保护格局，优化生态空间、

---

① "一核一带一区"分别指珠江三角洲地区、沿海经济带、北部生态发展区。

生产空间与生活空间,加强生态环境保护,保障人居环境安全。

1.1.2　研究目的

本次广州市、区同步开展"三线一单"的划定和编制,以实现分阶段环境质量目标为核心,围绕空间布局优化、污染排放控制、环境风险管控、资源利用效率等方面,梳理和整合相关法律法规、政策文件、战略环评和规划环评等的环境管控要求,建立覆盖全市的分区环境准入清单,形成空间管控方案"落地"到区、镇街、行政村的精准管控体系。在此基础上建立"三线一单"环保信息化管理系统,实现信息共享和动态管理,推动管控要求精准落地,进一步提升环境管理效率与水平。

1.2　范围与时限

本书研究范围为广州市陆域范围,包括荔湾区、越秀区、海珠区、天河区、白云区、黄埔区、番禺区、花都区、南沙区、从化区、增城区等 11 个区。

本次"三线一单"工作范围结合广东省技术工作要求,相关专题兼顾海域范围,具体海域管辖范围与海洋功能区划范围一致,北起广州港黄埔港区西港界,东至东江北干流增城三槺口,西至洪奇沥与中山市交界,南至伶仃洋进口浅滩南端以北海域,海域总面积为 399.92 km^2。

编制时限:基准年为 2018 年(部分专题研究数据采用 2019 年或 2020 年数据),近期目标年为 2025 年,远期至 2035 年(其中,需研究 2030 年阶段水环境质量目标、土壤环境风险防控底线目标)。远期研究内容以确定环境质量目标、测算环境容量和允许排放量、研究减排途径及环境管控方向等为主。

1.3　技术路线

① 系统收集整理广州市资源、环境及经济社会等基础数据,开展资源环境生态系统与经济社会系统综合分析。② 明确生态保护红线与分区管控、环境质量底

线与分区管控、资源利用上线与分区管控要求，综合划定环境管控单元。③ 制定基于环境管控单元、环境质量目标、排放总量、空间管控以及环境改善措施的生态环境准入清单。广州市"三线一单"编制技术路线如图 1-1 所示。

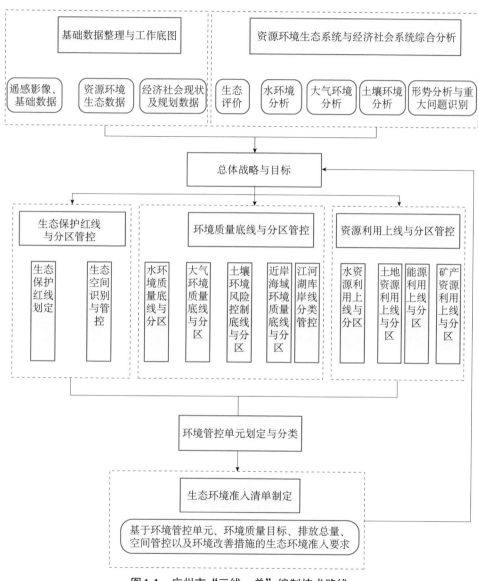

图1-1　广州市"三线一单"编制技术路线

1.4 解释与调整说明

广州市"三线一单"编制工作总体上遵循《"生态保护红线、环境质量底线、资源利用上线和环境准入负面清单"编制技术指南（试行）》《"三线一单"编制技术要求（试行）》《生态环境准入清单编制要点（试行）》《"三线一单"岸线生态环境分类管控技术说明》《广东省区域空间生态环境评价技术方案》等技术文件要求，针对广州市城市化水平高、开发强度大等特点，在生态空间划定、水环境分区及大气环境分区划定等环节，根据广州市实际情况做了调整和细化。

（1）关于广州市陆域面积的解释与说明：广州市民政局提供的广州市陆域面积为 7 434.40 km²，为官方使用数据。根据广东省工作需要和安排，本书中的广州市与各区陆域面积统一使用广东省下发的行政区划矢量数据，统计面积为 7 248.27 km²。此外，广州市土地资源利用现状数据使用广东省下发的地类图斑数据，统计面积为 7 249.8 km²。行政区划范围及相关数据仅为研究使用，不为勘界、统计、确权等使用。

（2）关于生态空间的调整：在广东省下发的生态空间格局的基础上进行了规划与现状的衔接，具体需要说明以下问题。一是各类保护地的校核，因广州市林业与园林局正在开展自然保护地的边界优化调整工作，自然保护地边界范围变动较大，本书中的自然保护地采用经市政府审议通过的报批方案。二是生态保护红线方案采用 2020 年 12 月底的定库版本。因广州市规划和自然资源局同步开展生态保护红线优化调整工作，故在国土空间规划中同步划定城镇开发边界和永久基本农田。本书中进行衔接的"三线"数据属于阶段性成果，后续管理中需要多部门密切配合，动态更新调整。

（3）关于水环境分区的调整：与广东省技术方案不一致的地方主要为以下两个方面：一是为与最新的相关区划衔接，此次饮用水水源保护区划方案采用生态环境部门 2019 年批复后的方案。二是根据广州市的水环境保护现状与实际发展需求，结合饮用水水源准保护区的相关管控要求，广州市把乡镇级以上饮用水水源保护区中的一级和二级保护区均纳入优先保护区（不考虑准保护区）。

（4）关于大气环境质量底线和分区管控：根据广东省大气环境敏感性的评价结果，对广州市的村庄行政边界以及大气通风廊道方案进行了本地化处理，将广州市主要的大气通风廊道纳入大气环境布局敏感区。广州市主要大气环境问题为臭氧（O_3）污染，但仍需继续开展细颗粒物（$PM_{2.5}$）污染协调控制，因此大气环境质量底线目标的设定增加了 2035 年 $PM_{2.5}$ 和 O_3 的大气环境质量底线目标，以此测算主要常规污染物的削减。

随着绿色发展理念的深化、生态文明建设的推进、环境保护要求的提升、社会经济技术的进步、国土空间规划的改革、自然保护地的优化整合，"三线一单"相关管理要求逐步完善、动态更新。广州市人民政府负责组织生态环境准入清单的动态调整，涉及环境空间管控和综合管控单元的调整由广州市人民政府提出申请，按每 5 年一个周期，由省人民政府组织调整。广州市生态环境主管部门负责"三线一单"编制方案的解释。

第2章　区域概况

2.1　地理位置

广州市位于广东省中南部，珠江三角洲北缘，接近珠江流域下游入海口，位于东经112°57′—114°30′、北纬22°26′—23°56′。市中心位于北纬23°06′32″、东经113°15′53″。广州市东连惠州市，西邻佛山市，北靠清远市、韶关市，南接东莞市和中山市，隔海与香港特别行政区、澳门特别行政区相望，是广东省省会，广东省政治、经济、科技、教育和文化中心，海上丝绸之路的起点之一，中国的"南大门"。

2.2　自然环境概况

2.2.1　地形地貌

广州市处于粤中低山与珠江三角洲之间的过渡地带，地势由东北向西南倾斜，北部以山地、丘陵为主，中部以台地、阶地为主，南部以平原为主。全市共包括山地、丘陵、残丘、台地、阶地、平原6种基本地貌形态。

① 中低山地，主要分布在广州市东北部海拔400～500 m的山地，坡度为20°～25°，是重要的水源涵养林基地。② 丘陵地，在增城区、从化区、花都区以及市区东部、北部均有分布，海拔400 m以下垂直地带内的坡地，主要分布在山地、盆谷地和平原之间，为用材林和经济林生长基地。③ 岗台地，主要分布在增城区、从化区、白云区、黄埔区，番禺区、花都区和天河区也有零星分布，相对高程在80 m以下，坡度小于15°的缓坡地或低平坡地一般被开发利用为农用地、果林和经济林。④ 冲积平原，主要有珠江三角洲平原，流溪河冲积的广花平原，番禺和南沙沿海地带的冲积、海积平原，是广州市粮食、甘蔗和蔬菜的主要生产基地。⑤ 滩涂，主要分布在南沙、万顷沙、新垦镇沿海一带。广州市地形高程如

图 2-1 所示。

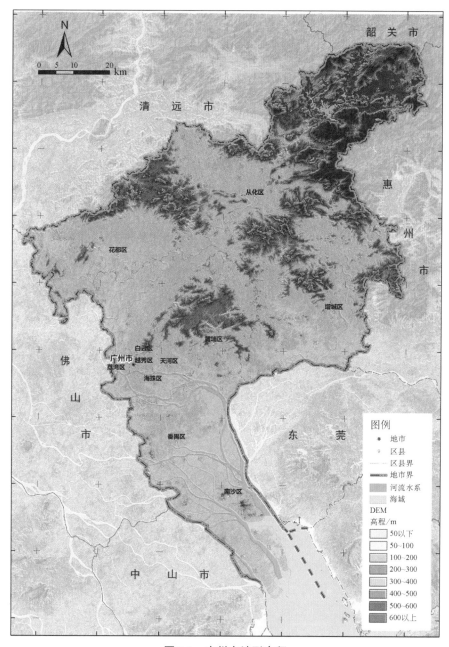

图 2-1　广州市地形高程

2.2.2　气候气象

广州市地处珠江三角洲，位于南亚热带，北回归线在市域北部穿过，濒临南海，海洋性气候特征特别显著。因此，海洋和大陆对广州市的气候均有非常明显的影响。广州市温暖多雨、光热充足、温差较小、夏季长、霜期短，年平均气温为 21.5～22.2℃，年平均日照时数为 1 820～1 960 h，大于 10℃的年积温在8 000℃左右，北部无霜期为 290 d，南部无霜期为 346 d；平均相对湿度为 77.0%，年降水量为 1 689～1 876 mm，年降水日数约 150 d，雨季（4—9 月）降水量占全年降水量的 85%左右。雨热同期，气候生产潜力高。

2.2.3　水文特征

广州市境内河流纵横，属珠江水系。全市大小河流（涌）众多，水域面积广阔，集雨面积在 100 km^2 以上的河流共有 22 条，河宽 5 m 以上的河流共有 1 368条，总长 5 597.36 km，河道密度为 0.75 km/km^2。主要河流有增江、流溪河和东江，三江流经广州市汇入珠江入海；主要水库包括流溪河水库、黄龙带水库、三坑水库、增塘水库、芙蓉嶂水库、联安水库等。区域外对广州市影响较大的水系有西江水系、北江水系和东江水系。广州市水系如图 2-2 所示。

广州市水资源的主要特点是本地水资源较少，过境水资源相对丰富。本地水资源总量为 79.79 亿 m^3，其中地表水总量为 78.81 亿 m^3，地下水储量为 14.87亿 m^3。以本地水资源量及 2010 年第六次人口普查统计的常住人口计算，每平方千米水资源量为 106.01 万 m^3，人均水资源量为 628 m^3，是全国人均水资源占有量的 1/2。过境客水资源量为 1 860.24 亿 m^3，约是本地水资源总量的 23 倍。客水资源主要集中在南部网河区和增城区，其中，由西江、北江分流进入广州市区的客水资源量为 1 591.5 亿 m^3，由东江分流进入东江北干流的客水资源量为 142.03亿 m^3，增江上游来水量为 28.28 亿 m^3。南部河网区处于潮汐影响区域，径流量大，潮流作用也很强。珠江的虎门、蕉门、洪奇沥三大口门在广州市南部入伶仃洋出南海，年涨潮量为 2 710 亿 m^3，年落潮量为 4 088 亿 m^3，与三大口门的年径流量（1 377 亿 m^3）比较，每年潮流可带来大量的水资源，部分是可以被利用的淡水资源。

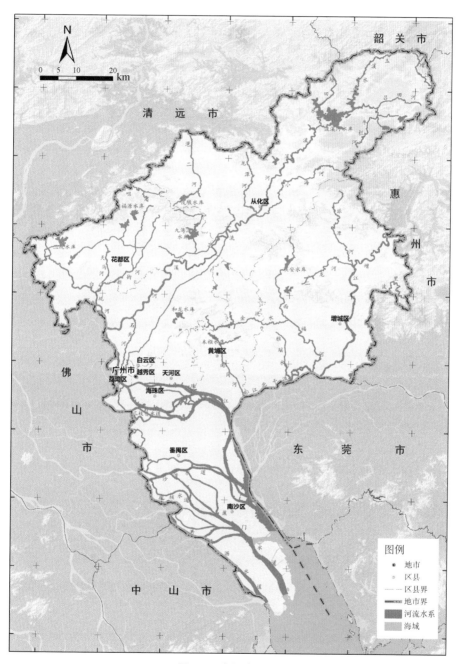

图2-2　广州市水系

2.2.4　土地资源

广州市土地类型多样，适宜性广，地形复杂。地势自北向南降低，最高峰为北部从化区与惠州市龙门县交界处的天堂顶，海拔为 1 210 m；东北部为中低山区；中部为丘陵盆地；南部为沿海冲积平原，是珠江三角洲的组成部分。由于受各种自然因素的相互作用，广州市形成多样的土地类型。全市宜耕地比例为 65%、宜园地比例为 56%、宜林地比例为 63%、城镇建设适宜用地比例为 68%，土地资源综合承载力处于高水平，形成"五山两田两城一分水"的现状用地结构。

根据 2018 年年底广州市土地利用地类图斑矢量数据统计，广州市陆域总面积为 7 248.27 km²，其中耕地面积为 835.5 km²，占比 11.5%；园地面积为 1 055.1 km²，占比 14.6%；草地面积为 27.4 km²，占比 0.4%；林地面积为 2 528.3 km²，占比 34.9%；城镇村及工矿用地面积为 1 491.0 km²，占比 20.6%；交通用地面积为 314.8 km²，占比 4.3%；水域及水利设施用地 948.6 km²，占比 13%；其他土地面积为 49.1 km²，占比 0.7%。

2.2.5　矿产资源

广州市已发现矿产 47 种（含亚种），矿产地 820 处；已查明资源储量的矿产 29 种，矿产地 70 处，其中大型矿区 10 处、中型矿区 18 处、小型矿区 42 处。主要矿产有建筑用花岗岩、水泥用灰岩、盐矿、煤、矿泉水和地热等。广州市建筑用花岗岩和水泥用灰岩较为丰富，分布面积广、质量好、强度大，为优质的建筑石料。矿泉水为偏硅酸低矿化度矿泉水，水质优良，具备一定资源储量，有较好的开发潜力。从化区温泉村地热开发历史悠久。

2.3　社会经济概况

2.3.1　行政区划

2014 年，撤销黄埔区、萝岗区，设立新的黄埔区；撤销县级从化市，设立从化区；撤销县级增城市，设立增城区。行政区划调整后，广州市辖越秀区、海珠区、荔湾区、天河区、白云区、黄埔区、花都区、番禺区、南沙区、从化区、增城区共 11 个区。广州市行政区划如图 2-3 所示。

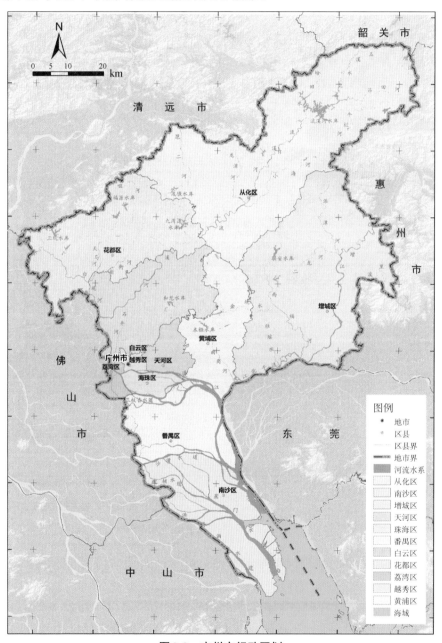

图 2-3　广州市行政区划

2.3.2 人口分布

2018 年年末，广州市常住人口 1 490.44 万人，城镇化率为 86.38%。年末户籍人口 927.69 万人，其中，户籍出生人口 17.10 万人，出生率为 18.4‰；死亡人口 5.23 万人，死亡率为 5.7‰；自然增长人口 11.87 万人，自然增长率为 12.7‰。户籍迁入人口 22.81 万人，迁出人口 4.88 万人，机械增长人口 17.93 万人。户籍人口城镇化率为 79.78%。2018 年广州市人口规模及分布情况见表 2-1。

表 2-1 2018 年广州市人口规模及分布情况

行政区	行政区域面积/km²	年末常住人口/万人	城镇化率/%
荔湾区	62.67	97.00	100.00
越秀区	33.67	117.89	100.00
海珠区	91.95	169.36	100.00
天河区	136.65	174.66	100.00
白云区	664.58	271.43	81.02
黄埔区	481.09	111.41	91.65
番禺区	515.12	177.70	89.13
花都区	969.14	109.26	68.80
南沙区	694.36	75.17	72.79
从化区	1 984.19	64.71	45.08
增城区	1 614.85	121.85	73.10
全市	7 248.27	1 490.44	86.38

2.3.3 经济发展

2018 年，广州市实现地区生产总值 22 859.35 亿元，按可比价格计算，同比增长 6.3%。其中，第一产业增加值为 223.44 亿元，同比增长 2.5%；第二产业增加值为 6 234.07 亿元，同比增长 5.4%；第三产业增加值为 16 401.84 亿元，同比增长 6.6%。第一、二、三产业增加值的比例为 0.98：27.27：71.75。第二产业、第三产业对经济增长的贡献率分别为 26.6%和 73.0%。2018 年，广州市人均地区生产总值达到 155 491 元，按平均汇率折算为 23 497 美元。2014—2018 年广州地区生产总值及其增长速度如图 2-4 所示。

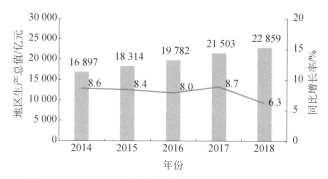

图2-4　2014—2018年广州地区生产总值及其增长速度

第 3 章　生态环境基础、形势与总体要求

3.1　区域发展战略

党中央、国务院先后提出了"一带一路"倡议、粤港澳大湾区建设等国家发展战略，广州市地处国家战略的龙头位置，承担着实现国家战略的重大使命。

3.1.1　打造广州南沙粤港澳全面合作示范区，引领带动全省形成"一核一带一区"协调发展新格局

2019 年 2 月，中共中央、国务院印发《粤港澳大湾区发展规划纲要》，提出要紧密合作、共同参与"一带一路"建设，打造具有全球竞争力的营商环境，携手扩大对外开放，共建粤港澳合作发展平台。对广州市来说，这不仅是机遇，更多的是挑战和责任。广州市不仅要化解产能过剩，供给与需求结构不平衡、不匹配的问题，更需要增强经济增长的内生动力。一方面要充分发挥广州市作为国家中心城市和综合性门户城市的引领作用，发挥核心带动作用，促进粤港澳大湾区形成"极点带动、轴带支撑"的网络化空间格局。另一方面要在"点"上发力，全面增强国际商贸中心、综合交通枢纽功能，充分发挥国家级新区和自由贸易试验区优势，打造广州南沙粤港澳全面合作示范区。携手港澳将广州建设成我国南方重要的对外开放窗口，迫切需要统筹解决南沙新增建设用地规模的问题，调整优化城市布局和空间结构。

3.1.2　着力建设国际大都市，建设"美丽宜居花城""活力全球城市"

根据《广州市国土空间总体规划（2018—2035 年）》（草案），未来城市建设以"美丽宜居花城""活力全球城市"为目标愿景，围绕实现老城市新活力做文章，着力推动广州市在综合城市功能、城市文化综合实力、现代服务业、现代国际化营商环境 4 个方面出新出彩。2025 年，国家中心城市和综合性门户城市建设全面上新水平，实现老城市焕发新活力，粤港澳大湾区区域发展核心引擎作用进一步凸显。2035 年，建成国际大都市，成为具有全球影响力的国家商贸中心、综合交通枢纽、科技教育文化中心，城市经济实力、科技实力、生态环境、文化交往达到国际一流城市水平。

粤港澳大湾区建设势必会带动"广佛"同城化、"广清"一体化发展，"广佛肇清云韶"经济圈进一步互通互融，推动形成更高层次的区域核心极点。规划提出严控国土空间开发强度，生态和农业空间不低于市域面积的 2/3，城镇建设空间不高于市域面积的 1/3，将国土空间开发强度严格控制在市域面积的 30%以内，建设规模控制在 2 180 km^2 以内。但是，目前广州市土地资源开发已接近上线，主城区（越秀区、荔湾区、天河区、海珠区、黄埔区、白云区）建设用地面积占比较高，从化区受生态保护红线与耕地保护的制约，可供开发的土地资源有限，未来主要向南沙区、番禺区、增城区、花都区发展，城市建设势必进一步扩张，城市建设对生态系统服务功能和生物多样性的影响不容忽视。

3.1.3　地处珠江三角洲核心区，主体功能属于国家层面优化开发区

广东省经济发展高度聚集在珠江三角洲，广州是珠江三角洲的核心区。根据《全国主体功能区规划》，从国家尺度来看，广州是国家层面的优化开发区。区域发展要以广州为中心，以"广佛"同城化为示范，推动"广佛肇"建设，增强广州高端要素集聚以及科技创新、文化引领和综合服务功能，强化广州市作为国家中心城市、综合性门户城市和区域文化教育中心的地位，建设国际大都市，带动环珠江三角洲地区的发展。

《广东省主体功能区规划》对广州市提出了更高的要求，要充分发挥省会城市的优势，进一步优化功能分区和产业布局，建成珠江三角洲一小时城市圈的核心；优先发展高端服务业，加快建设先进制造业基地，大力提高自主创新能力，率先建立现代产业体系；增强文化软实力，提升城市综合竞争力；强化"广佛"同城效应，携手珠江三角洲打造布局合理、功能完善、联系紧密的城市群。

3.2 相关规划分析

3.2.1 广州市国土空间开发利用与保护格局分析

根据《广州市国土空间总体规划（2018—2035年）》（草案），广州市中远期城镇开发边界占市域面积的比例控制在1/3以下，全市土地开发强度维持在国际警戒线（30%）以内，规划市域生态空间与农业空间占市域面积的2/3。规划2035年常住人口规模达到2 000万人左右，按照2 500万人左右管理服务人口进行基础设施和公共服务设施配置。未来经济发展、人口规模扩大和局部建设用地增加，势必导致资源、能源消耗量及污染物产生量增加，给广州市未来的发展和生态环境保护带来挑战。

农业空间中承担粮食蔬菜供给功能的基地主要分布在从化区和增城区中南部、花都区西部、白云区北部，少许都市特色农业基地分布在番禺区南部、南沙区北部，未来重点稳定粮食和蔬菜等城市主要农产品供应的基本空间。

生态空间中重点构建"通山达海"的生态空间网络，重点保护市域自然资源分布最为集中的区域，打造九大生态片区。利用流溪河森林公园—流溪河—珠江西航道—洪奇沥水道等构建"三纵五横"八条廊道，与组团廊道、社区廊道相连，全域构建三级廊道体系。同时，保护城区生物多样性功能重要地区，形成白云山、海珠湿地、白云湿地、大夫山—滴水岩、黄山鲁和南沙湿地等六大生态节点。

从生态空间分布格局来看，广州北部的青云山脉、九连山脉、罗浮山脉，与大湾区西部、北部、东部山体共同形成区域山体生态屏障。珠江、流溪河、增江等骨干河道，整合连接水系沿线森林公园、湿地等生态资源，形成珠江水系流域保护的重点，保护北部地区山体森林、流溪河流域、增江流域农林生态系统；保护中部地区白云山、白云湿地、帽峰山、海珠湿地等"生态绿核"，以珠江为链串联河涌水系形成"蓝脉绿网"，保护江心岛，构筑沿江都市生态本底；重点保护南部地区南沙大岗—榄核—万顷沙等入海口地区连片特色基塘农田、沙田，保护珠江口生态本底及沿海防护林、红树林湿地、滩涂湿地、近海岸生态系统；保护南部地区水网与滨海湿地生态系统，管控珠江河口、近海及海岸湿地，保障河口海岸交汇区生态本底安全。

从城镇开发格局来看，城镇开发区域主要向南部、西部及东部发展。广州市未来主要发展区域仍然在中部和南部，从化区、花都区北部、增城区北部开发强度较弱，总体上与广州市生态安全格局相符。数据显示，截至 2016 年年底，全市土地开发强度为 24.7%，未来全市城镇开发边界划定面积为 2 470 km²，不超过市域总面积的 1/3。一是主城区低效产业向外疏解，以集聚高端现代服务功能为主，以珠江前后航道为核心，打造总部金融创新产业集聚发展的核心区。二是形成"一核九片"空间布局，围绕主城核心区，在白云区、荔湾区、天河区、黄埔区、番禺区布局九大发展片区。三是突出南沙副中心地位，建设面向粤港澳的国际化滨海新城。四是花都区、空港经济区、黄埔知识城、番禺区南部、从化区等外围区域，以产城融合发展、城乡一体化发展为主，以地区核心增长辐射带动周边城镇发展。广州市国土空间开发格局对比如图 3-1 所示。

从全域的国土空间布局结构来看，广州市北部生态屏障与中心城区、南部区域的生态连通性不足，规划构建了纵向河流型生态廊道，缺少陆域山体生态廊道的连接，中部山体也缺少横向的廊道联系，难以维持区域生态安全格局稳定。城市内部绿地和公园的连通性在现有城市绿道的基础上需要进一步提高，白云山等城市内部山体、海珠湿地等逐渐被城镇包围，成为"孤岛"。规划主要着眼于生态廊道的"连通"功能，对于生态廊道的"阻隔"功能考虑不足，在主城区外围、几个城镇中心之间、城镇密集区和重要生态斑块之间、交通主干道和居民生活区之间、工业区和居民生活区之间，应考虑构建生态廊道。

从全域生态保护重点来看，流溪河作为重要的水源地、珍稀水生生物生境、水源涵养重要区，也是重要的纵向生态廊道。虽然出台了《广州市流溪河流域保护条例》，但两岸开发强度日益增强，未来流溪河两岸布局的大量商业、居住用地将会严重影响流溪河的生态功能。随着大湾区的建设，未来南部番禺区和南沙区将迎来发展契机，开发强度将会持续加大，脆弱的生态系统将受到较大冲击，河网湿地、沿海滩涂湿地、红树林等优质生态资源面临被逐渐"蚕食"的风险。

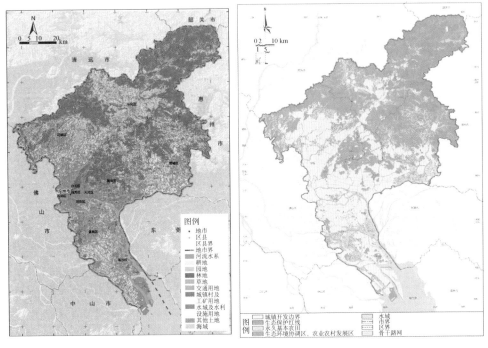

a.广州市土地利用现状   b.广州市国土空间规划"三线"示意

图3-1　广州市国土空间开发格局对比

从区域生态保护重点来看，未来花都区北部地区与清远市南部地区一体化发展，共同保护交界地区的王子山森林公园、银盏森林公园、盘古王森林公园等生态屏障，整合花都文化旅游城、九龙湖度假区、清远长隆国际森林乐园等文旅资源，整合周边"广清"产业园，石角、花都狮岭等地区，协同发展生态休闲旅游、现代制造、商贸物流等功能，打造粤港澳大湾区（穗港清）旅游生态圈。

3.2.2　产业工业区块布局分析

根据广州市工业产业区块划定方案，广州市2019年现状工业区块具有数量多、布局散、规模小、产出效率差异大等特征。从2019年现状产业区块用地规模来看，摸查数据显示，广州市2019年现状工业（含仓储）用地总面积为

387.70 km^2，全市工业用地约占城乡建设用地的 25.3%，与北京市、上海市大体相当，低于深圳市（32%）、佛山市（41%）、东莞市（49%）。从空间布局上分析，广州市产业区块呈现"大集聚、小分散"的空间布局特征，工业用地聚集度较高的区域主要集中在黄埔南—增城西、白云区中西部、花都区中南部等 3 个工业聚集中心。

广州市工业用地图斑约 2.4 万个，平均规模约为 1.6 hm^2，2 hm^2 以下图斑占比约为 81%，尤其从化区、增城区图斑平均规模较小，工业用地呈现出分布零散、空间碎片化的特征。从利用效率来看，全市工业用地整体开发强度较低，土地利用较为粗放，1/3 的村级工业园产出效率偏低。工业用地产出效率不高，地均产值偏低，区域差异大，以传统制造业为主的白云区、番禺区以及花都区、从化区、增城区等工业重点发展地区产出效率偏低。从新增工业用地供应来看，工业用地年均出让规模约为 5 km^2，占全市土地供应的 1/4。在存量工业用地更新方面，数据显示，2018 年，95% 的工业用地通过"工改商""工改居"转为其他性质用地，在房地产开发的压力下，工业用地受到挤压。广州市 2019 年现状工业产业区块分布如图 3-2 所示。

受宏观经济形势变化和复杂国际环境的影响，广州市工业发展面临较大压力。数据显示，2013—2018 年，全市工业增加值增长速度从 12.1% 下降到 5.5%，第二产业增加值占 GDP 的比重从 33.9% 下降到 27.27%。从产业结构分析，广州市汽车制造业，计算机、通信和其他电子设备制造业，石油化工业三大支柱产业产值占全市工业总产值的 44%，汽车制造业和石油化工业比重较高，对用地空间需求较大。广州市工业产业构成与上海市接近，工业重型化、综合化程度高于深圳市和佛山市。深圳市、上海市的产业结构以计算机、通信和其他电子设备制造业为主，集约化程度高于广州市。

在广深港澳科技创新走廊的牵引带动下，未来重点围绕南沙副中心、中新广州知识城、空港经济区三个"智造核芯"平台，布局优势产业集群。市域范围内形成东翼、南翼、北翼三大产业集聚带，构建"一廊三芯、三带多集群"的空间结构，推进全市先进制造业集聚、集群、集约发展，重点打造世界级先进制造业集群。广州市产业布局结构如图 3-3 所示。

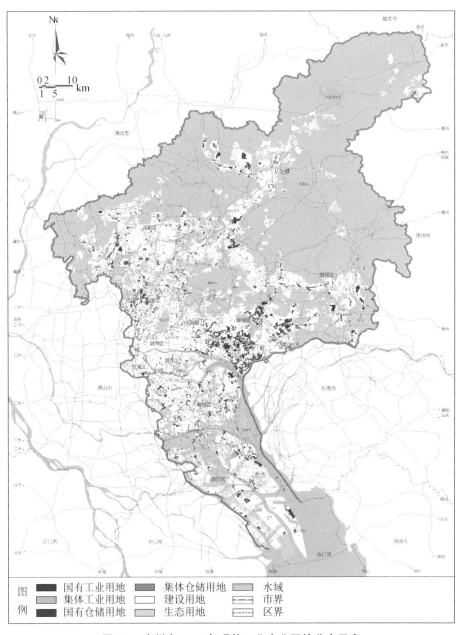

图3-2 广州市 2019 年现状工业产业区块分布示意

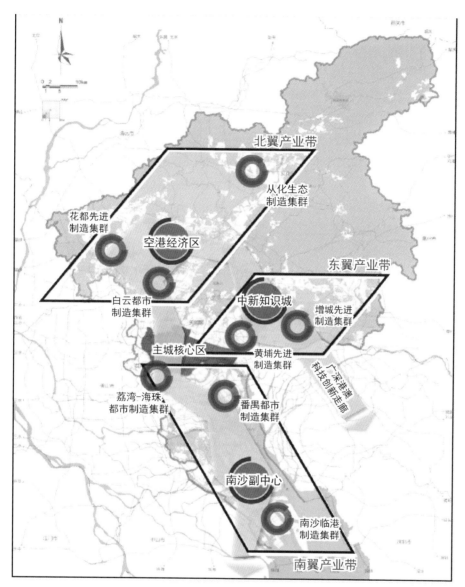

图3-3 广州市产业布局结构

　　根据规划，广州市划定工业产业区块共 689 个，面积为 624.08 km²，重点分布在黄埔、南沙、花都、增城、白云、番禺等区。其中，国家级、省级开发区中连片工业用地，市级认定工业主导的价值创新园，国土空间规划确定的先进制造业发展重点区域，市区级重点产业园区、产业集群用地，市区级重大产业项目、倍增企业、骨干企业、规模以上企业、全市百强工业企业等重要企业的工业用地，经各区研究论证确需保障用于支持工业发展的其他用地共 6 类工业用地纳入一级控制线内，全市划定一级控制线区块 195 个，面积为 445.00 km²，占全市工业产业区块面积的 71.30%，主要分布在黄埔、南沙、花都、增城、番禺等区。未来一定时期（5 年以上）需要稳定工业用地总规模，根据国土空间规划及城市发展需求，适当调整工业用地管理，划定二级控制线区块 494 个，面积为 179.08 km²，占全市工业产业区块面积的 28.69%，主要分布在白云、花都、增城、黄埔、南沙、从化等区。广州市工业产业区块整合示意如图 3-4 所示。

目前，广州市工业企业主要集中在增城区、白云区、黄埔区、南沙区、花都区和番禺区等外围城区，现阶段工业污染源多分布在广州市西部水系如流溪河白云段、白坭河、珠江西航道、前航道和珠江下游如黄埔航道、东江北干流、增江水系等周边。白云区北部、花都区及从化区西南部是以制造业为北翼的产业集聚带，未来花都区、从化区化学需氧量（COD）和氨氮（NH_3-N）环境承载力预计会超载。目前，白坭河、石井河、珠江西航道、前航道等水质仍超标，位于白坭河和石井河水系的工业产业区块应重点推进产业布局调整转移、工业入园管理和循环工业园区建设；位于珠江西航道、前航道的工业产业区块应逐步减少工业废水直排，加强工业入园管理和废水集中化处理设施建设，并不断提高工业废水重复利用率。按照工业产业区块整合方案，产业空间应重点推动制造业企业由小而散向园区化、集群化发展，同时严格环境准入要求。通过优化调整产业结构及布局，转变经济增长方式，控制污染物排放，实现有限的城市资源环境承载力与规划产业的协调发展。

3.2.3 产业结构优化分析

广州市主导产业为汽车制造业，计算机、通信和其他电子设备制造业，石油化工业，设备制造业，电气机械及器材制造业，电力、热力的生产和供应业，以及其他工业等类型。其中，汽车制造业，计算机、通信和其他电子设备制造业，石油化工业三大支柱产业占全市工业总产值的 44%。同时，低端产业主要分布在村级工业产业区块中，产业类型主要包括包装、仓储、电子、家电、皮革、汽配、食品、五金、机械、金属加工等，多为初级加工制造类产业。广州市产业结构如图 3-5 所示。

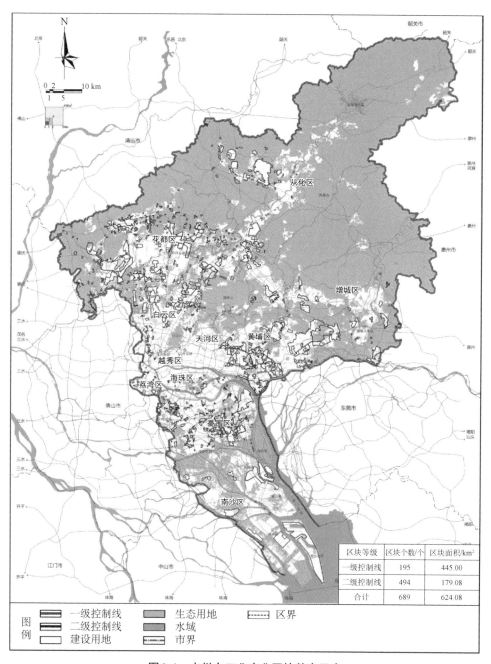

区块等级	区块个数/个	区块面积/km²
一级控制线	195	445.00
二级控制线	494	179.08
合计	689	624.08

图 **3-4**　广州市工业产业区块整合示意

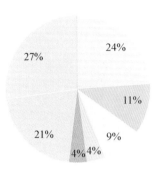

图 3-5　广州市产业结构分析

　　未来广州市的主导产业方向为现代服务业、战略性新兴产业和先进制造业。
① 现代服务业包括现代商贸、商务服务、文化旅游服务、科技服务、金融服务、
教育医疗服务等。② 战略性新兴产业重点发展新一代信息技术、智能与新能源汽
车、生物医药与健康、智能装备与机器人、轨道交通、新能源与节能环保、新材
料与精细化工、数字创意等产业。③ 先进制造业包括高端装备、智能装备、石油
化工、汽车制造、都市消费工业、其他制造业等。未来广州市重点发展壮大战略
性新兴产业，优化提升汽车、电子、电力、石化等传统优势产业。广州市先进制
造业基地和重要产业区块见表 3-1。

表 3-1　广州市先进制造业基地和重要产业区块

园区类型	重点产业园区或基地
先进制造业基地	广州经济技术开发区、增城经济技术开发区核心区、广州南沙经济技术开发区、广州花都经济开发区等
重要产业区块	从化明珠工业园和高新技术产业园、神山轨道交通装备产业园、广州环保装备产业园、增城中新产业园、增城低碳总部产业园、花都国际先进装备制造产业园、花都临空高科技产业园、狮岭工业集聚发展园区、炭步产业园、白沙节能产业园、双沙工业园、南湾产业园、番禺现代产业园、番禺节能科技园、石楼—化龙工业集聚区、南车城市轨道车辆维修组装基地、广州国际汽车零部件产业基地番禺园区、石北工业区（含巨大产业园）、小虎沙仔岛产业区、大岗先进制造业基地、南沙海洋及生物技术产业基地、国际汽车城产业区块、万顷沙南部产业区、龙穴岛造修船基地和航运物流服务集聚区、榄核新涌工业园、榄核顺河工业园、空港经济区航空维修产业基地、大田铁路经济产业园、云埔工业区等

　　广州市未来重点建设东翼、南翼、北翼三大产业集聚带。东翼包括天河区东
部、黄埔区及增城区南部，重点发展新型显示与集成电路、机器人及智能装备、

航空与卫星应用、新材料等产业。南翼包括南沙区、番禺区、荔湾区及海珠区南部，重点发展节能与新能源汽车、高端船舶与海洋装备、人工智能等产业。北翼包括白云区北部、花都区、空港经济区及从化区西部和南部，重点发展轨道交通装备、临空维修与制造、环保装备、精细化工等产业。广州市产业集聚带发展思路见表 3-2。

表 3-2　广州市产业集聚带发展思路

"三带"	行政区	主导产业	产业集群载体
东翼产业集聚带	天河区东部、黄埔区及增城区南部	发展新型显示与集成电路、机器人及智能装备、航空与卫星应用、新材料等	黄埔汽车产业集群、石化产业集群、电子产业集群、中新知识城、增城经济技术开发区南区
南翼产业集聚带	南沙区、番禺区、荔湾区及海珠区南部	发展节能与新能源汽车、高端船舶与海洋装备、人工智能等	现代产业园、石北工业区、番禺节能科技园、小虎沙仔岛产业区、海洋及生物技术产业区、珠江西产业区
北翼产业集聚带	白云北部、花都区、空港经济区及从化区西部和南部	发展轨道交通装备、临空维修与制造、环保装备、精细化工等	空港经济区、广州花都经济开发区（新区）、中新广州知识城、高技术产业园、白云工业园

未来一定时期内，广州市主要从做大、做强新型战略产业和传统产业优化升级两个方面入手。一方面要保障产业有序集聚发展，划定的工业产业区块面积占全市规划建设用地面积的 25% 左右，保障用于先进制造业、战略性新兴产业发展的产业用地供给，新增工业制造业用地原则上安排在工业产业区块内。另一方面推进传统工业园区、村级工业园分级、分类升级改造。位于主城区范围内基础条件较好的村级工业园，鼓励其进行独立升级改造，使之成为新型产业用地，形成一批都市型工业发展载体。位于主城区外的村级工业园，引导其集中连片改造，重点发展先进制造业。改变工业布局散乱、层级较低和强度不足等现状，推动工业用地向高集聚、高层级、高强度发展，加强产城融合。未来以国家级高新区、经济技术开发区为主，打造大型先进制造产业基地和世界级产业发展平台，将广州科学城、南沙自贸区、中新广州知识城打造成具有国际影响力的"中国智造"基地。同时，集聚发展军民融合产业，打造国家级军民融合示范区。

3.3 生态环境功能定位

广州市位于南岭山地森林及生物多样性生态功能区向珠江三角洲平原地带的过渡区，具备"山水城田海"生态系统类型，是维护区域生态安全的关键环节。外围山地生态屏障保护下的平原农业区成为珠江三角洲城市群生态安全保障体系的重要组成部分。广州市属于珠江流域下游河口三角洲的核心区域，水网密集，是维护、提升珠江流域水环境品质的核心城市。在大气环流系统中，珠江三角洲地区处于华南热带、亚热带气候区，受珠江三角洲区域大气环流影响，城市之间相互影响较大，广州市是改善区域大气环境质量的重点城市。

3.3.1 保障人居环境

在人居保障方面，广州市所在的珠江三角洲大都市群属于人居保障生态功能大类中的大都市群生态功能类型，其生态保护的主要方向包括以下两方面。① 加强城市发展规划，控制城市规模，合理布局城市功能组团；② 加强生态城市建设，大力调整产业结构，提高资源利用效率，控制城市污染，推进循环经济和循环社会建设。

3.3.2 维护区域水土保持与水源涵养功能

在生态调节方面，广州市属于全国重点生态功能区中的南岭山地水源涵养与生物多样性保护重点生态功能区。南岭山地水源涵养与生物多样性保护重点生态功能区主要分布在广州市北部区域，从化区、增城区、花都区等部分区域也有分布，其主要生态保护方向包括以下五方面。① 禁止导致生态功能继续退化的资源开发活动和其他人为破坏活动；② 大力发展中小城镇，引导重要生态功能区人口向城镇、集镇适当聚集；③ 改变粗放经营方式，发展生态旅游和特色产业，走生态经济型发展道路；④ 禁止污染工业向水源涵养地区转移；⑤ 加强退化生态系统的恢复并加大重建力度，提高森林植被水源涵养功能。

根据《广东省环境保护规划纲要（2006—2020年）》，广州市可分为3个生态功能区，其中北部属于"丘陵农林复合水土保持生态功能区"，中部属于"丘陵山川林农复合水土保持生态功能区"，南部属于"广佛珠三角中部都市经济生态功能区"。广州市内涉及的省级生态功能区有"翁源—英德河川丘陵农林复合水土保持生态功能区""增城—博罗丘陵山川林农复合水土保持生态功能区""广佛珠三角中部都市经济生态功能区""珠三角平原生态农业与河网营养物质保持生态功能区"。

按生态分级控制划分，广州市生态严格控制区主要分布在从化区和增城区，花都区有少量分布。全市陆域生态严格控制区面积为 858.41 km²，约占陆域面积的 11.8%。其中，南沙区是生态脆弱区和环境敏感区，需强化广州—万山群岛等重点控制区近岸海域的生态环境保护。从化区为重点预防区，要以保护现有植被为重点，封山育林、育草，禁止无序砍伐林木。增城区、花都区、番禺区为水土流失重点监督区，城市开发区水土保持要与郊野公园、风景区、水源林保护区建设结合起来。

根据《珠江三角洲环境保护规划纲要（2004—2020 年）》要求，广州市涉及珠江三角洲三级生态功能分区的有"广州—中山水田生态农业区""广佛城镇密集区""广佛城郊生态农业区""广州国际化城市生态经济区""花都丘陵山川生态农业区""花都—从化水土保持区""从化—广州—增城丘陵山川生态农业区""增城中部山地水土保持区""从化丘陵山川生态保育区""从化—博罗北部土壤侵蚀严格防护区""广州东北部山地水土保持区"共 11 个三级生态功能区。

从区域尺度来看，在珠江三角洲环境保护一体化的发展背景下，广州和佛山的城市建设已表现出延伸连片的趋势，外围山地生态屏障保护下的平原农业区成为珠江三角洲城市群生态安全保障体系的重要组成部分。广州和佛山之间需要建设以农田为主体的城市绿色隔离带，重视农业土地的生态防护功能。

3.3.3　保护珠江三角洲外围生态屏障区

广州市北部区域位于珠江三角洲向粤北山区的过渡区域，属于珠江三角洲外围生态屏障区的重要组成部分，在维护广东省"两屏一带"生态安全格局中具有重要作用。珠江三角洲外围生态屏障由珠江三角洲东北部、北部和西北部以及云雾山—罗壳山—滑石山—南昆山—莲花山等连绵山地森林构成，对于涵养水源、保护区域生态环境具有重要作用。

从城市尺度来看，从化区北部山地、花都区北部山地、增城区北部山地、帽峰山等构成广州市的生态屏障,流溪河、增江、珠江前后航道、沙湾水道等水域生态廊道,连系市域内的森林公园、山体等,形成"通山达海"的生态空间网络。广州市生态空间结构如图3-6所示。城市发展结构沿珠江水系呈网络化、组团式布局,全域以珠江为脉络,以生态廊道相隔离,形成"多点支撑、网络布局"的空间发展结构。全域优先划定生态保护红线,严格保护各类保护地、生态功能重要区域和生态环境敏感区域。

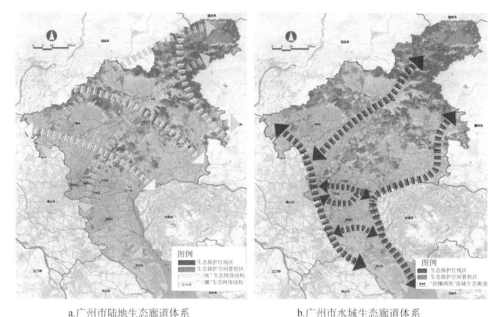

a.广州市陆地生态廊道体系   b.广州市水域生态廊道体系

图3-6 广州市生态空间结构示意

专栏1   广州市需要保护的重要生态功能保护地

根据广东省主体功能区规划,广州市重要生态功能保护地如下:

(1)北部山林生态屏障区,包括花都区北部至从化区北部再到增城区东北部的山林地区。

(2)白云山、帽峰山、凤凰山、火炉山、海珠万亩果园、万顷沙南部湿地公园等,具有为大都市提供绿色开敞空间、游憩空间以及调节都市生态平衡的重要作用,是市民亲近自然的重要场所。

（3）三条东西向生态廊道：沿流溪河生态廊道，珠江前后航道—东江生态廊道，金山大道、大岗—鱼窝头—海鸥岛生态廊道。

（4）三条南北向生态廊道：西部生态廊道（经花都区西部山体—珠江西航道—芳村花卉产业区—陈村水道—大夫山—滴水岩—洪奇沥）、中部干线—蕉门水道生态廊道、陈家林—狮子洋生态廊道。

（5）基本农田以及自然保护区、风景名胜区、森林公园、水源保护区等。

3.4　重点问题研判

3.4.1　城镇建设与生态用地保护矛盾突出，生态空间不断被侵占

生产空间与生活空间、生态空间布局存在矛盾，不利于人居安全。数据显示，广州市全市工业用地图斑约 2.4 万个，尤其是村级工业区块"遍地开花"，总量大，分布零散，造成土地资源消耗大，而且工业用地产出效率较低。由于历史原因，相当一部分工业区块的产业园区与周边城镇空间存在突出的布局矛盾，部分工业区块甚至与饮用水水源保护区、森林公园、水产种质保护区等冲突，造成生产空间与生活空间、生态空间的矛盾冲突。再加上一些工业区块多以传统产业为主，产业附加值低，污染较重，这些加剧了人居环境风险。部分产业区块位于生态限制建设区的示意如图 3-7 所示。

城市生态空间被侵占，尚未完全得到有效保护。经过持续努力，广州市先后划定了生态控制线、生态保护红线等管控线，提出生态空间和农业空间不低于市域面积 2/3 的底线目标，以珠江为脉络，以生态廊道相隔离，依托丰富的地形地貌及"山水城田海"并存的自然禀赋，逐步优化全域空间发展格局。但是，随着经济社会的不断发展，城市建设用地不断扩大，占用了大量的生态用地。

根据广州市资源环境承载力和国土空间开发适宜性评价报告，2009—2017年，建设用地以年均约 26 km² 的增速不断扩大，全市林地面积减少了 4 654 hm²，河湖湿地面积减少了 359 hm²。由于盲目开垦和不合理改造，导致天然湿地面积减少，目前天然红树林仅在南沙区坦头村残留 3.6 hm²。长期以来，不合理的围垦破坏了河口和海岸带的湿地生态环境，造成鸟类和水生动物栖息地丧失或破碎化

严重，威胁鸟类、水生动物等湿地生物资源的生存。城市生态用地被占用和破碎化的趋势依然存在，万亩果园等城市中心区重要绿地斑块萎缩明显，加剧了城市热岛效应、空气污染等问题；从化区、增城区开发建设向山区延伸，对城市生态涵养区造成影响；土地景观破碎化加剧，导致城市生态网络连通性减弱，影响土地生态服务功能的发挥。

图3-7　部分工业区块位于生态限制建设区的示意

3.4.2　局部地区水环境污染严重，跨界污染问题突出，水环境质量改善任重道远

广州市是广东省的政治、经济、文化中心，是华南地区的中心城市，辐射能力日益增强。随着经济发展对水资源需求的不断增长，城市水环境污染日益凸显。广州市水环境存在局部地区水污染严重、城市黑臭水体分布较广的问题，损害人居环境，影响城市形象；污水处理设施分布不均，管网建设不完善；水质受跨界污染影响，区域污染联合防治工作薄弱；"散乱污"和农业面源等污染整治不到位，等等。近年来，随着经济的发展，以及城市居民生活水平的提高，生活污水排放量明显增多，而污水处理设施和管网建设不完善，雨污分流体制不完善，中心城区分流制截污管网比例较低，错接、漏接、破损现象频现，部分地区管网建设滞后，导致部分生活污水未经任何处理直接或间接排入河道，造成城市内河涌水质恶化，甚至黑臭。部分河涌虽然通过截污、补水稀释和水闸调度等措施对河涌黑

臭整治产生一定效果,但河涌水体 NH$_3$-N、总磷(TP)等污染依然严重,汇入干流后对干流水质产生影响,致使部分考核断面水质超标。

广州市客水资源丰富,水质在一定程度上受跨界来水影响。广佛交界河流流域常住人口有 1 000 万人左右,河涌污染主要受生活污水、"散乱污"小作坊企业直排的影响。广佛跨界河流河网密布、水情复杂、流域面广、污染点多,其中佛山西南涌、水口水、九曲河、下巴水及清远国泰水(乐排河)等来水水质均属劣 V 类,对广州市鸦岗、大坳等断面及部分跨界河涌水质产生一定影响。

此外,农村地区不同污水处理设施的管理水平和运行情况存在较大差异,污水处理设施的运行并未达到预期效果,农村水环境污染形势依然严峻。

3.4.3　颗粒物污染改善难度加大,二氧化氮和光化学污染问题逐步显现

2018 年,广州市整体空气质量较好,优良天数比例达到 80.5%,重度及以上污染天数基本消除,在全国重点城市中排名前列。二氧化硫(SO$_2$)、二氧化氮(NO$_2$)、可吸入颗粒物(PM$_{10}$)、PM$_{2.5}$ 的年均值分别为 10 μg/m^3、50 μg/m^3、50 μg/m^3 和 35 μg/m^3,分别为《环境空气质量标准》(GB 3095—2012)二级标准的 17%、125%、71% 和 100%;一氧化碳(CO)和 O$_3$ 的百分位浓度值分别为 1.2 mg/m^3 和 174 μg/m^3,分别为《环境空气质量标准》(GB 3095—2012)二级标准的 30% 和 109%。

历年空气质量监测数据表明,广州市面临的 SO$_2$、CO 等煤烟型污染已基本消除;PM$_{10}$、PM$_{2.5}$ 等颗粒物污染降低幅度逐渐减小,继续改善难度增大;NO$_2$、O$_3$ 等光化学污染有升高趋势,已成为现阶段广州市大气环境质量面临的首要问题。

3.4.4　局部区域土壤环境风险较大

广州市部分地区农用地土壤环境状况不容乐观,一方面,镉(Cd)、铅(Pb)、汞(Hg)等重金属污染问题比较突出,工业污染、农业源污染等尚未阻断隔离,经济适用的土壤污染治理修复技术较为缺乏,农产品安全隐患难以消除。另一方面,广州市关闭搬迁企业数量较多,仅"退二进三"的企业就有 300 多家,这些企业地块呈斑块式分散于城市中心,土壤环境风险隐患突出。

3.5 重点区域识别

3.5.1 南沙城市副中心

《粤港澳大湾区发展规划纲要》提出建设南沙粤港澳全面合作示范区，携手港澳将南沙区建设成我国南方重要的对外开放窗口。同时，南沙区也是广州市未来重点建设的城市副中心，与主城区共同组成"一核一极"的两大发展"极核"。

南沙城市副中心是粤港澳大湾区国际航运、金融和科技创新功能的承载区，先进制造业发展区，高水平对外开放门户，作为粤港澳大湾区的重要发展极，同时承担广州市的副中心功能，承接和支撑广州中心城区核心功能外溢，形成广州国家中心城市发展的新动力源和增长极。

未来重点建设面向粤港澳的国际化滨海新城，依托南沙近海低岭、基围湿地、岭南水乡的自然空间基质，建设五大功能片区，建设高品质空间格局。南沙城市副中心城区打造集合粤港澳合作服务功能和城市综合服务功能的中央商务核心区。庆盛片区重点培育人工智能、新能源汽车研发与制造等战略性新兴产业。北部片区打造南沙西部综合服务中心、粤港澳大湾区重要生产服务和先进制造业基地。南部片区加强生态廊道及南沙湿地的保护，建设国际旅游度假中心。海港片区重点发展港口物流、船舶制造、航运服务业和海洋科技功能。

（1）南沙区首先面临的是资源性缺水问题。未来南沙城市副中心包括南沙区全域，规划承载 200 万～300 万人，预计人口规模较现状增长 175.9%～313.8%。目前，现状人均水资源量为 1 235 m³，预计规划实施后人均水资源量为 283.0～424.5 m³，较现状显著减少 65.6%～77.1%，水资源约束将日益突出。南沙城市副中心因人口规模快速增长，需重点关注供水能力不足的问题。

（2）污水处理能力需适时提高。目前，南沙区污水处理厂总规模为 20.75 万 t/d，约占广州市污水处理总规模的 4%。规划实施后南沙区作为城市副中心，即使考虑节水水平的提高，远期（2035 年）城镇生活污水产生量也将翻一番。规划实施后南沙区污水处理能力相对较小，因此适时提高污水处理能力是规划实施后的首要任务。

（3）规划实施后带来的氮氧化物（NO_x）排放不容忽视。目前，广州市 NO_2 的环境容量主要来自从化、增城、花都 3 区，主城区已无环境容量，全市 NO_2 排放主要来源于移动源及黄埔区、南沙区的工业排放。未来南沙区产业布局以战略性新兴产业和先进制造业为主，共划定 10 个工业区块，涉及汽车制造、家具制造、石油、化工、橡胶、塑料制品、设备制造等产业。产业规模的扩大，势必会增加区域大气污染物的排放贡献。南沙区产业区块划定情况见表 3-3。

表 3-3　南沙区产业区块划定情况

序号	区块名称	区块等级	主导产业
1	新涌工业区	二级控制线	金属制品业、机械和设备维修业、电气机械和器材制造业
2	顺河工业区	二级控制线	家具制造业
3	鱼窝头工业区	二级控制线	橡胶和塑料制品业、化学原料和化学制品制造业、专用设备制造业
4	黄阁先进制造平台	一级控制线	汽车制造业
5	小虎工业区	一级控制线	化学原料和化学制品制造业，石油、煤炭及其他燃料加工业，汽车制造业
6	环市北工业区	二级控制线	化学原料和化学制品制造业，石油、煤炭及其他燃料加工业，汽车制造业
7	大岗先进制造业区块	一级控制线	专用设备制造业
8	横沥—同兴先进制造平台	二级控制线	农副食品加工业、科技推广和应用服务业
9	万顷沙保税港加工制造业区块	二级控制线	专用设备制造业、橡胶和塑料制品业
10	龙穴岛临港产业区	一级控制线	铁路、船舶、航空航天和其他运输设备制造业

（4）加大优质生态资源的保护。未来南沙区开发强度将会持续加大，河网湿地、沿海滩涂湿地等逐渐被"蚕食"，保护难度加大。珠江口南沙万顷沙自然湿地、南沙湿地、南沙坦头天然红树林等优质生态资源是南沙区的生态名片。南沙区北部农田生态片区和滨海景观生态片区是广州市重点保护的九大生态片区中的两大生态片区。南沙湿地是全域六大生态节点之一，在广州市生态格局中占有重要地位，与白云山、海珠湿地、白云湿地、大夫山—滴水岩、黄山鲁共同构成区域网络结构的关键节点。

3.5.2 北部生态屏障区

北部生态屏障区指从化区、增城区北部、花都区北部等山体集中密集区域，主要包括广州市北部的青云山脉、九连山脉、罗浮山脉等重要余脉，对于维护大湾区山体生态屏障，支撑广州市水土保持、生物多样性维护、水源涵养等具有重要作用。此区域的保护有利于提升广州市生态产品供给能力，提高生态系统服务功能。

此区域在广州市国土空间总体规划中，承担着乡村振兴、建设粤港湾大湾区"后花园"和生态绿色发展区等重任，与周边山体共同维育大湾区山体的生态屏障。按照水体划分，此区域可分为流溪河流域水源涵养区、增江流域水源涵养区、白坭河水土保持区，分属流溪河、增江和白坭河 3 条水系。在未来广州市的国土空间开发中，增城区、从化区和花都区不仅承担着生态保护的重任，还承担着乡村振兴和生态文明示范的任务，因此，在维护水体生态功能和生态系统服务水平方面需要更高标准。

生态保护方面要加强生态涵养与水源保护，推进流溪河、增江、白坭河两岸生态建设及景观改造，打造特色小镇和美丽乡村特色空间。积极发展农用地保护和生态建设相结合的生态农业，在加强农产品供给的同时，创造新型业态；结合低坡园地和山坡地建设，加大耕地保护力度；积极接受广州主城区辐射，聚焦生态旅游、生活服务功能，以绿色产业和现代农业为主导，建设花都城区、从化城区、增城城区，发挥城区及中心镇的带动作用，有效控制建设用地规模，提高土地利用效率，促进可持续发展。

未来污水的增加主要来源于生活污水的排放、农业面源污染以及增城区和花都区的工业污水排放，该片区流溪河水环境保护要求较高，且从化区 COD 和 NH_3-N 的环境承载力已超载，未来应合理控制城镇发展规模，做好污水处理厂及配套管网建设，加大工业污水处理力度，开展农业面源污染控制。

3.6 指导思想与基本原则

3.6.1 指导思想

以习近平新时代中国特色社会主义思想为统领，深入贯彻落实习近平生态文明思想，全面贯彻落实党的十九大和十九届二中、三中、四中、五中、六中全会精神，全面落实习近平总书记对广东省及广州市的重要讲话和重要指示批示，立足新发展阶段，贯彻新发展理念，构建新发展格局，坚持底线思维和系统思维，以维护生态功能和改善生态环境质量为核心，与区域社会经济发展统筹衔接，建立覆盖全域的生态环境分区管控体系，为环境管理提供支撑，率先实现碳达峰目标，全力助推广州市实现老城市新活力，以"四个出新出彩"引领各项工作全面出新出彩，在广东省实现总定位、总目标中勇当排头兵，奠定坚实的生态环境基础，建设天更蓝、水更清、地更绿、人与自然和谐共生的美丽广州。

3.6.2　基本原则

（1）尊重科学，系统评估。尊重自然规律，对区域空间生态环境的结构、功能、承载力、质量等进行系统评估，全面掌握区域空间生态、水、大气、土壤等各要素和生态环境保护、环境质量管理、污染物排放控制、资源开发利用等领域的基础状况，形成覆盖全域、属性完备的区域空间生态环境基础底图。

（2）坚守底线，空间管控。牢固树立底线意识，将生态保护红线、环境质量底线、资源利用上线的要求落实到区域空间上，根据区域空间生态环境属性制订生态环境准入清单，形成以"三线一单"为核心的生态环境分区管控体系。针对不同的环境管控单元，制订差异化的准入要求，促进精细化管理。各区均实行高精度管控，环境管控单元划至乡镇（街道）以下，充分考虑相邻单元管控措施的科学性、整体性和协调性。

（3）全域覆盖，逐步完善。全域开展区域环评，建立一套覆盖全域的"三线一单"管控体系，在空间精度和管控要求上先粗后细、不断深化，在技术方法、实践模式和配套政策方面大胆创新，在实践应用中不断完善。市、区级层面分别组建技术团队，联动开展"三线一单"编制工作。组建市技术团队协调各区技术团队、市各有关部门（单位）共同开展广州市"三线一单"编制的总体工作；各区配合广州市开展相关工作，并根据自然条件、城市建设和经济发展情况，在广州市确定的框架下具体开展本辖区"三线一单"编制工作。

（4）成果集成，动态管理。建设"三线一单"数据应用查询平台，集成战略环评和"三线一单"成果，与国家、省级成果数据共享系统对接，实现"三线一单"数据共享及动态管理；建设"三线一单"数据应用管理系统，衔接广州市环境管理工作，在管控单元内推动污染源管理、污染物排放和环境质量目标的联动管理，加快形成生态环境引领经济高质量发展的良性格局。

3.7 总体战略与主要目标

3.7.1 总体战略

基于生态保护红线划定、相关污染防治规划和行动计划的实施以及环境质量目标管理等现有工作，以广州市区域环境问题为导向，以改善生态环境质量为核心，立足于建设项目、规划等环境管理的需求，从区域环境质量、环境功能维护要求出发，将行政区域划分为若干环境管控单元，将生态保护红线、环境质量底线、资源利用上线转化为空间布局约束、污染物排放管控、环境风险防控、资源利用效率提升等要求，编制生态环境准入清单，构建生态环境分区管控体系。

（1）维护以生态保护红线为核心的生态安全底线。实施"保底线、优格局、提质量"的生态空间优化策略。以生态保护红线和自然保护地为核心，识别需要进一步保护的生态空间，形成以生态保护红线为核心的生态安全底线，维护区域生态屏障和生态安全格局；优先保证自然保护地和大型生态空间的完整性，缓解生态系统破碎化；与永久基本农田、城镇开发边界相衔接，坚持底线思维，优化调整城市"三生"空间布局；重点开展生态修复，重建污染场地的生态系统，逐步提升区域生态系统服务功能，保障区域生态安全。

（2）强化环境质量底线硬约束，完善生态环境分区管控体系。实施"问题导向、目标约束、分区管控"的环境质量提升策略。以环境质量改善为核心，把控主要环境问题和制约因素，分析污染物排放特征和空间分布情况；衔接区划、规划及行动计划，明确环境质量改善方向和分阶段目标约束；结合经济社会发展、产业结构调整，测算主要污染物的环境容量，提出分阶段环境质量改善路线；强化生态环境分区管控，以环境治理目标和承载力为约束，以生态环境分区引导优化城市发展布局，解决布局性、结构性环境问题。

（3）建立环境管控"一张图"，以生态环境准入清单优化产业布局。实施"综合管控、清单准入、平台管理"的环境综合管控策略。梳理法规政策，衔接既有管理要求，集成"三线"成果，划定综合管控单元，明确管控单元主导类型，制定单元管控目标。针对环境管控单元生态环境特征、主要问题、产业类型和环境质量目标，制订生态环境准入清单。"一张图"实现环境空间综合管控，"一张表"明确空间布局约束、污染排放和生态环境准入要求，"一个平台"实现环境可视化、智能化管理。

3.7.2　主要目标

（1）到 2025 年，建立较为完善的"三线一单"生态环境分区管控体系，国土空间开发保护格局不断优化，生产生活方式绿色转型成效显著，能源资源利用效率全国领先，生态系统安全性、稳定性显著增强，生态环境治理体系和治理能力现代化水平显著提高。

（2）到 2030 年，全域大气环境质量、水环境质量及生态系统服务功能得到全面提升。生态空间应保尽保，产业布局与环境保护基本协调，污染物排放控制在环境承载力范围之内，城市经济与环境良性循环。城市水体基本消除劣 V 类，水生态得到恢复。

（3）到 2035 年，生态环境保护与高质量发展格局全面优化，城市生态系统健康、结构稳定，人体健康得到充分保障，环境经济实现良性循环。"山水城田海"五位一体，实现生产发展、生活富裕、生态优美，天蓝、水清、土净。生态环境分区管控体系巩固完善，生态安全格局稳定，绿色生产生活方式基本形成，碳排放达峰后稳中有降，生态环境根本好转，形成与高质量发展相适应的国土空间格局。

第4章 生态保护红线及生态空间分区管控

4.1 技术路线

省级层面统一进行科学评估，评估结果结合各市保护地初步方案，形成广东省生态空间格局方案，并将其下发至各地市；市级层面结合保护地分布、生态保护红线方案，开展现状与规划初步衔接，形成广州市生态空间初步衔接方案，并将初步方案分发各区；各区对下发方案进行进一步校核优化，校核各类保护地与生态空间的重叠情况，并开展现状与规划衔接，形成各区生态空间分区结果并将其上报；市技术组汇总各区生态空间分区结果，征求市各有关部门及相关专家意见后对结果进一步优化调整，形成广州市生态空间管控分区结果。生态空间划定技术路线如图4-1所示。

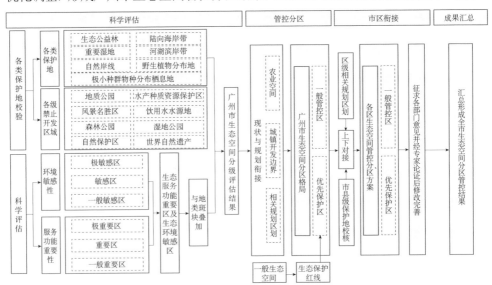

图4-1 生态空间划定技术路线

4.2 生态保护红线

根据广东省下发数据（2018 年省政府报批稿），广州市陆域生态保护红线面积为 924.943 km²，占广州市陆域面积的 12.76%。广州市各区生态保护红线分布情况见表 4-1。广州市生态保护红线如图 4-2 所示。

表 4-1 广州市各区生态保护红线分布情况

行政区	行政区面积/km²	生态保护红线面积/km²	生态保护红线比例/%
荔湾区	62.67	0	0
越秀区	33.67	0	0
海珠区	91.95	3.290	3.580
天河区	136.65	0.003	0.002
白云区	664.58	9.270	1.400
黄埔区	481.09	6.340	1.320
番禺区	515.12	1.860	0.360
花都区	969.14	44.830	4.630
南沙区	694.36	1.890	0.270
从化区	1 984.19	671.710	33.850
增城区	1 614.85	185.750	11.500
全市	7 248.27	924.943	12.760

广州市陆域生态保护红线按主导生态功能分为水土保持和生物多样性维护两种类型，其中以水土保持为主导生态功能的生态保护红线面积为 214.251 km²，属于珠江三角洲水土保持—水源涵养生态保护红线区，主要分布在广州市中南部区域，主要涉及增城区、从化区南部区域。以生物多样性维护为主导生态功能的生态保护红线面积为 710.692 km²，属于北江中游生物多样性维护—水源涵养生态保护红线区，主要分布在广州市北部区域，在从化区和增城区均有分布。广州市生态保护红线类型分布如图 4-3 所示。

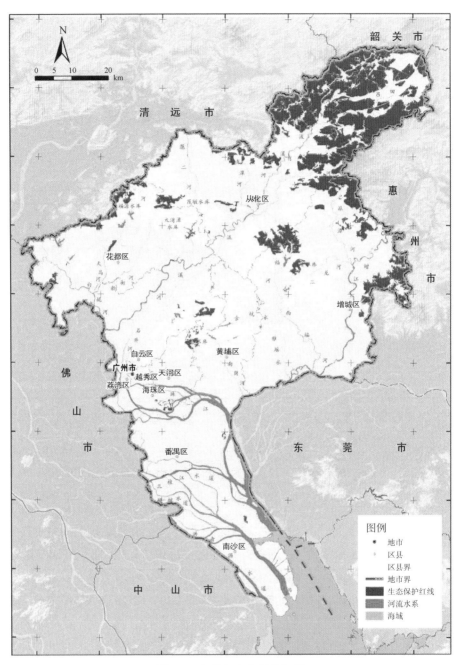

图4-2　广州市生态保护红线

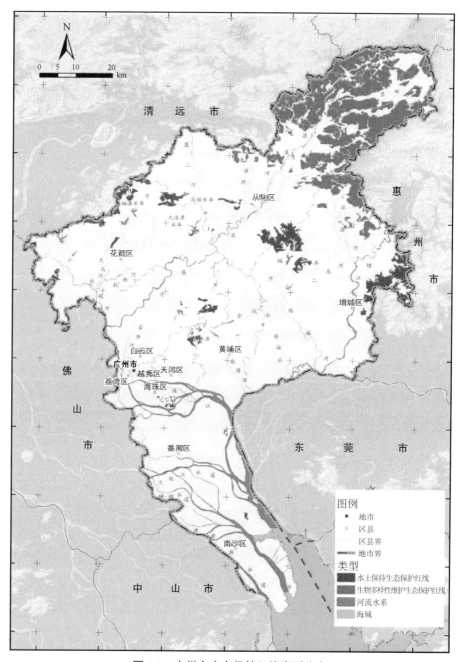

图4-3　广州市生态保护红线类型分布

根据国家和广东省要求，对广州市生态保护红线进行调整。本书采用 2020 年 12 月生态保护红线的定库版本。广州市陆域生态保护红线面积为 1 329.94 km²，占全市陆域面积的 18.35%，主要分布在花都区、从化区、增城区。广州市海域生态保护红线面积为 98.56 km²，占全市海域面积的 26.64%，主要保护万顷沙与南沙坦头村的重要滨海湿地，莲花水道北部、蕉门水道西北部、南沙区坦头村、黄埔大桥西部等区域内的红树林，狮子洋—虎门—蕉门水道、横门—洪奇沥水道等重要河口生态系统，上下横档岛、大虎岛等自然景观与历史文化遗迹区。广州市生态保护红线（2020 年 12 月版）如图 4-4 所示。

4.3 一般生态空间

4.3.1 系统科学评估结果

根据广州市生态服务功能重要性评价结果，广州市水源涵养重要区主要分布在从化区及增城区东部和北部区域。广州市生物多样性维护重要区主要位于从化区流溪河周边区域。广州市水土保持功能重要区主要位于从化区流溪河周边区域、花都区北部区域、增城区东西部、白云区等。广州市水土流失极敏感区分布较少，主要分布在中部和北部区域。广州市石漠化极敏感区分布较少，主要分布在从化区西部区域，分布区域图斑均小于 1 km²。

对以上评价数据确定的重要区、敏感区进行空间叠合，结合土地利用、遥感影像等对边界进行初步核实，扣除琐碎图斑，初步衔接国家级生态公益林及国家级、省级禁止开发区域，汇总形成广州市生态空间格局方案，总面积为 2 502.76 km²，占广州市市域面积的 34.53%。广州市生态空间格局如图 4-5 所示，广州市各区生态空间格局分布情况见表 4-2。

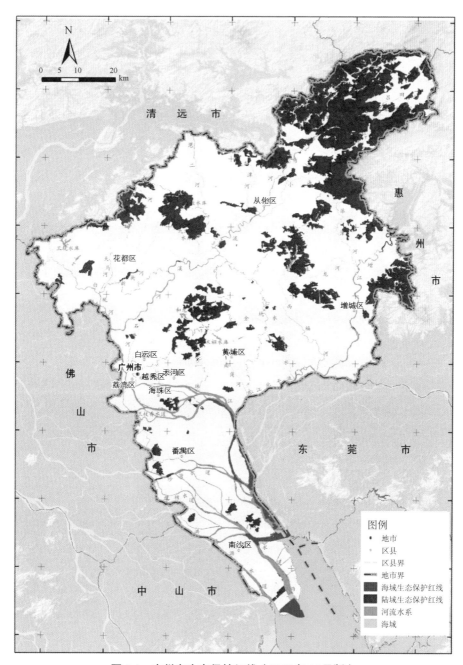

图4-4 广州市生态保护红线（2020年12月版）

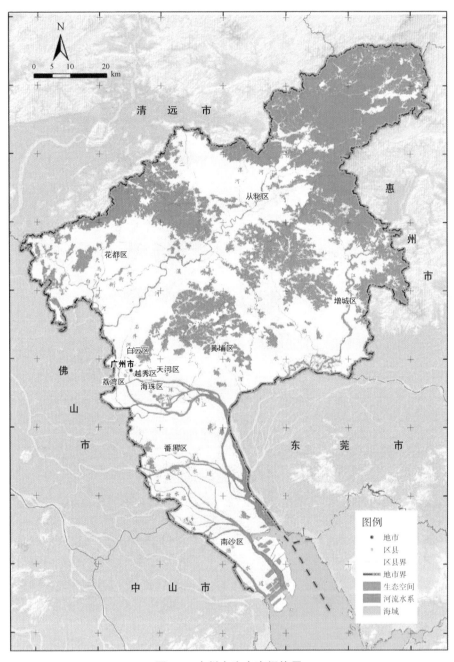

图4-5 广州市生态空间格局

表 4-2　广州市各区生态空间格局分布情况

行政区	生态空间面积/km²	生态空间比例/%
荔湾区	4.70	7.50
越秀区	0.92	2.74
海珠区	15.84	17.23
天河区	20.53	15.02
白云区	135.64	20.41
黄埔区	116.34	24.18
番禺区	39.88	7.74
花都区	321.96	33.22
南沙区	54.02	7.78
从化区	1 154.72	58.20
增城区	638.21	39.52
全市	2 502.76	34.53

4.3.2　各类保护地边界校核结果

按照国家要求，广州市林业和园林局开展了自然保护地优化整合工作。根据《广州市自然保护地整合优化预案（送审稿）》，对全市自然保护地资源调查摸底工作进行统计，广州市下辖 11 个区现有自然保护地共 89 个。广州市现有自然保护地数量统计见表 4-3，广州市纳入自然保护地整合的现有自然保护地名录见表 4-4。

表 4-3　广州市现有自然保护地数量统计　　　　　　单位：个

级别	自然保护区	森林公园	湿地公园	风景名胜区	地质公园	总计
国家级	0	2	2	1	0	5
省级	1	6	0	3	1	11
市级	2	11	0	0	0	13
区级	3	39	18	0	0	60
总计	6	58	20	4	1	89

表 4-4　广州市纳入自然保护地整合的现有自然保护地名录　　　　单位：hm²

序号	行政区	名称	批复面积
1	荔湾区	大沙河湿地公园	8.50
2	海珠区	海珠国家湿地公园	869.00
3	天河区	火炉山森林公园	600.00
4		龙眼洞森林公园	453.33
5		凤凰山森林公园	1 000.00
6		天河湿地公园	33.00
7	白云区	白云山风景名胜区	2 180.00
8		帽峰山森林公园	3 097.87
9		莲花顶森林公园	531.80
10		钟落潭南塘山森林公园	1 140.00
11		聚龙山森林公园	1 010.00
12		金鸡山森林公园	733.33
13		白海面湿地公园	9.00
14		白云湖公园	105.00
15	黄埔区	天鹿湖森林公园	872.75
16		金坑森林公园	496.41
17		龙头山森林公园	333.22
18		白兰花森林公园	385.85
19		南岗河文教园区湿地公园（萝岗湿地公园）	14.40
20		凤凰湖湿地公园	30.67
21	番禺区	莲花山旅游风景区	147.67
22		大象岗森林公园	268.20
23		滴水岩森林公园	200.00
24		大夫山森林公园	600.00
25		赤坎湿地公园	65.00
26		贝岗湿地公园	38.40
27		草河湿地公园	43.90
28		海鸥岛红树林湿地公园	20.00

续表

序号	行政区	名称	批复面积
29	花都区	芙蓉嶂白沙田桃花水母及其生态区级自然保护区	280.00
30		王子山森林公园	3 070.00
31		高百丈森林公园	566.70
32		九湾潭森林公园	2 000.00
33		福源森林公园	1 504.00
34		蟾蜍石森林公园	1 448.00
35		丫髻岭森林公园	1 366.00
36		花都湖国家湿地公园	240.60
37	南沙区	黄山鲁森林公园	666.67
38		十八罗汉山森林公园	333.00
39		滨海红树林区级森林公园	1 000.00
40		黄山鲁白水湖区级湿地公园	38.93
41		蕉门区级湿地公园	8.41
42	从化区	广东从化陈禾洞省级自然保护区	7 054.36
43		温泉自然保护区	1 860.40
44		唐鱼自然保护区	148.00
45		流溪河国家森林公园	8 932.31
46		石门国家森林公园	2 627.70
47		温泉风景区	2 880.00
48		马骝山南药森林公园	278.70
49		联溪森林公园	305.27
50		凤云岭森林公园	421.53
51		双溪森林公园	654.07
52		良口森林公园	424.87
53		五指山森林公园	1 521.53
54		云台山森林公园	706.67
55		北星森林公园	2 666.67
56		新温泉森林公园	1 320.00

续表

序号	行政区	名称	批复面积
57	从化区	南大森林公园	1 413.33
58		茂墩湖森林公园	2 293.33
59		沙溪森林公园	702.47
60		桂峰山古人类遗址森林公园	773.67
61		北回归线公园	289.67
62		蝴蝶谷森林公园	924.53
63		外婆家森林公园	211.33
64		大金峰森林公园	100.00
65		麻村水库森林公园	282.00
66		凤凰水库森林公园	650.50
67		从化风云岭区级湿地公园	15.00
68		流溪温泉区级湿地公园	12.00
69	增城区	大东坑次生林自然保护区	250.00
70		兰溪河珍稀水生动物及其生态县级自然保护区	142.24
71		白水寨风景名胜区	19 730.00
72		增城地质公园	7 872.13
73		太子森林公园	593.80
74		白水山森林公园	766.60
75		白江湖森林公园	733.30
76		大封门森林公园	3 200.00
77		二龙山森林公园	165.70
78		中新镇福和白洞森林公园	620.00
79		中新森林公园	240.00
80		蕉石岭森林公园	300.00
81		邓村森林公园	118.60
82		南香山国家森林公园	1 533.33
83		兰溪森林公园	4 200.00
84		高滩森林公园	1 666.67

续表

序号	行政区	名称	批复面积
85		增城凤凰山森林公园	733.33
86		石马龙湿地公园	17.85
87	增城区	增江街鹤之洲湿地公园	16.71
88		荔湖湿地公园	10.00
89		正果湖心岛湿地公园	80.67

广州市"应保未保"候补区域共有 31 个地块。经科学评估，其中 19 个地块应纳入相邻的、资源禀赋相同的、管理无争议的现有保护地区域；根据资源特征和保护对象，新设立 11 个自然公园。广州市新设立自然保护地名录见表 4-5。

表 4-5　广州市新设立自然保护地名录　　　　　　　单位：hm²

序号	行政区	拟建名称	级别	面积
1	白云区	广州白云六片田区级森林公园	区级	249.02
2	黄埔区	广州黄埔埔心区级湿地自然公园	区级	23.44
3		广州黄埔油麻山区级森林自然公园	区级	341.12
4	番禺区	广州番禺七星岗区级森林自然公园	区级	32.51
5		广州番禺翁山区级森林自然公园	区级	42.97
6	花都区	广州花都秤砣顶区级森林自然公园	区级	633.54
7		广州南沙大山岽区级森林自然公园	区级	491.72
8	南沙区	广州南沙南大山区级森林自然公园	区级	78.60
9		广州南沙大虎山市级地质自然公园	市级	107.89
10	从化区	广州从化通天蜡烛区级森林自然公园	区级	3 594.67
11	增城区	广州增城南坑顶区级森林自然公园	区级	377.37
		合计		5 972.85

1. 自然保护区优化整合

优化整合前，广州市有 6 个自然保护区，其中省级 1 个、市级 2 处、区级 3 个。优化整合后，广州市有自然保护区 5 个，其中省级 1 个、市级 4 个。兰溪河珍稀水生动物及其生态县级自然保护区转化为自然公园，与兰溪森林公园、周边划补区域、太子森林公园合并为广州增城太子兰溪省级森林公园。蝴蝶谷森林公

园整体并入广东从化陈禾洞省级自然保护区。整合后，自然保护区分别为广州花
都芙蓉嶂白沙田桃花水母及其生态市级自然保护区、广东从化陈禾洞省级自然保
护区、广州从化温泉市级自然保护区、广州从化唐鱼市级自然保护区、广州增城
大东坑次生林市级自然保护区。

2. 自然公园优化整合

在原有 83 个自然公园的基础上，拟撤销 4 个自然公园，分别为大沙河湿地公
园、南沙区蕉门区级湿地公园、草河湿地公园、荔湖湿地公园；又因整合撤并，
减少自然公园 17 个，新建自然公园 11 个，优化整合后广州市自然公园共计 73 个。
广州市自然公园优化整合前后变化情况见表 4-6。广州市自然公园的撤并情况见
表 4-7，广州市自然公园的合并、拆分情况见表 4-8。

表 4-6 广州市自然公园优化整合前后变化情况

名称	优化整合前		优化整合后	
	数量/个	面积/hm²	数量/个	面积/hm²
风景名胜区	4	24 786.98	4	21 704.69
森林公园	58	64 339.08	53	78 542.67
湿地公园	20	1 857.17	15	2 217.22
地质公园	1	7 980.05	1	107.89
合计	83	98 963.28	73	102 572.47

表 4-7 广州市自然公园的撤并情况

序号	优化整合前名称	优化整合后名称
1	黄山鲁森林公园	广州南沙黄山鲁森林区级公园
2	黄山鲁白水湖区级湿地公园	
3	高滩森林公园	广州增城白水寨省级风景名胜区
4	石马龙湿地公园	
5	广州增城地质公园	
6	增城凤凰山森林公园	
7	邓村森林公园	
8	大封门森林公园	
9	白水寨风景名胜区	

表 4-8　广州市自然公园的合并、拆分情况

序号	优化整合前名称	优化整合后名称
1	王子山森林公园	广州王子山省级森林自然公园
2	福源森林公园	
3	高百丈森林公园	广州花都九龙潭市级森林自然公园
4	九湾潭森林公园	
5	蟾蜍石森林公园	
6	风云岭森林公园	广州从化风云岭区级森林自然公园
7	从化风云岭区级湿地公园	
8	沙溪森林公园	广州从化沙溪和外婆家区级森林自然公园
9	外婆家森林公园	
10	白水山森林公园	广州增城白水山市级森林自然公园
11	二龙山森林公园	
12	中新镇福和白洞森林公园	
13	太子森林公园	广东太子兰溪省级森林自然公园
14	兰溪森林公园	
15	白水寨风景名胜区	广州白水寨省级风景自然公园
16	白江湖森林公园	

综上所述，广州市整合优化后的自然保护地共有 78 个，其中，自然保护区 5 个，湿地公园 15 个，森林公园 53 个，风景名胜区 4 个，地质公园 1 个。广州市自然保护地优化整合后名录见表 4-9，广州市自然保护地优化整合后分布如图 4-6 所示。

表 4-9　广州市自然保护地优化整合后名录

序号	名称	行政区	类型	级别
1	广州花都芙蓉嶂白沙田桃花水母及其生态市级自然保护区	花都区	自然保护区	市级
2	广州增城大东坑次生林市级自然保护区	增城区	自然保护区	市级
3	广州从化唐鱼市级自然保护区	从化区	自然保护区	市级
4	广州从化温泉市级自然保护区	从化区	自然保护区	市级
5	广东陈禾洞省级自然保护区	从化区	自然保护区	省级

续表

序号	名称	行政区	类型	级别
6	广州黄埔萝岗区级湿地自然公园	黄埔区	湿地公园	区级
7	广州黄埔凤凰湖区级湿地自然公园	黄埔区	湿地公园	区级
8	广东海珠国家湿地自然公园	海珠区	湿地公园	国家级
9	广东花都湖国家湿地自然公园	花都区	湿地公园	国家级
10	广州番禺海鸥岛红树林区级湿地自然公园	番禺区	湿地公园	区级
11	广州南沙区级湿地自然公园	南沙区	湿地公园	区级
12	广州番禺赤坎区级湿地自然公园	番禺区	湿地公园	区级
13	广州番禺贝岗区级湿地自然公园	番禺区	湿地公园	区级
14	广州白云湖区级湿地自然公园	白云区	湿地公园	区级
15	广州白云白海面区级湿地自然公园	白云区	湿地公园	区级
16	广州黄埔埔心区级湿地自然公园	黄埔区	湿地公园	区级
17	广州增城湖心岛区级湿地自然公园	增城区	湿地公园	区级
18	广州增城区增江鹤之洲湿地公园	增城区	湿地公园	区级
19	广州天河区级湿地自然公园	天河区	湿地公园	区级
20	广州从化流溪温泉区级湿地自然公园	从化区	湿地公园	区级
21	广州天鹿湖省级森林自然公园	黄埔区	森林公园	省级
22	广州黄埔龙头山区级森林自然公园	黄埔区	森林公园	区级
23	广州黄埔金坑市级森林自然公园	黄埔区	森林公园	市级
24	广州王子山省级森林自然公园	花都区	森林公园	省级
25	广州花都九龙潭市级森林自然公园	花都区	森林公园	市级
26	广州花都丫髻岭区级森林自然公园	花都区	森林公园	区级
27	广州番禺大夫山区级森林自然公园	番禺区	森林公园	区级
28	广州番禺滴水岩区级森林自然公园	番禺区	森林公园	区级
29	广州南沙十八罗汉山区级森林自然公园	南沙区	森林公园	区级
30	广州番禺大象岗市级森林自然公园	番禺区	森林公园	市级
31	广州南沙南大山区级森林自然公园	南沙区	森林公园	区级
32	广州南沙大山嶂区级森林自然公园	南沙区	森林公园	区级
33	广州番禺翁山区级森林自然公园	番禺区	森林公园	区级

序号	名称	行政区	类型	级别
34	广州番禺七星岗区级森林自然公园	番禺区	森林公园	区级
35	广州帽峰山省级森林自然公园	白云区	森林公园	省级
36	广州白云聚龙山区级森林自然公园	白云区	森林公园	区级
37	广州白云南塘山区级森林自然公园	白云区	森林公园	区级
38	广州莲花顶省级森林自然公园	白云区	森林公园	省级
39	广州白云金鸡山区级森林自然公园	白云区	森林公园	区级
40	广州黄埔油麻山区级森林自然公园	黄埔区	森林公园	区级
41	广州花都称砣顶区级森林自然公园	花都区	森林公园	区级
42	广州白云六片田区级森林自然公园	白云区	森林公园	区级
43	广州南沙黄山鲁区级森林自然公园	南沙区	森林公园	区级
44	广东太子兰溪省级森林自然公园	增城区	森林公园	省级
45	广州增城白水山市级森林自然公园	增城区	森林公园	市级
46	广州增城蕉石岭区级森林自然公园	增城区	森林公园	区级
47	广州增城南坑顶区级森林自然公园	增城区	森林公园	区级
48	广州增城南香山区级森林自然公园	增城区	森林公园	区级
49	广州增城中新区级森林自然公园	增城区	森林公园	区级
50	广州天河龙眼洞市级森林自然公园	天河区	森林公园	市级
51	广州天河凤凰山市级森林自然公园	天河区	森林公园	市级
52	广州天河火炉山市级森林自然公园	天河区	森林公园	市级
53	广州黄埔白兰花区级森林自然公园	黄埔区	森林公园	区级
54	广州从化通天蜡烛区级森林自然公园	从化区	森林公园	区级
55	广州从化双溪区级森林自然公园	从化区	森林公园	区级
56	广州从化桂峰山古人类遗址区级森林自然公园	从化区	森林公园	区级
57	广州从化北星区级森林自然公园	从化区	森林公园	区级
58	广州从化联溪市级森林自然公园	从化区	森林公园	市级
59	广州从化五指山区级森林自然公园	从化区	森林公园	区级
60	广东石门国家森林自然公园	从化区	森林公园	国家级
61	广州从化南大区级森林自然公园	从化区	森林公园	区级

序号	名称	行政区	类型	级别
62	广州从化良口区级森林自然公园	从化区	森林公园	区级
63	广州从化新温泉区级森林自然公园	从化区	森林公园	区级
64	广州从化麻村水库区级森林自然公园	从化区	森林公园	区级
65	广州从化凤凰水库区级森林自然公园	从化区	森林公园	区级
66	广州从化风云岭区级森林自然公园	从化区	森林公园	区级
67	广州从化大金峰区级森林自然公园	从化区	森林公园	区级
68	广州从化沙溪和外婆家区级森林自然公园	从化区	森林公园	区级
69	广州从化北回归线区级森林自然公园	从化区	森林公园	区级
70	广州马骝山南药省级森林自然公园	从化区	森林公园	省级
71	广州从化茂墩湖区级森林自然公园	从化区	森林公园	区级
72	广州从化云台山区级森林自然公园	从化区	森林公园	区级
73	广东流溪河国家森林自然公园	从化区	森林公园	国家级
74	广州莲花山省级风景自然公园	番禺区	风景名胜区	省级
75	广东白云山国家风景自然公园	白云区	风景名胜区	国家级
76	广州增城白水寨省级风景自然公园	增城区	风景名胜区	省级
77	广州从化温泉省级风景自然公园	从化区	风景名胜区	省级
78	广州南沙大虎山市级地质自然公园	南沙区	地质公园	市级

4.3.3　现状与规划衔接

以土地利用现状数据、土地利用规划数据为基础，按照《生态保护红线划定指南》《生态保护红线、环境质量底线、资源利用上线和环境准入负面清单编制技术指南（试行）》《广东省区域空间生态环境评价技术方案》《广东省"三线一单"一问一答手册》等要求，基于广东省生态空间格局，开展现状与规划衔接分析、增补区级以上禁止开发区，得到广州市生态空间的初步识别结果。根据广州市实际情况，区级以上禁止开发纳入生态空间的范围扣除了广州市国土空间规划确定的城市开发边界范围（饮用水水源保护区范围内除外），评估确定的重要区扣除了各区或市直主管部门提供的省级以上园区、市级工业园区、村级工业区块等

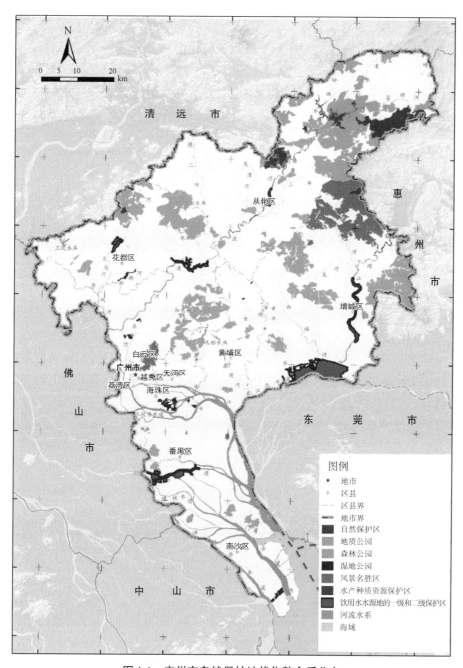

图4-6 广州市自然保护地优化整合后分布

用于未来发展的产业用地范围。未纳入生态保护红线的自然保护区、湿地公园、饮用水水源保护区、森林公园、水产种质资源保护区、地质公园、风景名胜区等各类禁止开发区及经与规划衔接后 1 km^2 以上的生态斑块全部纳入一般生态空间。因生态保护红线范围尚未确定,本书一般生态空间划定过程中的方案包括生态保护红线范围。

1. 总体衔接要求

(1)各类保护地。将评价识别的广州市生态空间格局内的各类保护地整体纳入生态空间,并按照各类保护地的相关法律法规对其进行管理。目前,各类保护地内存在一些历史遗留问题,待保护地边界依法优化调整完成后,再按照新的变更纳入生态空间。

(2)探矿权。为维护生态系统的完整性,将探矿权保留在一般生态空间内,对保留在一般生态空间内的探矿权依法开展勘探活动,并鼓励按照绿色勘查要求做好生态环境保护措施。

(3)人工商品林。由于人工商品林分布范围广,且多位于生态功能十分重要的区域,如果将人工商品林调出生态空间将会导致空间严重破碎化,因此,为维护生态系统完整性,将人工商品林保留在一般生态空间内。对保留在一般生态空间内的人工商品林,依据现有法律法规开展采伐更新活动,并尽量降低对生态环境的影响。

(4)线性基础设施。为避免生态空间破碎化,线性基础设施原则上保留在一般生态空间内。对无法避让、确需穿越或占用一般生态空间的,严格遵照有关法规政策执行并切实做好生态环境保护措施。

(5)采矿权。将列入县级以上矿产资源规划的、已获得自然资源部门核发采矿许可证的区域调出一般生态空间。

(6)风电场。对规划建设的风电场,建议以风机点位连线形成的闭合区为中心,将其向周边缓冲 150 m 的区域调出一般生态空间;对已建风电场,结合遥感影像,将风机点位所在区域调出一般生态空间。

(7)农业空间。根据土地利用现状与规划,将一般生态空间格局内的永久基本农田、耕地和园地调出,不划入生态空间。对特别零星的斑块,可根据实际情况将其保留在生态空间内。

(8)城镇开发边界。将位于城镇开发边界内的区域调出一般生态空间。对其中特别零星的斑块可根据实际情况将其保留在生态空间内。

（9）建设用地。主要包括现状与规划的城市、建制镇以及农村居民点。位于一般生态空间格局内的集中连片建设用地可不将其划入生态空间，相对零散的建设用地可将其保留在生态空间内。

（10）产业发展聚集区。一般生态空间内涉及用地性质变更的产业发展聚集区可调出生态空间，主要包括纳入县级以上发展规划的产业园区和产业聚集区所对应的连片建设用地地块，以及根据遥感影像校核已实际连片且密集开发的地区。

（11）重点建设项目和重大发展平台。根据区域需要，有效平衡保护和发展的关系，可将各地级以上城市确定的重点建设项目和重大发展平台用地调出一般生态空间。

2. 分项衔接过程

（1）永久基本农田。

衔接原则：将位于保护地范围内的永久基本农田保留在保护地范围内，具体按照保护地管理办法和永久基本农田管理规定执行。将位于一般生态空间内的永久基本农田调出生态空间。

根据广东省下发的永久基本农田矢量数据，广州市共有基本农田 917.72 km²，其中位于广东省格局内的永久基本农田有 0.019 km²，主要为位于生态空间边缘的破碎小斑块。

（2）其他农业空间与建设用地。

现状耕地、园地与现状建设用地按照集中连片的原则进行扣减，按照广东省下发的土地利用现状数据，现状耕地、园地、城市、建制镇、农村居民点等用地类型聚合后，将 1 hm² 以上的用地斑块调出一般生态空间，其他相对零散的人工用地保留在生态空间内。保护地内保留的用地类型按照相关管理规定进行管理。根据广东省下发的土地利用现状矢量数据，广州市共有现状耕地、园地、城市、建制镇、农村居民点等用地 3 381.5 km²，其中位于广东省格局内的用地有 101.6 km²。

规划耕地、园地的扣减按照广东省下发的土地利用规划数据，将 1 hm² 以上的耕地、园地调出一般生态空间，其他相对零散的用地保留在生态空间内，位于保护地内的耕地与园地不予调整，按照相关管理规定进行管理。根据广东省下发的土地利用规划矢量数据，广州市共有规划耕地、园地等 1 741.8 km²，其中位于广东省格局内 1 hm² 以上的用地有 84.4 km²。

规划建设用地按照广东省下发的土地利用规划数据中的城市、建制镇、农村居民点 3 类建设用地进行衔接，并将位于保护地外的建设用地全部调出生态空间。

（3）城镇开发边界。

根据广州市国土空间规划（过程稿），经与广州市规划和自然资源部门衔接，城镇开发边界数据以市直主管部门确定的数据为衔接依据，各区自行划定的城镇开发边界尚未批复，不作为生态空间衔接依据。广州市划定的城镇开发边界面积为 2 522.0 km²。

位于保护地外的城镇开发边界与图斑有冲突时，原则上将其调出生态空间。位于保护地范围内的城镇开发边界，待保护地勘界完成后进行统一调整，按照保护地管理办法等相关管理规定进行管理。经与广州市规划和自然资源部门衔接，将城镇开发边界与森林公园、风景名胜区、地质公园及其他保护地冲突的区域调出生态空间。经核定，位于广东省生态空间格局范围内与城镇开发边界冲突的图斑面积共计 71.08 km²。

（4）采矿权地块。

与《广州市矿产资源总体规划（2016—2020 年）》确定的采矿权地块进行衔接，原则上将位于保护地范围外的固体矿地块调出生态空间，位于生态空间范围内的液体矿地块保留在生态空间范围内。广州市固体矿地块共 14 个，图斑面积为 14.9 km²。

经衔接，广州市顺兴石场有限公司、广州市建安石场有限公司、广州市裕丰石场有限公司、广州市太珍石场有限公司、广州市吉利石场有限公司、广州市珠江水泥有限公司石灰石矿山、广州矮岭石场建材有限公司、广州市田心石场有限公司、广州市恒发石场有限公司、广州市银象石材有限公司等 10 家企业的固体矿采矿权地块与生态空间格局有冲突，面积总计为 5.35 km²，予以调出。

（5）风电场用地。

根据《广东省陆上风电发展规划（2016—2030）》，广州吕田风电场项目用地与广东省下发的生态空间格局有冲突，吕田风电项目地处吕田镇莲麻村附近，对于规划建设风电场，需要根据风机点位进行调整，扣减范围为风机点位缓冲 150 m 的区域。

（6）产业发展聚集区。

可将一般生态空间内涉及用地性质变更的产业发展聚集区调出生态空间。广州市产业发展聚集区分为省级、市级两个级别。

① 省级工业园区。生态空间格局范围内与省级工业园区有冲突的区域，面积总计 2.1 km²，其中已纳入城镇开发边界、符合扣减要求的用地面积为 0.56 km²。未纳入城镇开发边界进行扣减的园区主要为广州经济技术开发区、广州高新技术开发区两个园区。为保证以后经济发展需要，经广东省技术组同意，将以上两个园区与生态空间有冲突的区域作为留白区域，并将其调出生态空间。

② 市级工业园区。根据广州市各区校核的市级工业园区情况，广州市共有市级工业园区斑块 148 个，其中与生态空间格局有冲突的斑块有 48 个，冲突区域面积为 54.5 km²，其中纳入城镇开发边界的区域为 7.56 km²。纳入工业园区范围但不符合城镇开发边界要求的区域主要分布在广州市中部的白云区、黄埔区、花都区、增城区。经与广东省技术组及市直主管部门衔接，将位于保护地外的市级工业园区范围作为远期预留发展用地，并将其调出生态空间。

4.3.4 生态空间识别结果

经与规划衔接后，广州市生态空间总面积为 2 355.78 km²，占广州市陆域面积的 32.50%。其中，生态保护红线面积为 924.943 km²，占广州市陆域面积的 12.760%；一般生态空间面积为 1 430.83 km²，占广州市陆域面积的 19.74%。广州市生态空间优化调整方案（留白前）见表 4-10。

表 4-10 广州市生态空间优化调整方案（留白前）

行政区	行政区面积/km²	生态空间		生态保护红线		一般生态空间	
		面积/km²	比例/%	面积/km²	比例/%	面积/km²	比例/%
荔湾区	62.67	0	0	0	0	0	0
越秀区	33.67	0	0	0	0	0	0
海珠区	91.95	7.04	7.66	3.290	3.580	3.75	4.08
天河区	136.65	14.52	10.62	0.003	0.002	14.51	10.62
白云区	664.58	122.52	18.44	9.270	1.400	113.25	17.04
黄埔区	481.09	83.34	17.32	6.340	1.320	77.00	16.01
番禺区	515.12	21.26	4.13	1.860	0.360	19.40	3.77
花都区	969.14	299.27	30.88	44.830	4.630	254.44	26.25
南沙区	694.36	31.69	4.56	1.890	0.270	29.80	4.29
从化区	1 984.19	1 137.61	57.33	671.710	33.850	465.90	23.48
增城区	1 614.85	638.53	39.54	185.750	11.500	452.78	28.04
全市	7 248.27	2 355.78	32.50	924.943	12.760	1 430.83	19.74

考虑广州市的经济地位和未来粤港澳大湾区建设带来的不确定性，同时与规划和自然资源部门国土空间规划划定的城镇开发边界、工业和信息化部门划定的

工业区块等保持衔接，并结合林业部门同时开展的自然保护地边界优化调整工作，对本方案中部分区域生态空间进行留白（不纳入生态空间），主要考虑生态空间斑块的面积大小及所处位置，分两种情况进行留白。一是与自然保护地范围有重叠或邻近的孤立生态斑块，按自然保护地范围将其纳入生态空间；二是考虑城镇开发边界外围区域孤立的面积较小、形状不规则的生态斑块，将其整体纳入城镇开发边界。

考虑留白后，结合自然保护地优化整合方案，对广州市一般生态空间进行调整，调整后广州市一般生态空间面积为776.45 km²，占广州市陆域面积的10.71%。广州市生态空间优化调整方案（留白后）见表4-11。

表4-11 广州市生态空间优化调整方案（留白后）

行政区	行政区面积/km²	生态空间		生态保护红线		一般生态空间	
		面积/km²	比例/%	面积/km²	比例/%	面积/km²	比例/%
荔湾区	62.67	0	0	0	0	0	0
越秀区	33.67	2.60	7.72	0	0	2.60	7.72
海珠区	91.95	8.72	9.48	3.290	3.578	5.43	5.90
天河区	136.65	15.67	11.47	0.003	0.002	15.66	11.46
白云区	664.58	94.36	14.20	9.270	1.345	85.09	12.80
黄埔区	481.09	47.07	9.78	6.340	1.317	40.73	8.47
番禺区	515.12	25.00	4.85	1.860	0.361	23.14	4.49
花都区	969.14	158.41	16.35	44.830	4.626	113.58	11.72
南沙区	694.36	30.22	4.35	1.890	0.272	28.33	4.08
从化区	1 984.19	850.48	42.86	671.710	33.853	178.77	9.01
增城区	1 614.85	468.87	29.03	185.750	11.503	283.12	17.53
全市	7 248.27	1 701.40	23.47	924.943	12.760	776.45	10.71

根据广东省的工作要求，将广州市乡镇饮用水水源保护区、国家公益林等区域纳入一般生态空间，同时根据各区意见，将一般生态空间中已批建设用地调出。按照广东省统一要求，对生态保护红线方案进行更新，广州市陆域生态空间面积为1 780.25 km²，占广州市陆域面积的24.56%。其中，陆域生态保护红线面积为1 329.94 km²，占广州市陆域面积的18.35%，一般生态空间面积为450.30 km²，占广州市陆域面积的6.21%。广州市生态空间分布（更新生态保护红线后）如图4-7

所示，广州市生态空间优化调整方案（更新生态保护红线后）见表 4-12。

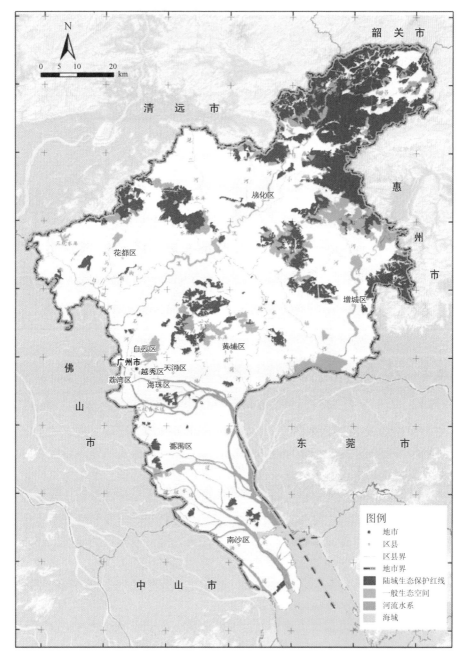

图 4-7 广州市生态空间分布（更新生态保护红线后）

表 4-12　广州市生态空间优化调整方案（更新生态保护红线后）[①]

序号	行政区	陆域面积/km²	生态保护红线		一般生态空间		生态空间	
			面积/km²	比例/%	面积/km²	比例/%	面积/km²	比例/%
1	荔湾区	62.67	0	0	0	0	0	0
2	海珠区	91.95	8.70	9.46	0	0	8.70	9.46
3	越秀区	33.67	0	0	0.21	0.62	0.21	0.62
4	天河区	136.65	13.60	9.95	2.06	1.51	15.66	11.46
5	白云区	664.58	65.17	9.81	34.77	5.23	99.94	15.04
6	黄埔区	481.09	20.64	4.29	26.98	5.61	47.63	9.90
7	花都区	969.14	131.93	13.61	40.80	4.21	172.73	17.82
8	番禺区	515.12	15.81	3.07	9.00	1.75	24.81	4.82
9	南沙区	694.36	20.21	2.91	9.45	1.36	29.66	4.27
10	从化区	1 984.19	746.38	37.62	126.07	6.35	872.45	43.97
11	增城区	1 614.85	307.50	19.04	200.96	12.44	508.46	31.49
	全市	7 248.27	1 329.94	18.35	450.30	6.21	1 780.25	24.56

4.4　生态空间分区管控要求

　　生态保护红线内，按照中共中央办公厅、国务院办公厅印发的《关于在国土空间规划中统筹划定落实三条控制线的指导意见》管控要求执行，后续按照国家和广东省生态保护红线管理办法等执行。生态保护红线外的一般生态空间，原则上按照限制开发区域的要求进行管理。一般生态空间内，可开展生态保护红线内允许的活动；在不影响主导生态功能的前提下，还可开展国家和广东省规定的不纳入环评管理的项目建设，以及生态旅游、畜禽养殖、基础设施建设、村庄建设等人为活动。对生态空间依法实行区域准入和用途转用许可制度，严格控制各类开发利用活动对生态空间的占用和扰动，确保依法保护的生态空间面积不减少，功能不降低，生态服务保障能力逐渐提高。

　　严格控制新增建设项目占用生态保护红线外的生态空间。符合区域准入条件

---

① 广州市生态保护红线采用 2020 年广东省人民政府报送自然资源部、生态环境部的版本。

的建设项目，涉及占用生态空间中的林地、草地等，按照有关法律法规、政策文件办理；涉及占用生态空间中其他未做明确规定的用地，需加强论证和管理。鼓励结合土地综合整治、工矿废弃地复垦利用等各类工程实施，引导生态空间内不符合规划及管理要求的建设用地逐步有序退出。

严格限制农业开发项目占用生态保护红线外的生态空间，符合条件的农业开发项目，须依法由区级及以上地方人民政府统筹安排。占用生态保护红线外的耕地，按照相关法律法规办理。有序引导生态空间用途之间的相互转变，鼓励其向有利于生态功能提升的方向转变，严格禁止不符合生态保护要求或有损生态功能的相互转换。广东省"三线一单"生态空间共性管控要求见表4-13。

表 4-13 广东省"三线一单"生态空间共性管控要求

管控维度		管控要求	编制依据
空间布局约束	禁止开发建设活动的要求	(1) 生态保护红线内，自然保护地核心区原则上禁止人为活动，其他区域严格禁止开发性、生产性建设活动。 (2) 生态保护红线外的一般生态空间，不得从事影响主导生态功能的建设活动，禁止活动如下： ① 对于水源涵养功能重要区域，禁止毁林开荒、烧山开荒、湿地开垦等活动。 ② 对于水土保持功能重要区域，禁止在25°以上的陡坡地开垦种植农作物，已开垦的陡坡耕地逐步实施退耕还林；禁止在崩塌、滑坡危险区和泥石流易发区从事取土、挖砂、采石等可能造成水土流失的活动；禁止在主要河流两岸、干线公路两侧规划控制范围内进行采石、取土、采砂等活动。 ③ 对于生物多样性维护功能重要区域，禁止从事非法猎捕、毒杀、采伐、采集、加工、收购、出售野生动植物等活动	(1) 参考《关于在国土空间规划中统筹划定落实三条控制线的指导意见》； (2) 参考《全国主体功能区规划》《全国生态功能区划（修编版）》《自然生态空间用途管制办法（试行）》《广东省环境保护条例》《广东省水土保持条例》
	限制开发建设活动的要求	(1) 生态保护红线内自然保护地核心区以外的区域，在符合现行法律法规的前提下，除国家重大战略项目外，仅允许对生态功能不造成破坏的8类有限人为活动，主要包括： ① 零星的原住民在不扩大现有建设用地和耕地规模的前提下，修缮生产生活设施，保留生活必需的少量种植、放牧、捕捞、养殖。 ② 因国家重大能源资源安全需要开展的战略性能源资源勘查、公益性自然资源调查和地质勘查。 ③ 自然资源、生态环境监测和执法，包括水文水资源监测及涉水违法事件的查处等，灾害防治和应急抢险活动。	(1) 参考《关于在国土空间规划中统筹划定落实三条控制线的指导意见》；

续表

管控维度		管控要求	编制依据
空间布局约束	限制开发建设活动的要求	④ 经依法批准进行的非破坏性科学研究观测、标本采集。 ⑤ 经依法批准的考古调查发掘和文物保护活动。 ⑥ 不破坏生态功能的适度参观旅游和相关的必要公共设施建设。 ⑦ 必须且无法避让、符合县级以上国土空间规划的线性基础设施建设，防洪和供水设施建设与运行维护。 ⑧ 重要生态修复工程。 （2）生态保护红线外的一般生态空间，原则上按限制开发区域管理。除生态保护红线内允许的不破坏生态功能的 8 类有限人为活动外，严格控制以下活动： ① 畜禽养殖。 ② 人工商品林种植	（2）参考《全国主体功能区规划》《全国生态功能区划（修编版）》《自然生态空间用途管制办法（试行）》《广东省环境保护条例》

在上述原则性"三线一单"生态空间共性管控要求的基础上，针对不同生态空间类型，我们采取差异化的管控措施：

（1）生态保护红线：按照《关于在国土空间规划中统筹划定落实三条控制线的指导意见》及国家、广东省有关要求进行管理。

（2）自然保护区等禁止开发区：按照相关法律法规进行管理。广州市生态空间共性管控要求（保护地）见表 4-14。

表 4-14　广州市生态空间共性管控要求（含保护地）

属性	管控维度	管控要求	主要依据
自然保护区	禁止开发建设活动的要求	（1）禁止在自然保护区内进行砍伐、放牧、狩猎、捕捞、采药、开垦、烧荒、开矿、采石、挖砂等活动。 （2）禁止任何单位和个人未经批准擅自进入自然保护区的核心区，不得建设任何生产设施；禁止在自然保护区的缓冲区开展旅游和生产经营活动。 （3）禁止在水生动植物自然保护区进行砍伐、放牧、狩猎、捕捞、采药、开垦、烧荒、开矿、采石、挖砂、爆破等活动。 （4）禁止在水生动植物自然保护区内新建生产设施，对于已有的生产设施，其污染物的排放必须达到国家规定的排放标准。 （5）禁止在水生动植物自然保护区的缓冲区开展旅游和生产经营活动。 （6）任何单位和个人不得侵占、破坏自然保护区的自然环境和自然资源，不得在自然保护区从事不符合自然保护区定位的开发活动	（1）《中华人民共和国自然保护区条例》； （2）《森林和野生动物类型自然保护区管理办法》； （3）《中华人民共和国水生动植物自然保护区管理办法》；

续表

属性	管控维度	管控要求	主要依据
自然保护区	限制开发建设活动的要求	（1）自然保护区缓冲区只准进入从事科学研究观测活动。 （2）自然保护区实验区可以进入从事科学试验、教学实习、参观考察、旅游以及驯化、繁殖珍稀、濒危野生动植物等活动，开展参观、旅游活动的，由自然保护区管理机构编制方案，方案应当符合自然保护区管理目标。 （3）任何单位和个人进入自然保护区修筑设施，应当遵守有关法律法规的规定，并经国家或者省人民政府林业主管部门批准同意后，依法办理规划和建设用地审批手续。本款所称设施，是指穿越自然保护区或者占用自然保护区土地的交通、通信、供水、供电等基础设施及符合自然保护区规划的旅游设施	（4）《广东省森林和陆生野生动物类型自然保护区管理办法》
森林公园	禁止开发建设活动的要求	（1）森林公园内不得建设破坏森林资源和景观、妨碍游览、污染环境的工程设施，不得设立各类开发区；森林公园生态保护区和游览区内不得建设宾馆、招待所、培训中心、疗养院以及与森林风景资源保护无关的其他建筑物。已经建设的，应当按照森林公园总体规划逐步迁出。 （2）禁止建设损害森林资源和污染环境的工程设施	（1）《森林公园管理办法》； （2）《广东省森林公园管理条例》； （3）《广州市森林公园管理条例》
森林公园	限制开发建设活动的要求	（1）政府管理的公园，禁止建设、经营会所、酒吧、夜总会、酒店、宾馆等与公园功能无关的商业设施；禁止将亭、台、楼、阁等园林建筑改建为商业设施；禁止将公园管理用房改建为商业设施，或者出租、出借给他人使用。 （2）严格限制永久性设施的建设。除森林公园道路建设外，规划用于工程设施建设的用地不得超过森林公园陆地面积的3%	（1）《广州市公园条例》； （2）《广州市森林公园管理条例》
饮用水水源保护区	禁止开发建设活动的要求	（1）禁止在饮用水水源准保护区内新建、扩建对水体污染严重的建设项目；改建设项目，不得增加排污量。 （2）饮用水水源保护区内禁止下列行为：① 新建、改建、扩建排放污染物的建设项目；② 设置排污口；③ 设置油类及其他有毒有害物品的储存罐、仓库、堆栈、油气管道和废弃物回收场、加工场；④ 设置占用河面、湖面等饮用水源水体或者直接向河面、湖面等水体排放污染物的餐饮、娱乐设施；⑤ 设置畜禽养殖场、养殖小区；⑥ 排放、倾倒、堆放、填埋、焚烧剧毒物品、放射性物质以及油类、酸碱类物质、工业废渣、生活垃圾、医疗废物、粪便及其他废弃物；⑦ 从事船舶制造、修理、拆解作业；⑧ 利用码头等设施装卸油类、垃圾、粪便、煤、有毒有害物品；⑨ 利用船舶运输剧毒物品、危险废物以及国家规定禁止运输的其他危险化学品；⑩ 运输剧毒物品的车辆通行；⑪ 使用剧毒和高残留农药；⑫ 使用含	《广东省饮用水源水质保护条例》

属性	管控维度	管控要求	主要依据
饮用水水源保护区	禁止开发建设活动的要求	磷洗涤剂；⑬破坏水环境生态平衡、水源涵养林、护岸林、与水源保护相关的植被的活动；⑭使用炸药、有毒物品捕杀水生动物；⑮开山采石和非疏浚性采砂；⑯其他污染水源的项目。 (3) 饮用水水源一级保护区内还禁止下列行为：① 新建、改建、扩建与供水设施和保护水源无关的项目；② 设置旅游设施、码头；③ 向水体排放、倾倒污水；④ 放养畜禽和从事网箱养殖活动；⑤ 从事旅游、游泳、垂钓、洗涤和其他可能污染水源的活动；⑥ 停泊与保护水源无关的船舶、木（竹）排	《广东省饮用水源水质保护条例》
	不符合空间布局要求活动的退出要求	(1) 已建成的饮用水水源一级保护区内与供水和保护水源无关的建设项目，以及饮用水水源二级保护区内排放污染物的建设项目，依照《中华人民共和国水污染防治法》《广东省饮用水源水质保护条例》的相关规定报有批准权的人民政府批准，责令拆除或者关闭。 (2) 饮用水水源一级保护区内已建成的与供水设施和保护水源无关的建设项目，以及饮用水水源二级保护区内已建成的排放污染物的建设项目，由县级以上人民政府依法责令拆除或者关闭。 (3) 通过征地、拆迁和长期租用等方式，分类、分步完成饮用水水源一级保护区内与供水设施和保护水源无关的建筑物、农业种植堆场和码头等历史遗留问题的清理整治工作	(1)《广州市饮用水水源污染防治规定》； (2)《广东省饮用水源水质保护条例》
湿地公园	禁止开发建设活动的要求	(1) 禁止擅自占用、征用国家湿地公园的土地。除国家另有规定外，国家湿地公园内禁止下列行为：① 开（围）垦、填埋或者排干湿地；② 截断湿地水源；③ 开矿、采石、修坟以及生产性放牧等；④ 倾倒有毒有害物质、废物、垃圾；⑤ 从事房地产、度假村、高尔夫球场、风力发电、光伏发电等任何不符合主体功能定位的建设项目和开发活动；⑥ 破坏野生动物栖息地和迁徙通道、鱼类洄游通道，乱采滥捕野生动植物；⑦ 引入外来物种；⑧ 擅自放牧、捕捞、取土、取水、排污、放生；⑨ 其他破坏湿地及其生态功能的活动。 (2) 省级、市县级湿地公园禁止擅自占用、征用湿地公园的土地。确需占用、征用湿地公园内土地的，用地单位必须征求湿地公园管理机构、原批准机关和相关权属人的意见，并依法办理相关手续。在省级、市县级湿地公园内禁止下列行为：① 开矿、采石、修坟以及生产性放牧等；② 从事房地产、度假村、高尔夫球场、风力发电、光伏发电等任何不符合主体功能定位的建设项目和开发活动；③ 法律法规禁止的活动或者行为。 (3) 在湿地保护范围内禁止从事下列活动：① 破坏鱼类等水生生物洄游通道，采用电鱼、炸鱼、毒鱼等灭绝性方式捕捞鱼类以及其他水生生物；② 破坏野生动植物的重要繁殖区、栖息地和原生地；③ 排放污水或者有毒有害物质，投放可能危害水体、水生以及野生生物的化学物品或者倾倒固体废物；④ 毁坏湿地保护、监测设施；⑤ 其他破坏湿地资源的行为	(1)《国家湿地公园管理办法》； (2)《广东省湿地公园管理暂行办法》；

续表

属性	管控维度	管控要求	主要依据
湿地公园	限制开发建设活动的要求	（1）湿地保育区，除开展保护、监测等必需的保护管理活动外，不得进行任何与湿地生态系统保护和管理无关的其他活动； （2）恢复重建区，仅能开展培育和修复湿地的相关活动； （3）宣教展示区，在环境承载力范围内可以开展以生态展示、科普教育为主的活动； （4）合理利用区，可以开展不损害湿地生态系统功能的生态旅游等活动； （5）管理服务区，可以开展不损害湿地生态系统功能的管理、接待和服务等活动	（3）《广州市湿地保护规定》
地质公园	禁止开发建设活动的要求	（1）禁止在地质公园内进行采石、取土、开矿、放牧、砍伐以及其他不利于地质遗迹保护的活动，确保地质地貌的完整性和稀缺性。 （2）禁止在省级地质公园内擅自挖掘、损毁被保护的地质遗迹，禁止修建与地质遗迹保护和地质公园规划无关的建（构）筑物。 （3）任何单位和个人不得在地质遗迹保护区内及可能对地质遗迹造成影响的一定范围内进行采石、取土、开矿、放牧、砍伐以及其他对保护对象有损害的活动。未经管理机构批准，不得在保护区范围内采集标本和化石。 （4）不得在地质遗迹保护区内修建与地质遗迹保护无关的厂房或其他建筑设施；对已建成并可能对地质遗迹造成污染或破坏的设施，应限期治理或停业外迁	（1）《广东省省级地质公园管理办法》； （2）《地质遗迹保护管理规定》
水产种质资源保护区	禁止开发建设活动的要求	（1）禁止在水产种质资源保护区内新建排污口；在水产种质资源保护区附近新建、改建、扩建排污口，应当保证保护区水体不受污染。 （2）禁止在水产种质资源保护区内从事围湖造田、围海造地或围填海工程	《水产种质资源保护区管理暂行办法》
	限制开发建设活动的要求	（1）在水产种质资源保护区内从事修建水利工程、疏浚航道、建闸筑坝、勘探和开采矿产资源、港口建设等工程建设的，或者在水产种质资源保护区外从事可能损害保护区功能的工程建设活动的，应当按照国家有关规定编制建设项目对水产种质资源保护区的影响专题论证报告，并将其纳入环境影响评价报告书。 （2）单位和个人在水产种质资源保护区内从事水生生物资源调查、科学研究、教学实习、参观游览、影视拍摄等活动，应当遵守有关法律法规和保护区管理制度，不得损害水产种质资源及其生存环境	

续表

属性	管控维度	管控要求	主要依据
风景名胜区	禁止开发建设活动的要求	（1）禁止侵占风景名胜区内的土地。禁止在风景名胜区内设立开发区、度假区、医院、工矿企业、仓库、货场。 （2）禁止破坏风景名胜区内的文物古迹和景物景观。禁止向风景名胜区排放超标污水、废气、噪声及倾倒固体废物。 （3）禁止在风景名胜区内从事下列活动：① 挖砂、采石、取土；② 开荒、围垦、填塘和建坟；③ 捕捉、伤害野生动物；④ 在景物和公共设施上涂、写、刻、画；⑤ 砍伐古树名木；⑥ 乱扔废物，攀折树、竹、花、草，在禁火区吸烟、生火；⑦ 设置和张贴广告，占道和在主要景点摆摊。 （4）在风景名胜区外围保护地带内不得建设影响风景名胜区景观和污染环境、破坏生态的项目。 （5）风景名胜区内的重要景点应当划定保护范围；在该范围内不得修建旅馆、饭店等设施	《广东省风景名胜区条例》

（3）一般生态空间：除依法批准的交通、水利、林业、电力、消防、通信、气象、地震监测、景观游赏等公共服务设施和基础设施外，在不影响主导生态功能的前提下，可适度开展生态旅游、畜禽养殖（禁养区除外）、公益性探矿、村庄建设等人为活动。严格限制大规模成片的工业化、城镇化开发。一般生态空间内的人工商品林允许依法进行抚育采伐、择伐和树种更新等经营活动。广州市生态空间共性管控要求（不含保护地）见表4-15。

表4-15　广州市生态空间共性管控要求（不含保护地）

管控维度		管控要求	编制依据
空间布局约束	禁止开发建设活动的要求	（1）执行广东省关于禁止开发建设活动的要求。 （2）生态保护红线外的一般生态空间除执行法律法规、广东省禁止性管控要求外，执行以下要求： ① 在河道管理范围内，禁止堆放、倾倒、掩埋、排放污染水体的物体，禁止在河道内清洗装贮过油类或者有毒污染物的车辆、容器； ② 禁止毁林开荒和陡坡地开垦，禁止毁林采石、采砂、采土以及其他毁林行为； ③ 禁止开（围）垦、填埋或者排干湿地，禁止永久性截断湿地水源，禁止挖砂、采矿，禁止倾倒有毒有害物质、废物、垃圾，禁止破坏野生动物栖息地和迁徙通道、鱼类洄游通道，乱采滥捕野生动植物； ④ 禁止建设工业固体废物集中贮存、处置的设施、场所和生活垃圾填埋场	（1）广东省生态空间共性管控要求； （2）《中华人民共和国河道管理条例》《中华人民共和国森林法》《国家林业局关于修改〈湿地保护管理规定〉的决定》《中华人民共和国固体废物污染环境防治法》

续表

管控维度		管控要求	编制依据
空间布局约束	限制开发建设活动的要求	（1）执行广东省关于限制开发建设活动的要求。 （2）生态保护红线外的一般生态空间除执行法律法规、广东省限制性管控要求外，在生态保护红线允许开展的人类活动的基础上，在不违背法律法规管理要求的前提下，还可开展以下人类活动： ① 限制矿产资源开发，水电、风电等开发，对符合矿产资源规划的矿产勘查活动、液体矿开采活动加强管理； ② 合法的水利、交通运输等设施的运行与维护； ③ 在乡村振兴建设过程中，在坚持生态保护优先的前提下，农村道路更新建设以及开展生态旅游活动配套的服务设施建设； ④ 合法的民生工程（危险废物和医疗废物处置设施、污水处理厂、垃圾填埋场建设等除外）； ⑤ 确实难以避让的军事建设项目及重大军事演训活动	（1）广东省生态空间共性管控要求； （2）《关于做好自然保护区范围及功能分区优化调整前期有关工作的函》
环境风险防控		（1）开展生态保护红线勘界，加强生态保护红线监督管理； （2）加强区域内允许准入类活动环境风险防控，不得损害生态服务功能； （3）强化生态空间内道路环境风险防范，健全必要的隔离和防护设施，提升应急水平； （4）在各类开发建设活动前，应加强对生物多样性影响的评估，任何开发或者活动不得破坏珍稀野生动植物的重要栖息地，结合生态廊道建设，保护和预留野生动物的迁徙通道	—
资源开发效率		（1）全面实施保护天然林、退耕还林工程； （2）合理开发自然资源，保护和恢复自然生态系统，增强区域水土保持能力； （3）加强水体保护，在坚持生态优先和保护第一的前提下，合理开发利用保护区内的自然资源； （4）恢复水土保持功能，实施水土保持生态修复工程，加强小流域综合治理，营造水土保持林； （5）实施生态廊道建设，控制河流、湿地规模，科学划定城市绿线、蓝线； （6）区内资源以保护为主，可以适度开发利用，严格执行"先规划、后开发"的建设方针，严格控制开发用地规模，限制土地用途向工业、居住等营利性用地转换，减轻对生态环境系统的不利影响	—

第 5 章　水环境质量底线及分区管控

5.1　技术路线

以广东省下发的空间划分方案为基础，对比分析省（市）水功能区及水环境功能区，结合现状水质监控断面和拟设监控断面，综合考虑排水分区和汇水区，初步划分市级控制单元，同时指导各区（县）开展区（县）级控制单元划分和信息填报，汇总校核区（县）方案，形成市级控制单元划分方案，在此基础上结合省级河湖岸线管控分区划分方案，形成管控分区划分方案及环境容量测算方法，并指导各区（县）开展环境容量测算和污染源信息填报，汇总各区（县）成果，形成各控制单元允许排放量分配方案，统筹考虑饮用水水源保护区，形成优先管控区、重点管控区和一般管控区的污染防治策略。结合省级水资源利用上线要求，汇总各区（县）填报的水资源利用上线指标，形成市级水资源利用上线。广州市水环境质量底线与分区管控研究技术路线如图 5-1 所示。

5.2　地表水环境控制单元细化

5.2.1　控制单元细化总体原则

广州市地表水控制单元细化原则参照省级相关要求，主要原则如下。

以《水污染防治行动计划》确立的 60 个广东省国家级水生态控制单元和广东省初步划定的 139 个省级水生态控制单元为基础，结合《广东省地表水环境功能区划》《广东省水功能区划》整编合并工作，进行水环境控制单元细化。

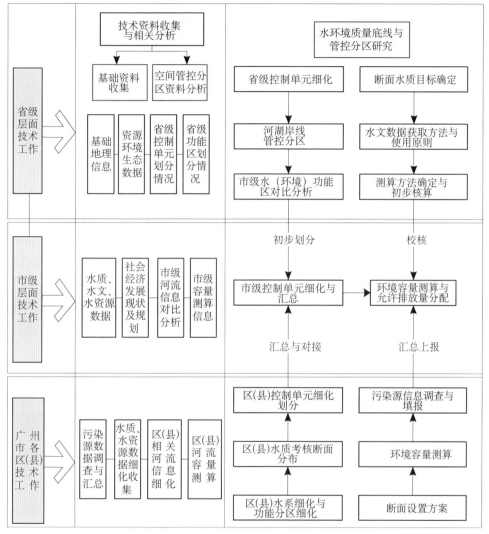

图5-1　广州市水环境质量底线与分区管控研究技术路线

除省级水环境控制单元划分原则外，广州市进行水环境控制单元细化时，还需遵循以下原则：

（1）对本市划定了省级和市级水（环境）功能区划的江河湖库及其重要支流开展控制单元细化工作，并将边界拟合至行政边界，且须把工业集聚区划定为独立控制单元。

（2）对《广东省地表水环境功能区划》《广东省水功能区划》覆盖的江、河、湖、库取并集，根据"监测断面—控制河段/湖库—对应陆域"水陆响应关系，进行控制单元细化工作。水（环境）功能区水体汇水范围未覆盖的区域，应综合考虑区域内水体分布、排水去向、行政区划等情况划分控制单元。

（3）河网区域、部分沿河镇街因地表径流去向存在多种可能性，或同一行政区内存在多个汇水单元，应根据地表径流主要去向及污水主要去向确定划归的控制单元。

（4）原则上每个水环境控制单元只对应一个水质控制断面，缺少常规水质监测断面的水环境控制单元需在控制河段下游新增常规监测断面，并将其作为控制断面。

（5）鸦岗是列入省重点攻坚任务的国家地表水考核断面（以下简称国考断面），流溪河、增江是广州市主要生活饮用水水源地，其所在区域应划分高精度控制单元，原则上每一河流型水（环境）功能区/大型水库及其一级支流和通量贡献大的二级支流对应的汇水区域均至少划分 1 个水环境控制单元，中小型水库对应的汇水区域至少划分 1 个水环境控制单元；其余区域划分一般精度水环境控制单元，原则上每一水（环境）功能区对应的汇水区域至少划分 1 个水环境控制单元；功能目标相近、环境问题相似的水体汇水区可酌情合并成 1 个水环境控制单元，但需经充分论证分析并提出合理依据。

5.2.2　控制单元细化方法

控制单元划分包括水系识别与概化、控制断面设置、确定控制断面对应的陆域范围 3 个主要步骤。控制单元划分技术路线如图 5-2 所示。

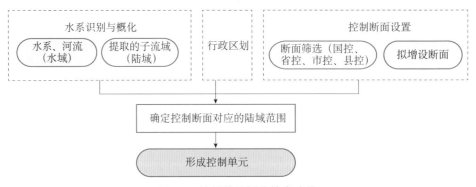

图 5-2　控制单元划分技术路线

1. 水系识别与概化

（1）DEM 数据采集与预处理。数字高程模型（DEM）包括平面位置和高程数据两种信息，可以通过全球定位系统（GPS）、激光测距仪等测量获取，也可以间接从航空或遥感影像和已有地图上获取。DEM 精度应不低于 30 m，可从国家地理信息公共服务平台、地理空间数据云等数据平台下载并投影转换后使用。若采集的 DEM 栅格数据中有洼地和尖峰，可以采用 ArcHydro 水文模块的相关命令进行预处理，避免出现逆流的现象，得到无凹陷的栅格地形数据。

（2）DEM 提取河网。应用 ArcGIS 的 ArcHydro 水文模块或 ArcSWAT 的相关命令生成河流网络。首先，按照"地表径流在流域空间内从地势高处向地势低处流动，最后经流域的水流出口排出流域"的原理，确定水流方向。其次，根据"流域中地势较高的区域可能为流域的分水岭"等原则，确定集水区汇水范围。最后，根据河流排水去向，从汇流栅格中提取河网，并将河网栅格转换为矢量化的河网或水系图层（Shape 格式）。

（3）水系概化。具体过程包括检查河流的相互连接状况、检查河流流向、依据河流等级完成水系概化。此外，对于环境管理部门关注的重要河段，包括划分了水（环境）功能区的河流、重点支流、重点湖库、城市水体、重污染支流河涌等，应在水系概化后予以重点检查和补充。

（4）汇水范围提取。配好基础地图、完成水系概化后，提取水系对应的陆域汇水范围。优先采用 ArcSWAT 模型，选取适当阈值划分汇水单元。ArcSWAT 模型不适用的地区，如地势平坦、水系复杂、流向多变的珠江三角洲平原网河地带，可参照排水/排涝分区和截污管网、道路、人工河道、行政边界等人机交互方式方法划分汇水范围。

2. 控制断面设置

控制断面设置包括初选、优化两个步骤。

（1）控制断面初选。针对水域敏感性，在干流各城市下游、支流汇入干流前、跨界（省界、市界）水体、重要功能水体、河流源头区、湖（库）主要泄水口、城市建成区下游、入海河流（入海口）处均考虑设置控制断面，并从已有的常规水质监测断面中选取，部分水体需增设监测断面。

（2）控制断面优化。当根据不同原则选取的控制断面邻近时，需判断各断面的水质代表性、敏感性和重要性，原则上 1 个水环境控制单元设置 1 个控制断面。

3. 确定控制断面对应的陆域范围

结合子流域划分结果，以控制断面为节点，以维持行政边界完整性为约束条件，整合同一汇水范围的行政区，形成控制单元陆域范围。

若同一行政区内存在多个汇水单元，按地表径流主要去向及污水主要去向确定划归的控制单元。对于受人为干扰较大、涉及截污导流的行政区，应根据实际的排水去向确定所属单元。

5.2.3　控制单元细化结果

根据以上划分方法以及全区域覆盖的原则，广州市共划分 165 个控制单元，水环境控制单元细化成果如图 5-3 所示。

5.3　地表水环境现状分析

5.3.1　主要江河、河涌水质现状分析

1. 饮用水水源地水质现状

根据《2018 年广州市环境质量状况公报》，广州市 10 个城市集中式饮用水水源地水质达标率为 100%。2013 年以来，广州市城市集中式饮用水水源地水质达标率约稳定达到 100%。

2. 主要江河水质现状

2018 年，广州市纳入《广东省水污染防治目标责任书》的地表水国考断面水质优良率为 66.7%。流溪河从化段、增江、东江北干流、市桥水道、沙湾水道、蕉门水道等主要江河水质优良，珠江广州河段黄埔航道、狮子洋水质轻度污染，珠江广州河段西航道水质重度污染，受污染河段主要污染指标为 $NH_3\text{-}N$。

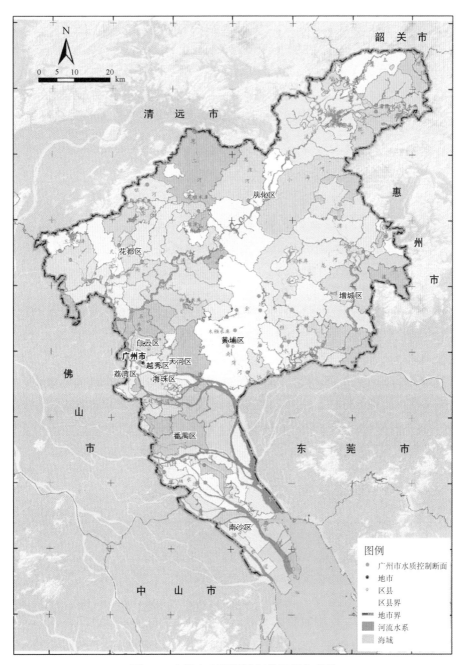

图5-3 广州市水环境控制单元细化成果

3. 主要河涌水质现状

2018 年，每月发布水质监测信息的 53 条重点整治河涌（河段）中，9 条河涌（河段）达到或优于Ⅴ类水体，44 条河涌属劣Ⅴ类水体；水质指数（WQI）在 100 以下、101～150、151～200 和 201 以上的河涌分别有 12 条、39 条、1 条和 1 条。劣Ⅴ类水质河涌的主要污染指标为 NH_3-N、TP 和 COD，呈耗氧性有机污染特征。

4. 入海河口水质

2018 年，广州市 3 条主要入海河流中，洪奇沥水道入海河口水质为Ⅲ类，蕉门水道入海河口水质为Ⅲ类，莲花山水道入海河口水质为Ⅳ类，均达到功能用水要求。

5. 国考、省考、市考核断面丰水期、平水期、枯水期水质变化

2018 年 14 个国考断面中，官坦、蕉门、洪奇沥等 10 个断面丰水期、平水期、枯水期水质均达标，占比为 71.43%。鸦岗和东朗 2 个断面丰水期水质较差，NH_3-N、TP 浓度较其他水期有所升高；墩头断面枯水期水质较差，NH_3-N 浓度较其他水期明显升高；长洲断面平水期水质较差，NH_3-N、TP 浓度较其他水期有所升高。

石井河口、大坳和李溪坝 3 个省考断面，丰水期水质较差，NH_3-N、TP 浓度较其他水期明显升高。

21 个市考断面中，沥心沙大桥、张松、小虎、南横等 15 个断面丰水期、平水期、枯水期水质均达标，占比为 71.43%。硬颈海、炭步新桥和白坭 3 个断面丰水期水质较差，NH_3-N、TP 浓度较其他水期升高。猎德、井岗桥和天马河口 3 个断面平水期水质较差，COD、NH_3-N、TP 浓度较其他水期升高。

5.3.2 不同控制单元水质现状分析

1. 广州市省级水环境控制单元水质总体概况

广州市省级水环境控制单元共 165 个，其中荔湾区 7 个、越秀区 3 个、海珠区 4 个、天河区 3 个、白云区 23 个、黄埔区 14 个、番禺区 13 个、花都区 22 个、南沙区 22 个、从化区 24 个、增城区 30 个，各行政区控制单元个数占比如图 5-4 所示。水环境控制单元水质现状为Ⅱ类的有 23 个，占比为 13.94%；水环境控制单元水质现状为Ⅲ类的有 62 个，占比为 37.58%；水环境控制单元水质现状为Ⅳ类的有 24 个，占比为 14.54%；水环境控制单元水质现状为Ⅴ类的有 2 个，占比为 1.21%；水环境控制单元水质现状为劣Ⅴ类的有 54 个，占比为 32.73%。全市达标

单元有 70 个，占比为 42.42%；未达标单元有 95 个，占比为 57.58%。省级水环境控制单元水质现状类别比例如图 5-5 所示。

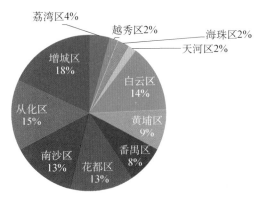

图 5-4　广州市各行政区省级控制单元个数占比

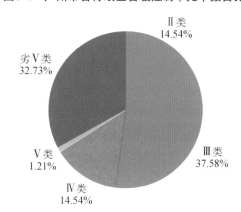

图 5-5　省级水环境控制单元水质现状类别比例

2. 广州市各区水环境控制单元水质现状分析

将广州市水环境控制单元按各行政区进行水质现状分析，各区控制单元水质达标率对比如图 5-6 所示。

（1）海珠区有 4 个水环境控制单元，其中 2 个控制单元水质现状为Ⅳ类，达到水质目标要求，2 个控制单元为劣Ⅴ类，近 5 年主要超标因子为 NH_3-N。海珠区水环境控制单元的水质达标率为 50.00%。

（2）荔湾区有 7 个水环境控制单元，对应的断面水质均为劣Ⅴ类，水质达标率为 0。

（3）天河区有 3 个水环境控制单元，对应的断面水质均为劣 V 类，水质达标率为 0。

（4）越秀区有 3 个水环境控制单元，对应的断面水质均为劣 V 类，水质达标率为 0。

（5）番禺区有 13 个水环境控制单元，其中 5 个单元未达标，主要超标因子为 $NH_3\text{-}N$ 和溶解氧（DO），其他控制单元均达标，水质达标率为 61.54%。

（6）白云区有 23 个水环境控制单元，其中 20 个单元未达标，主要超标因子为 DO、$NH_3\text{-}N$、五日生化需氧量（BOD_5）等指标，水质达标率为 13.04%。

（7）花都区有 22 个水环境控制单元，其中 19 个单元未达标，主要超标因子为 COD、高锰酸盐指数（COD_{Mn}）和 $NH_3\text{-}N$ 等指标，3 个单元达标，水质达标率为 13.64%。

（8）黄埔区有 14 个水环境控制单元，其中 10 个单元未达标，4 个单元达标，水质达标率为 28.57%。

（9）增城区有 30 个水环境控制单元，其中 16 个单元未达标，14 个单元达标，水质达标率为 46.67%。

（10）南沙区有 22 个水环境控制单元，所有单元均达标，水质达标率为 100.00%。

（11）从化区有 24 个水环境控制单元，其中 10 个单元未达标，14 个单元达标，水质达标率为 58.33%。

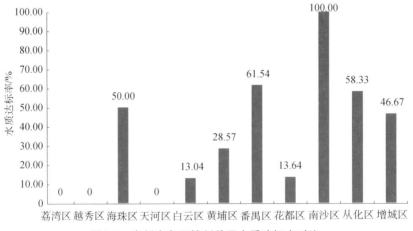

图5-6　广州市各区控制单元水质达标率对比

5.3.3　主要存在的问题

近年来，地表水国考断面水质优良率保持稳定，但属于劣 V 类水体的国考断面水质并未好转。流溪河鸦岗断面、珠江广州河段后航道和西航道、狮子洋等水体 NH$_3$-N 持续超标，65.79%的考核断面在三个不同水期均达标，鸦岗断面和东朗断面水质在丰水期恶化。

广州市 53 条"南粤水更新"重点整治河涌水质有一定程度的改善。2018 年 9 条河涌（河段）达到或优于 V 类水体，比 2017 年增加 2 条。2018 年 WQI 在 151～200 和 201 以上的河涌比 2017 年减少了 6 条。

广州市 165 个省级水环境控制单元中有 70 个控制单元水质达到目标要求，水质达标率为 42%。按照行政区对比分析各区的控制单元水质达标情况，发现南沙区、番禺区和从化区水质达标情况位居前三，水质达标率分别为 100.00%、61.54% 和 58.33%，而天河区、越秀区和荔湾区控制单元断面水质均为劣 V 类，水质达标率为 0。这说明广州市区的水质现状明显比郊区差。

将水质未达标的控制单元按行政区隶属关系展开对比，发现白云区水质未达标的控制单元个数最多，占广州市未达标控制单元个数的 21.05%。白云区的控制单元个数占全市控制单元个数的 13.94%，仅次于增城区和从化区。各区控制单元水质达标（未达标）个数占广州市控制单元个数的比例如图 5-7 所示。

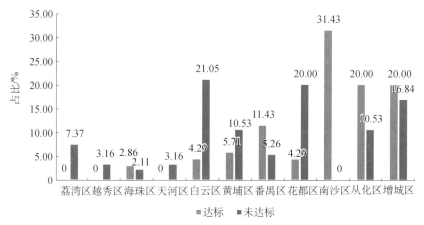

图5-7　各区控制单元水质达标（未达标）个数占广州市控制单元个数的比例

5.4 污染源调查分析

5.4.1 污染源核算方法

参考《第一次全国工业污染源普查产排污系数手册》《全国水环境容量核定技术指南》《水环境容量计算理论及应用》《流域水污染物总量控制技术与示范》等推荐的计算方法，结合广州市各行政区实际污染源产排污量的计算，具体的计算系数参考广东省下发的计算系数。其中工业源、农业源核算过程采用企业经纬度、用地、养殖量等数据作为切分依据，将第二次全国污染源普查（以下简称"二污普"）结果切分至各控制单元，生活源基础数据人口量采用 2017 年统计年鉴数据，结合行政区分布、排污格局等相关情况，采用"二污普"计算参数进行核算。

1. 计算方法

（1）工业污染物入河量。

$$W_{\text{工}}=(W_{\text{工p}}-\theta_1)\times\beta_1 \quad\quad\quad (5\text{-}1)$$

式中，$W_{\text{工}}$——工业污染物入河量，t/a；

$\quad\quad W_{\text{工p}}$——工业污染物排放量，t/a；

$\quad\quad \theta_1$——被污水处理厂处理的工业污染物量，t/a；

$\quad\quad \beta_1$——工业污染物入河系数（取值范围为 0.8～1.0），本次工业污染物入河系数取 1.0。

（2）城市生活污染物入河量。

$$W_{\text{生}1}=W_{\text{生}1p}\times\beta_2+\theta_1\times\beta_3 \quad\quad\quad (5\text{-}2)$$

式中，$W_{\text{生}1}$——城市生活污染物入河量，t/a；

$\quad\quad W_{\text{生}1p}$——城市生活污染物直排量，t/a；

$\quad\quad \beta_2$——城市直排入河系数（取值范围为 0.75～0.95）；

$\quad\quad \theta_1$——城镇生活污水处理厂排放的生活污染物部分的污染物量，t/a，$\theta_1=$ $31.536\times Q_{\text{污}}\times C_{\text{出}}$，其中，$Q_{\text{污}}$ 为污水处理厂处理的生活污水量（由环境统计获得），m³/s，$C_{\text{出}}$ 为污染物出口浓度（由环境统计获得），mg/L；

$\quad\quad \beta_3$——污水处理厂入河系数，本次城市直排入河系数取 0.8～0.9，污水处理厂入河系数取 1.0。

$$W_{生1p} = (Q_生 \times \beta_4 \times C_{1i} - Q_污 \times C_{2i}) \times 31.536 \quad (5\text{-}3)$$

式中，$Q_生$——城镇生活综合用水量，m³/s；

β_4——城镇生活用水排放系数（取值范围为 0.6～1.0），本次城镇生活用水排放系数取 0.9；

C_{1i}——城镇生活污水中污染物 i 的排放浓度（参照污水处理系统进口浓度确定），mg/L；

$Q_污$——污水处理厂处理的生活污水量（由环境统计获得），m³/s；

C_{2i}——污水处理厂进口污染物浓度（参见环境统计数据），mg/L。

（3）农村生活污染物入河量。

$$W_{生2} = Q_{生2} \times \beta_{4p} \times C_{3i} \times \beta_{4r} \times 3.65 \times 10^{-7} \quad (5\text{-}4)$$

式中，$W_{生2}$——农村生活污染物入河量，t/a；

$Q_{生2}$——农村生活用水量，L/d；

β_{4p}——农村生活污水排放系数（一般取 0.6～0.9）；

C_{3i}——农村生活污水污染物浓度（参考农村生活污水处理设施进口浓度确定），mg/L；

β_{4r}——农村生活污染物入河系数（参照广东省下发的技术规范选取）。

$$Q_{生2} = N_农 \times Q_农 \quad (5\text{-}5)$$

式中，$N_农$——农村人口数（来自统计年鉴），人；

$Q_农$——农村人均用水量（参考水资源公报），L /（人·d）。

（4）养殖污染物入河量。

① 畜禽养殖污染物入河量。

$$W_{畜禽} = W_{畜禽p} \times \beta_5 \quad (5\text{-}6)$$

式中，$W_{畜禽}$——畜禽养殖污染物入河量，t/a；

$W_{畜禽p}$——畜禽养殖污染物排放量，t/a；

β_5——畜禽养殖入河系数（参考广东省下发的技术规范选取）。

$$W_{畜禽p} = (\delta_1 \times T \times N_{畜禽} \times \alpha_4 + \delta_2 \times T \times N_{畜禽} \times \alpha_5) \times 10^{-6} \quad (5\text{-}7)$$

式中，δ_1——畜禽个体日产粪量，kg /（d·头）；

T——饲养期，d；

$N_{畜禽}$——饲养数量，头；

α_4——畜禽粪中污染物的平均含量，g/kg；

δ_2——畜禽个体日产尿量，kg /（d·头）；

α_5——畜禽尿中污染物的平均含量，g/kg。

② 水产养殖污染物入河量。

水产养殖污染源计算系数参考《第一次全国污染源普查水产养殖业污染源产排污系数手册》中的方法。根据养殖产品类别，将产排污系数分为两类，即成鱼养殖和苗种培育。在同类养殖产品类别中，根据养殖水体的不同，将排污系数分为两类，即淡水养殖和海水养殖。同类水体养殖主要包括池塘、工厂化、网箱、围栏、筏式和滩涂几种模式。排污系数具体见《第一次全国污染源普查水产养殖业污染源产排污系数手册》。

（5）农田径流面源污染。

农田径流面源污染参照《全国水环境容量核定技术指南》中推荐的标准农田法进行估算。其中，标准农田的定义为地处平原、土地利用类型为旱地、土壤类型为壤土、化肥施用量在 $25\sim35$ kg/（亩[①]·a）、降水量在 $400\sim800$ mm 的农田。

农田径流污染的 COD 及 NH_3-N 的负荷计算方法如下：

$$P_{COD} = A \times \mu_{COD} \times \lambda \times 10^{-3} \tag{5-8}$$

$$P_{NH_3} = A \times \mu_{NH_3} \times \lambda \times 10^{-3} \tag{5-9}$$

式中，P_{COD}——COD 负荷，t/a；

P_{NH_3-N}——NH_3-N 负荷，t/a；

A——农田面积，亩；

μ_{COD}——标准农田 COD 源强系数，10 kg/（亩·a）；

μ_{NH_3-N}——标准农田 NH_3-N 源强系数，2 kg/（亩·a）；

λ——修正系数。

对于非标准农田，对应的源强系数需根据产排污系数表进行修正。

2. 产排污系数

（1）工业污染源。

工业污染源计算目前以环境统计及排污申报数据为基础，结合"二污普"基础数据进行对比更新，其中与环境统计相同的企业排放数据采用环境统计数据，与环境统计数据存在差异的企业，以新鲜用水量推算废水排放量（废水排放率一般为 $0.85\sim0.95$），并结合污水处理设施处理能力进行核定。工业污染源排放特征包括以下三个方面：一是废水通过自有污水处理设施处理后排入环境或下水道，

---

① 1 亩 ≈666.67 m^2。

此类型工业污染源被认定为直排企业；二是位于工业集中区，废水最终进入集中区污水处理设施处理后排入环境，该类型工业企业排放量统一纳入工业集中区；三是废水未直接排放至环境中，同时企业未纳入工业集中区，这部分工业污染源产生的废水通过管网接入城镇生活污水处理设施，该部分工业污染源以废水量乘以污水处理厂出水浓度核算排放量，并在汇总表中进行切分划入工业污染源。

（2）生活源。

① 城镇生活源。以实际调查得到的城镇常住人口、生活用水量和综合生活污水平均浓度为基准（来源于当地统计年鉴、水资源公报、环境统计数据及"二污普"数据等），由于"二污普"数据排放量难以切分到控制单元，因此本书采用统计年鉴中常住人口及城镇化率等切分城镇人口及农村人口，并结合水资源公报确定的人均用水量和废水排放量，结合产排污系数，核算实际城镇生活污染源，其他污染源按照散排进行核算。城镇生活源水污染物产污校核系数见表 5-1。校核方法如下：首先，查找相应地区和城镇类型的产污校核系数上限、下限。如当地调查获得的生活用水量在产污校核系数上下限范围内，采用调查数据核算；如调查数据低于产污校核系数下限或高于产污校核系数上限，则采用产污校核系数平均值代替后方可计算污染物产生量。其次，在污染物产生量核算的基础上，扣除城镇污水处理厂和部分处理生活污水的工业集中式污水处理厂对城镇生活源水污染物的去除量，即可得到城镇综合生活污水及污染物排放量。最后，对每座城市的市辖区（含市区和镇区）、各县域（含县城和镇区）分别核算。市辖区或各县域的污染物排放量不得低于本地区污水处理厂处理的生活污水排放量，即处理的生活污水量与排口浓度的乘积。如低于该值，则直接取该值作为本地区的污染物排放量。

表 5-1　城镇生活源水污染物产污校核系数

城镇分类	指标名称	单位	产污系数下限值	产污系数平均值	产污系数上限值
较发达城市市区	生活用水量	L/（人·d）	169	276	419
	折污系数	无量纲	0.8～0.9		
	COD	mg/L	210	300	420
	BOD_5	mg/L	95	135	189
	NH_3-N	mg/L	16.50	23.60	33.00
	TN	mg/L	22.80	32.60	45.60

续表

城镇分类	指标名称	单位	产污系数下限值	产污系数平均值	产污系数上限值
较发达城市市区	TP	mg/L	2.48	4.14	6.21
	动植物油	mg/L	0.77	3.84	7.68
一般城市市区	生活用水量	L/（人·d）	124	207	335
	折污系数	无量纲	0.8～0.9		
	COD	mg/L	200	285	400
	BOD₅	mg/L	90	129	181
	NH₃-N	mg/L	15.80	22.60	31.60
	TN	mg/L	21.80	31.20	43.70
	TP	mg/L	2.38	3.96	5.94
	动植物油	mg/L	0.73	3.66	7.32
县城	生活用水量	L/（人·d）	92	151	255
	折污系数	无量纲	0.8～0.9		
	COD	mg/L	185	260	365
	BOD₅	mg/L	82	117	164
	NH₃-N	mg/L	14.40	20.60	28.80
	TN	mg/L	19.90	28.40	39.80
	TP	mg/L	2.16	3.60	5.40
	动植物油	mg/L	0.67	3.34	6.68
镇区	生活用水量	L/（人·d）	71	117	197
	折污系数	无量纲	0.8～0.9		
	COD	mg/L	195	275	385
	BOD₅	mg/L	86	123	172
	NH₃-N	mg/L	15.10	21.60	30.20
	TN	mg/L	20.70	29.60	41.40

城镇分类	指标名称	单位	产污系数下限值	产污系数平均值	产污系数上限值
镇区	TP	mg/L	2.26	3.76	5.64
	动植物油	mg/L	0.70	3.50	7.00

注：1. 广东省较发达城市包含深圳、广州、佛山、东莞、惠州、中山、江门、珠海、肇庆 9 个城市。除上述城市外，其余城市为一般城市。

2. 折污系数按以下方法确定：生活用水量≤150 L/（人·d）时，折污系数取 0.8；生活用水量≥250 L/（人·d）时，折污系数取 0.9；生活用水量为 150～250 L/（人·d）时，采用插值法确定。

3. 本校核与城镇范围常住人口对应，即城市市区、县城和镇区中的常住人口，不包括上述地区以外的农村地区人口。

4. 本校核中污染物浓度的测算节点为管网末端，即城镇综合生活污水排放至环境水体或集中式污染治理设施前。

5. 建筑物下水系统的化粪池对污染物浓度有一定影响。由于各地化粪池的设置和管理情况难以调研确定，通过当地城镇污水处理厂进口浓度和入河（海）排污口的监测值可基本反映当地情况，校核系数中污染物浓度的上下限也涵盖了化粪池系统是否完善的各种情况。

6. 本校核需对市区、县城和镇区分别进行计算，加和获得全市污染物产生和排放总量。

② 农村生活源。农村人口基础数据基于统计年鉴相关数据，并结合"二污普"相关基础数据切分到控制单元，并参照相关计算方法进行产排污情况核算。农村居民生活污水及污染源产排污系数见表 5-2，后期根据"二污普"数据进行动态更新。对于设置了污水处理设施的农村地区，在污染物产生量的基础上，扣除污水处理设施对农村生活源水污染物的实际去除量，得到农村生活污染源排放量。

表 5-2 农村居民生活污水及污染物产排污系数

农村地区分类	指标名称	单位	有无水冲式厕所	产生系数	初级处理排放系数
一类	生活污水量	L/（人·d）	无	47.70	—
	COD	g/（人·d）		26.70	—
	BOD₅			11.90	—
	NH₃-N			0.22	—
	TN			0.85	—
	TP			0.21	—
	动植物油			1.47	—
	生活污水量	L/（人·d）	有	70.40	70.40
	COD	g/（人·d）		50.30	39.00
	BOD₅			24.20	19.50
	NH₃-N			3.69	3.69

续表

农村地区分类	指标名称	单位	有无水冲式厕所	产生系数	初级处理排放系数
一类	TN	g/（人·d）	有	6.63	6.05
	TP			0.55	0.50
	动植物油			1.80	1.63
二类	生活污水量	L/（人·d）	无	41.60	—
	COD	g/（人·d）		21.40	—
	BOD5			8.90	—
	NH3-N			0.21	—
	TN			0.78	—
	TP			0.17	—
	动植物油			1.43	—
	生活污水量	L/（人·d）	有	63.10	63.10
	COD	g/（人·d）		43.70	33.70
	BOD5			20.50	17.10
	NH3-N			3.50	3.50
	TN			6.31	5.76
	TP			0.49	0.46
	动植物油			1.76	1.55
三类	生活污水量	L/（人·d）	无	32.10	—
	COD	g/（人·d）		17.20	—
	BOD5			7.70	—
	NH3-N			0.14	—
	TN			0.70	—
	TP			0.12	—
	动植物油			1.39	—
三类	生活污水量	L/（人·d）	有	52.10	52.10
	COD	g/（人·d）		38.00	29.70
	BOD5			18.50	15.80
	NH3-N			3.19	3.19

续表

农村地区分类	指标名称	单位	有无水冲式厕所	产生系数	初级处理排放系数
三类	TN	g/（人·d）	有	5.59	5.08
	TP			0.42	0.39
	动植物油			1.51	1.48

注：1. 根据农村厕所类型，对无水冲式厕所的，表 5-2 单给出了"产生系数"；对有水冲式厕所的，表 5-2 则分别给出了"产生系数"和"初级处理排放系数"。如农村居民生活污水未经任何处理设施处理直接排放到户外环境，则选用系数表单中的"产生系数"。

2. 表 5-2 中的"初级处理排放"，指农村居民日常生活中的冲厕污水（"黑水"）通过住所下水系统的化粪池并有尾水排出户外的处理方式，这种处理排放方式适用于设置化粪池等初级处理设施的地区。

（3）农业径流面源。

农业径流面源基础数据包括土地利用数据、农田面积、化肥施用量等相关数据。其中在难以获得具体种植作物产量及面积的情况下采用标准农田法，以土地利用中农用地面积为基础，采用标准农田法核算；后期根据"二污普"获得具体种植作物产量及面积等具体数据以及"二污普"核算方法进行农田径流排放量校核。非标准农田产污系数修正值见表 5-3。

表 5-3　非标准农田产污系数修正值

主要因素	修正类别	修正系数
坡度	<25°	1.0～1.2
	>25°	1.2～1.5
农作物类型	旱地	1.0
	水田	1.5
	其他	0.7
土壤类型	砂土	0.8～1.0
	壤土	1.0
	黏土	0.6～0.8
化肥施用量	<25 kg/亩	0.8～1.0
	25～35 kg/亩	1.0～1.2
	>35 kg/亩	1.2～1.5
降水量	<400 mm	0.6～1.0
	400～800 mm	1.0～1.2
	>800 mm	1.2～1.5

（4）畜禽养殖污染源。

目前，畜禽养殖污染源采用各行政区农业部门提供的基础数据进行核算，集约化畜禽养殖业污染物排放系数见表5-4。

表5-4　集约化畜禽养殖业污染物排放系数

畜禽种类		猪	肉牛	奶牛	肉鸡	蛋鸡	鸭鹅
饲养周期/d		199	365	365	60	365	210
废水产生系数/[L/（头或只·d）]		30	200	250	0.5	1.0	1.5
粪便产生系数/[kg/（头或只·d）]		2.0	15	26	0.06	0.12	0.13
尿液产生系数/[kg/（头或只·d）]		3.3	7.5	13	—	—	—
粪便中污染物浓度/（g/kg）	COD	52	31	31	45	45	46.3
	NH₃-N	3.1	1.7	1.7	4.78	4.78	0.8
	TN	5.88	4.37	4.37	9.84	9.84	11
	TP	3.41	1.18	1.18	5.37	5.37	6.2
尿液中污染物浓度/（g/kg）	COD	9.0	6.0	6.0	—	—	—
	NH₃-N	1.4	3.5	3.5	—	—	—
	TN	3.3	8.0	8.0	—	—	—
	TP	0.52	0.4	0.4	—	—	—
水冲清粪工艺的污染物排放系数/[g/（头或只·d）]	COD	53.5	204	354	1.08	2.16	2.41
	NH₃-N	4.33	20.7	35.9	0.11	0.23	0.042
	TN	9.06	50.2	87.0	0.24	0.47	0.57
	TP	3.41	8.28	14.4	0.13	0.26	0.32
干捡清粪工艺的污染物排放系数/[g/（头或只·d）]	COD	20.1	76.5	133	0.41	0.81	0.90
	NH₃-N	1.62	7.76	13.5	0.043	0.086	0.016
	TN	3.40	18.8	32.6	0.089	0.18	0.21
	TP	1.28	3.11	5.38	0.048	0.097	0.12

注：若已知实际用水量，可根据排水系数核算废水排放量，水冲清粪工艺的排水系数为0.7，干捡清粪工艺的排水系数为0.5；若难以获得实际用水量，水冲清粪工艺的单位排水量可直接参照表中数据，而干捡清粪工艺需在表中单位排水量基础上乘以0.5的折减系数。

3. 入河系数

参考《全国水环境容量核定技术指南》中的方法，或参考当地各类水环境保护与水污染整治相关规划方案中的入河系数取值。

（1）以污水排放口到入河排污口的距离（L）远近确定入河系数。参考值如下：

① L≤1 km，入河系数取 1.0；

② 1 km<L≤10 km，入河系数取 0.9；

③ 10 km<L≤20 km，入河系数取 0.8；

④ 20 km<L≤40 km，入河系数取 0.7；

⑤ L>40 km，入河系数取 0.6。

（2）入河系数修正如下：

① 渠道修正系数：若通过未衬砌明渠入河，则修正系数取 0.6～0.9；若通过衬砌暗管入河，则修正系数取 0.9～1.0。

② 温度修正系数：当气温在 10℃以下时，入河系数乘以 0.95～1.0；当气温为 10～30℃时，入河系数乘以 0.8～0.95；当气温在 30℃以上时，入河系数乘以 0.7～0.8。

（3）农业径流面源污染具有广泛性、随机性和难以定点监测的特点，目前我国缺乏连续的面源水质、水量同步监测资料，其研究还处在起步阶段。根据《全国水环境容量核定技术指南》，建议农业径流面源污染物的入河系数取 0.1。

5.4.2 废水排放情况

经统计，2018 年广州市 COD、NH$_3$-N 和 TP 的排放量分别为 13.2 万 t/a、0.96 万 t/a 和 0.23 万 t/a，COD、NH$_3$-N 和 TP 的入河量分别为 10.44 万 t/a、0.76 万 t/a 和 0.18 万 t/a。参照水质部分结果，大部分超标断面主要是 NH$_3$-N 指标超标，经统计，NH$_3$-N 入河量较大的行政区为白云区、南沙区、增城区和番禺区，具体如图 5-8 所示。

2018 年广州市 COD、NH$_3$-N 和 TP 的排放结构具体分析如下：

（1）COD 的排放主要以生活源为主，其中以城镇生活污染为主，占比为 55%，其次是农村生活污染，占比为 16%，2018 年广州市 COD 排放结构如图 5-9 所示。

（2）NH$_3$-N 的排放也主要以生活源为主，其中城镇生活污染占比最高，达到 62%，其次为农村生活污染，2018 年广州市 NH$_3$-N 排放结构如图 5-10 所示。

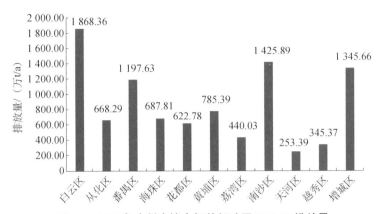

图5-8 2018年广州市境内相关行政区 NH₃-N 排放量

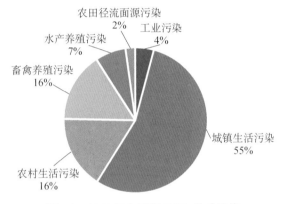

图5-9 2018年广州市 COD 排放结构

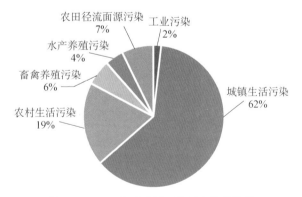

图5-10 2018年广州市 NH₃-N 排放结构

（3）TP 的排放也主要以生活源为主，城镇生活污染与农村生活污染的占比达到 55%，其中，城镇生活污染占比最高，达到 43%，2018 年广州市 TP 排放结构如图 5-11 所示。

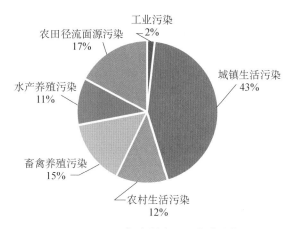

图5-11　2018年广州市 TP 排放结构

5.4.3　水污染物排放量

（1）2018 年广州市各区 COD 的排放量如图 5-12 所示。全市白云区、增城区、南沙区等外围区域排放量较大。

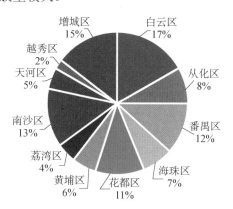

图5-12　2018年广州市各区 COD 排放量分布

（2）2018 年广州市各区 NH₃-N 的排放量如图 5-13 所示。全市 NH$_3$-N 排放量较大的区域依次为白云区、南沙区、增城区及番禺区。

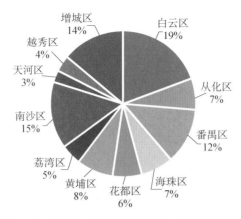

图5-13　2018年广州市各区 NH₃-N 排放量分布

（3）2018 年广州市各区 TP 的排放量如图 5-14 所示。全市南沙区、白云区、增城区、番禺区排放量较大。

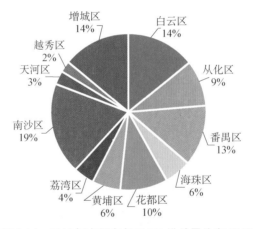

图5-14　2018 年广州市各区 TP 排放量分布 2018

2018 年广州市控制单元主要污染物排放量分布如图 5-15 所示，NH₃-N 排放量较大的区域主要集中于广州河段后航道、石井河、流溪河等相关流域控制单元，主要原因是未收集处理的生活污染源、农田径流排放等的影响。TP 排放量较大的控制单元主要集中于广州河段后航道、伶仃洋、澌二河、平岗河等相关流域控制单元，与水质的监测结果相符。目前污染物排放量较大的区域集中于主要河段二级支流或三级支流的区域，因此强化支流的岸线及污染源管控十分必要。

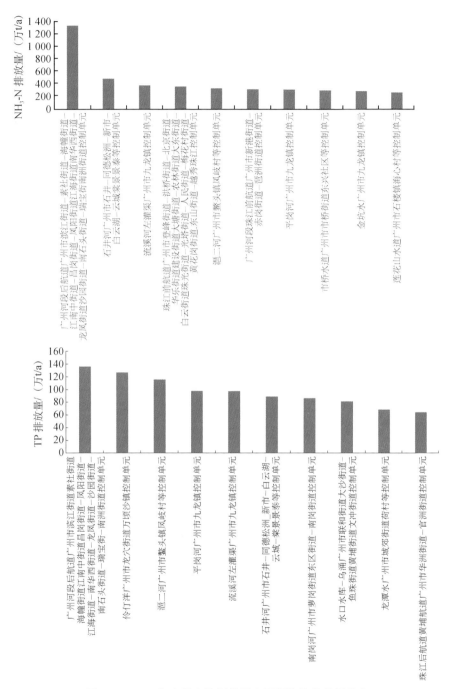

图5-15　2018年广州市控制单元主要污染物排放量分布

5.4.4 重点控制单元污染物排放结构

鸦岗断面是位于广佛交界的重点攻坚国考断面，水环境功能目标为Ⅱ类，现状水质为劣Ⅴ类，主要超标因子为 NH_3-N、DO、BOD_5 等。汇水区共涉及 11 个控制单元，COD、NH_3-N、TP 排放情况如图 5-16 所示。2017 年，这 11 个控制单元共排放 COD 0.89 万 t，NH_3-N 0.07 万 t，TP 0.01 万 t，贡献量最大的控制单元有夏茅涌广州市白云湖—均禾—鹤龙—黄石街道等控制单元、白海面涌广州市太和镇南岭村等控制单元、西航道广州市石井—松洲街道等控制单元。因此，应重点控制以上 3 个控制单元的排污情况。

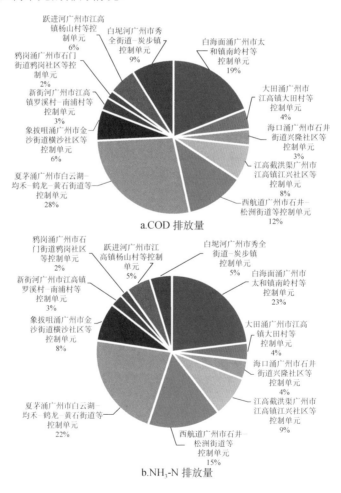

a.COD 排放量

b.NH_3-N 排放量

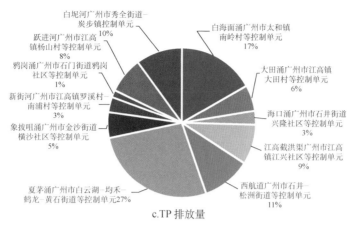

c.TP 排放量

图5-16　鸦岗断面汇水区控制单元 COD、

NH₃-N、TP 排放情况

　　鸦岗断面汇水区控制单元 COD、NH₃-N、TP 的排放结构如图 5-17 所示。①COD 排放主要来自生活污染，其中城镇生活污染的贡献量最大，达到 72%，农村生活污染贡献了 13%。②NH₃-N 的排放也主要来自生活污染，其中城镇生活污染贡献量最大，达到 77%，农村生活污染贡献了 17%。③TP 的排放中城镇生活污染贡献最大，达到 65%。其次为水产养殖污染和农村生活污染，分别贡献了 14%和 12%。综合以上分析，鸦岗断面实现水质达标目标应重点加强汇水区生活污染的控制，其次为水产养殖等污染的控制。

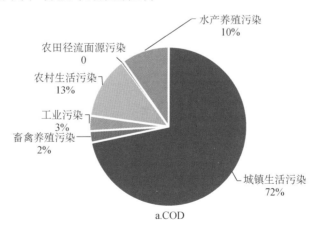

a.COD

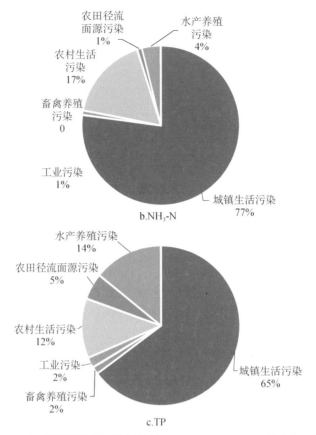

图5-17 鸦岗断面汇水区控制单元 COD、NH₃-N、TP 的排放结构

5.5 区域发展与水环境保护战略性分析

5.5.1 城市发展战略定位分析

1. 打造"美丽宜居花城""活力全球城市"

《广州市国土空间总体规划（2018—2035年）》将强化广州作为粤港澳大湾区
区域发展核心引擎功能，推进区域城市交通设施互联互通、市政基础设施共建共
享、生态环境共同维育、科技创新协同发展，建设广州南沙粤港澳全面合作示范
区，引领带动广东省"一核一带一区"协调发展。

（1）在城市规模方面，到 2035 年广州市常住人口规模控制在 2 000 万人，按照 2 500 万管理服务人口进行基础设施公共服务设施配套。规划同时提出，要有序疏解旧城区人口，引导人口向城市外围集聚。扩大基本公共服务在不同群体、不同地区的覆盖范围。

（2）在用地规模方面，严控总量，逐步减量，精准配置，提质增效。以资源环境承载力为硬约束，严格控制建设用地规模，实现 2020 年后新增建设用地逐步递减。

（3）在生态环境保护方面，坚持"山水林田湖海"生命共同体理念，结合珠江水系流域系统的自然资源禀赋特色，构建"通山达海"的生态空间网络，分类明确山、水、林、田、湖、海等重要自然资源的核心指标、用途管制要求。针对生态修复地区，系统制定山体、水体、水土流失、林业生态、土壤修复、海洋生态等生态修复措施。

2. 人与自然和谐共生的"美丽宜居花城"

根据《广州市城市总体规划（2017—2035 年）》（草案），广州市的城市定位是"美丽宜居城市""活力全球城市"。规划以国际性视野，以网格型城市规划空间理念，拉大城市骨架空间，以城市群几何空间核心为着力点，重点突出南沙的核心地位，打造国际性航空、航运及科技创新枢纽城市，未来引领广州市建设成为生活宜居、活力全球、交通便捷、配套立体完善、文化传承风格鲜明、生态和美的国际化重大城市。

在城市生态方面，到 2035 年建设成为人与自然和谐共生的"美丽宜居花城"。着力构建"三纵五横多廊"的生态廊道网络；增加生态公园数量，增加绿道、登山健步步道里程；水环境保护方面要求广州市河湖水面率达到 10.21%[①]。

3. 建设"绿色生态美丽城市"

《广州市城市环境总体规划（2014—2030 年）》要求广州市以生态保护红线和环境空间管控筑牢生态环境安全格局，以生态环境承载力引导城市合理布局，不断提高环境治理的系统化、科学化、法治化、精细化、信息化水平，提升城市环境品质，加快建设国际知名、国内领先的"绿色生态美丽城市"。

到 2030 年，全域大气环境质量、水环境质量及生态系统服务功能得到全面提升。生态保护红线范围持续增加，产业布局与环境保护基本协调，污染物排放控制在环境承载力范围之内，城市经济与环境良性循环。城市水体基本消除劣 V 类，

---

① 根据《广州市河涌水系规划（2017—2035 年）》，明确到 2025 年、2035 年全市河湖水面率达到 10.23%、10.21%。

水生态得到恢复,建立起国内领先、覆盖全域的环境公共服务体系。

水环境治理总体战略以水质达标为核心,水陆共管、治理为主、防治结合,"保好水、治差水、带中间",一河一档、一河一策,削减存量、抑制增量,实现"治理一条、达标一条"的目标。继续深入实施 COD 和 NH_3-N 总量控制,新增 TN 总量控制。以水体及所属控制单元为对象,严格水体环境属性分类管理,治理市民身边的重污染水体,强化饮用水水源安全保障。

4. 建设"生态水城"

2013 年广州市被水利部确定为水生态文明建设试点城市。广州市近年来以"水资源合理利用、水安全有效保障、水环境生态自然、水文化异彩呈、水管理高效科学、水经济可持续发展"为目标,全面推进人水和谐的岭南"生态水城"建设工作。

《广州市生态水城建设规划(2014—2020 年)》提出的总体目标是通过实施水城战略,将广州市打造成为水资源合理利用、水安全有效保障、水环境生态自然、水文化异彩纷呈、水管理高效科学、水经济可持续发展的人水和谐"生态水城"。

在水环境污染防治方面,2020 年年底,城市生活污水处理率要求达到 95%,农村生活污水处理率需提升到 70%,《南粤水更清行动计划(修订本)(2017—2020 年)》中的 27 条河涌以及 8 条影响较大的河涌基本消除劣 V 类;全市水面面积达到 766 km²,全市河湖水面率达到 10.30%。

5.5.2 水环境保护战略分析

2015 年国家出台了《水污染防治行动计划》,明确了水污染防治的新方略,以水环境保护倒逼经济结构调整,以环保产业发展腾出环境容量,以水资源节约拓展生态空间,以水生态保护创造绿色财富,为协同推进新型工业化、信息化、城镇化、农业现代化和绿色化,实施"一带一路"倡仪以及京津冀协同发展、长江经济带等国家重大战略,为经济社会可持续发展保驾护航,打造中国经济升级版。《水污染防治行动计划》坚持系统思维,既考虑当前,也兼顾长远,既解决好存量,也把握好增量,统筹节水与治水、地表水与地下水、淡水与海水、好水与差水的关系,突出抓好重点污染、重点行业和重点区域,发挥好市场的决定性作用、科技的支撑作用和法规标准的引领作用,统筹安排好生产用水、生活用水、生态用水,全面推进山水林田湖的保护、治理和修复。

广东省于 2017 年印发了《南粤水更清行动计划(修订本)(2017—2020 年)》,要求各市以保好水、治差水为重点,带动水环境质量整体提升,构建与资源环境禀赋相适应的空间发展布局和环境友好的经济社会发展模式，建立合理安全的供排水格局，完善流域污染系统控制工程体系和水环境综合管理体系，逐步提高水污染防治的系统化、科学化、法治化、精细化与信息化水平，努力走出一条经济社会持续发展、生态环境持续改善、生活质量不断提升的发展道路。

《广州市水污染防治行动计划实施方案》要求，以广佛跨界河流水环境综合整治为重点，对水环境实施分流域、分区域、分阶段科学治理，系统推进广州市水污染防治、水生态保护和水资源管理。坚持政府市场协同，注重改革创新；坚持全面依法推进，实行最严格环保制度；坚持落实各方责任，严格考核问责；坚持全民参与，推动节水洁水人人有责，形成"政府统领、企业施治、市场驱动、公众参与"的水污染防治新机制，实现环境效益、经济效益与社会效益多赢，为建设美丽广州而奋斗。

2018 年 4 月，广州市出台《广州市水污染防治强化方案》。该方案以地表水考核断面达到国家和省的考核要求为核心，以落实"河长制"为抓手，以流域为体系、河涌为单位，聚焦主要水污染物 NH_3-N 的减排，加大"控源""截污""管理"力度，增强"洗楼、洗管、洗井、洗河"效果，强化水污染源头治理，补齐污水收集处理设施建设短板。

2018 年，《广州市全面剿灭黑臭水体作战方案（2018—2020 年）》提出以黑臭河涌治理为核心，构建和完善污水收集处理系统；以城中村为重点，清理整顿"散乱污"场所等污染源头；以河涌排水口为切入点，提升污水收集处理效能；以体制改革为抓手，提升城市排水管理水平。

近两年，国家系统推进"三线一单"环境管控体系相关工作，坚持以改善生态环境质量为核心，以生态保护红线、环境质量底线、资源利用上线为基础，划定环境管控单元，在"一张图"上落实"三大红线"的管控要求，编制生态环境准入清单，构建生态环境分区管控体系。

综上所述，结合广州市实际情况及已有工作成果，广州市水环境治理总体战略为：依托广州市山、水、城、田、海的空间格局，遵循江、河、湖、库水系本底特征，以水质达标为核心，"保好水、治差水、带中间"，全面优化水系循环网络，改善水生态环境质量，助力广州市打造"美丽宜居花城""活力全球城市"。

5.5.3　水环境突出问题分析

1. 水资源承载形势严峻

以城市化为主的人类经济社会活动的影响，使水资源形成与转化关系发生显著变化。区域气候、环境和下垫面、工情、水情、水环境和水生态等的变化，导致水资源数量、质量、可利用量、可供水量及其时空分布均发生了一定程度的变化。经济社会发展和结构调整，使得供用耗排关系发生了较大改变，随着"北优、南拓、东进、西联、中调"城市发展战略的实施，用水量的不断增长和用水结构的改变，使得用水效率不高的问题凸显，加上水源单一、缺乏应急备用水源导致供水保证率不高，水资源供需矛盾日益突出；产业结构发展和布局与水资源条件不协调，水资源保护相对滞后，导致水质性缺水、水生态环境恶化问题严重；广州市水资源缺乏统一有效的管理。据初步统计，2017 年广州市人均年水资源量（生态用水、生产用水和生活用水）只有 533.30 m³，远低于国际人均年水资源量紧张临界值——1 700 m³。

2. 广州市局部地区水环境污染严重

根据《广州市城市环境总体规划（2014—2030 年）》对水环境承载力的评估，流溪河、珠江市区河段、东江北干流、南部三角洲河网均无容量可用。其中，北部流溪河流域控制区水质目标高，受非点源入河污染影响，实际污染负荷已达到环境容量，无剩余可用容量。珠江市区河段控制区受生活污染影响，西部白坭河水系控制区受流域工业、城市发展影响，环境容量已亏缺。东部东江水系控制区由于部分断面 NH_3-N 和 TP 超标，NH_3-N 总体上无剩余可用容量。南部三角洲河口段控制区受近岸海域无机氮超标制约，根据《水污染防治行动计划》要求，近海城市开展入海 TN 控制，该控制区处于无容量可用。

2017 年，广州市纳入《广东省水污染防治目标责任书》的地表水国考断面水质优良率为 66.7%，无劣 V 类水体。流溪河从化段、增江、东江北干流、市桥水道、沙湾水道、蕉门水道等主要江河水质优良，珠江广州河段黄埔航道、狮子洋水质为轻度污染，珠江广州河段西航道为中度污染，受污染河段主要污染指标为 NH_3-N 和 DO。

2017 年，每月发布水质监测信息的 53 条重点整治河涌（河段）中，7 条河涌（河段）达到或优于 V 类水体，46 条河涌属劣 V 类水体；水质劣 V 类河涌的主要污染指标为 NH_3-N、TP 和 COD，呈耗氧性有机污染特征。

3. 局部区域城市污水处理设施能力不足，管网建设不完善

随着人口增长和经济发展，广州市城镇生活污水排放增多，2017 年广州市已经建有 54 家城镇生活污水处理厂，设计能力高达 547 万 m³/d，基本能满足全市城镇生活污水排放量（415 万 m³/d）的需求，各区城镇生活污水处理情况见表 5-5。由于污水处理厂位置分布不均衡，而且管网建设不完善，局部区域依然出现污水直排的情况，如海珠区仅有 1 家污水处理厂，设计处理能力为 50 万 m³/d，而海珠

区的日供水量高达 70 万 m³/d。污染物直排造成多处水质超标，导致海珠区多条内河涌出现黑臭现象，严重影响居民生活和城市景观。

此外，由于广州市乃至珠江三角洲地区多采用合流制排水系统，雨污混排，导致进入污水处理厂的污染物浓度偏低，去除效率较低，城市水环境污染严重。

表 5-5   2017 年广州市各区城镇生活污水处理情况

序号	行政区	城镇生活污水处理厂/家	污水设计处理能力/（m³/d）	污水实际处理量/万 m³	处理的生活污水量/万 m³
1	荔湾区	2	750 000	26 394	26 358
2	海珠区	1	500 000	17 477	17 477
3	天河区	1	1 200 000	41 656	41 656
4	白云区	6	628 000	12 359	12 303
5	黄埔区	7	485 000	13 631	11 486
6	番禺区	6	570 000	16 144	16 096
7	花都区	10	513 300	14 435	13 521
8	南沙区	6	196 000	5 820	5 064
9	从化区	7	118 000	2 576	2 576
10	增城区	8	505 500	15 635	13 953
总计		54	5 465 800	166 127	160 490

4. 农村水环境形势严峻，污水处理设施运转情况较差

目前，农村地区不同污水处理设施的管理水平和运行情况存在较大差异，污水处理设施的运行情况并未达到预期，导致农村水环境污染情况未有改善。根据初步统计，2017 年广州市建有农村生活污水处理设施 1 235 个，合计污水设计处理能力约为 13.17 万 m³/d，而总体运行负荷率仅有 59%。由于各区的运转情况不一，还出现了不同程度的差异。番禺区最低，仅有 38%；花都区也只有 40%。广州市农村污水处理设施基本情况见表 5-6。

表 5-6   2017 年广州市农村污水处理设施基本情况

行政区	污水处理设施数量/个	污水设计处理能力/（m³/d）	污水实际处理量/万 m³	设施负荷率/%
白云区	77	15 629	471.68	83
番禺区	34	11 319	156.89	38

续表

行政区	污水处理设施数量/个	污水设计处理能力/（m³/d）	污水实际处理量/万 m³	设施负荷率/%
花都区	162	29 088	423.89	40
南沙区	114	22 360	477.28	58
从化区	589	28 916	599.82	57
增城区	259	24 436	699.78	78
总计	1 235	131 748	2 829.34	59

5. 跨界水环境污染问题凸显，鸦岗断面尤为严重

广佛交界河流流域常住人口有 1 000 万人左右，河涌污染主要受生活污水直排的影响。广佛跨界河网密布、水情复杂，流域面广、污染点多，治理难度大。多年来，广佛跨界流域水污染综合治理责任制未有效落实，产业转型升级、农业面源污染整治、城中村（农村）地区环境卫生管理等工作未受到有效重视，特别是部分地区的产业转型升级工作和农业面源污染整治工作，长期未有显著突破。① 部分城中村"脏乱差"现象依然突出，部分城中村河道漂浮大量垃圾，河堤及附近随意堆放大量垃圾。② 广佛跨界河流污染整治工程建设进展严重滞后。③ 市、区协调不力，部分单位存在推诿扯皮现象，部分建设项目仍未完成征地工作，部分建设项目仍未确定建设方案。另外，部分项目施工面临雨季施工、城中村施工、工期紧等诸多影响，面临较大的安全生产和工程质量压力。④ 由于城中村地区人口密度大、人员结构复杂，建筑密度大，小作坊式落后产业众多，基础设施不完善，尤其是污水集中收集设施几乎为零，历史欠账较多，缺乏系统、有效的城中村水污染治理方案，城中村水污染整治仍处于探索阶段，污染治理面临较大的压力。

广佛跨界河流污染问题历来受到各级政府的高度重视，根据 2017 年中央环境保护督察反馈意见，广州市、佛山市要联合挂牌督办广佛跨界河流突出环境问题。要求到 2019 年，西航道鸦岗、佛山水道横窖等断面水质达到Ⅳ类，广佛跨界河流水质进一步好转。

按照国家和广东省关于鸦岗断面的水质考核要求，鸦岗断面水质 2018 年要达到 V 类。由于 2018 年汇入鸦岗断面的白坭河、流溪河水质为劣 V 类，致使广州市鸦岗断面水质由 2017 年的 V 类转为 2018 年的劣 V 类，未能达到国考断面要求。2019 年，水质有所改善，基本能达到国考断面要求，但与水环境功能水质目标还有较大差距。

5.6 地表水环境质量目标确定

5.6.1 目标确定原则

近期，2025 年在衔接《水污染防治行动计划》考核目标的基础上，充分衔接国家"十四五"水环境质量改善目标。中远期（2030 年和 2035 年），基于水环境主导功能，以水环境功能区稳定达标和水生态系统整体恢复为目标，结合水质现状，按照"只能变好、不能变差"的基本原则，合理设定 2030 年、2035 年水环境质量目标。对于未纳入现行水（环境）功能区划的重要水体，考虑现状水质、水体功能要求及其上下游水体的水质目标，补充制定水环境质量目标。水环境质量目标应不低于国家和广东省的要求。中长期水质目标设置原则见表 5-7。

表 5-7 中长期水质目标设置原则

情形	2025 年	2030 年	2035 年
设有考核断面的省级控制河段、水库	基于《水污染防治行动计划》考核目标，充分衔接国家和省"十四五"目标	根据 2025 年、2035 年水质目标，合理插值确定 2030 年水质目标	1. 划分了省级水（环境）功能区划的水体，根据水质控制断面所处位置的功能区划目标确定 2035 年水质目标： (1) 位于全国重要江河湖泊水功能区的水质控制断面，2035 年达到水功能区目标（第一优先级）； (2) 位于广东省地表水环境功能区的水质控制断面，2035 年达到水环境功能区目标（第二优先级）； (3) 位于广东省水功能区的水质控制断面，2035 年达到水功能区目标（第三优先级）。断面位置同时符合上述两种及以上情形的，按优先级高的情形确定水质目标。 2. 未划分省级水（环境）功能区划的水体，可参照市、区级水功能区划目标或其他政府部门已批复的相关规划、方案等确定水质目标，水质控制断面目标以保证主流的环境质量控制目标为最低要求，原则上与汇入干流的功能目标要求不能相差超过一个级别。
其他水体	1. 遵照水质反退化原则，目标原则上不低于现状水质； 2. 结合区域社会经济发展、污染减排潜力以及断面近几年水质变化情况，科学确定； 3. 衔接政府部门已批复的相关规划、方案中对水质目标的要求；		

情形	2025 年	2030 年	2035 年
其他水体	4. 汇入《水污染防治行动计划》考核断面所在水体的,以保证《水污染防治行动计划》考核目标为最低要求,原则上与汇入干流河段/水库的水质控制断面目标要求不能相差超过一个级别; 5. 经过水生态修复后水质目标努力可达	根据 2025 年、2035 年水质目标,合理插值确定 2030 年水质目标	3. 因水体使用功能改变、社会经济发展需求等,认为水(环境)功能区目标已不符合实际情况的,2035 年水质目标可不按功能区目标设置,但需充分说明理由,并提交相关文档材料

5.6.2　水质目标设置结果

到 2025 年,广州市水环境质量持续改善,国控、省控断面优良水质比例稳步提升,国控断面优良水质比例控制在 88.9%以上,省控断面优良水质比例控制在 76.9%以上;水环境控制单元优良水质比例达到 54.9%,全面消除劣Ⅴ类水环境控制单元。

到 2030 年,水环境控制单元优良水质比例达到 68.9%,Ⅴ类水环境控制单元基本消除。

到 2035 年,广州市水环境质量全面改善,水生态系统实现良性循环。

广州市水环境控制单元对应水质目标见表 5-8。

表 5-8　广州市水环境控制单元对应水质目标[①]

序号	控制单元名称	行政区	控制断面名称	断面类型	水质现状	2025 年目标	2030 年目标	2035 年目标
1	广佛河广州市花地街道—茶滘街道—东漖街道—海龙街道—中南街道—荔湾珠江控制单元	荔湾区	广佛河河口	拟增设	Ⅴ类	Ⅴ类	Ⅳ类	Ⅳ类
2	佛山水道广州市海龙街道—中南街道—荔湾珠江控制单元	荔湾区	沙尾大桥	拟增设	Ⅴ类	Ⅳ类	Ⅳ类	Ⅳ类

---

① 因越秀区有两个控制单元合并为一个,因此控制单元数量为 164 个。

续表

序号	控制单元名称	行政区	控制断面名称	断面类型	水质现状	2025年目标	2030年目标	2035年目标
3	三枝香水道广州市东沙街道—荔湾珠江控制单元	荔湾区	丫髻沙大桥	拟增设	V类	V类	IV类	III类
4	流溪河左灌渠广州市西村街道—站前街道控制单元	荔湾区	富力桃园大桥	拟增设	V类	V类	IV类	III类
5	珠江西航道广州市彩虹街道—南源街道—昌华街道—逢源街道—龙津街道—金花街道—华林街道—岭南街道—沙面街道—多宝街道—桥中街道—石围塘街道—荔湾珠江控制单元	荔湾区	白鹅潭	拟增设	V类	IV类	III类	III类
6	珠江西航道广州市西村水厂饮用水水源保护区控制单元	荔湾区	白鹅潭	拟增设	V类	IV类	III类	III类
7	珠江后航道广州市冲口街道—白鹤洞街道—荔湾珠江控制单元	荔湾区	东朗	国考趋、科研、省考断面	III类	III类	III类	III类
8	流溪河左灌渠广州市矿泉街道控制单元	越秀区	石井河口	省考断面	V类	V类	IV类	III类
9	珠江前航道广州市登峰街道—洪桥街道—北京街道—华乐街道—建设街道—大塘街道—农林街道—大东街道—白云街道—珠光街道—光塔街道—人民街道—梅花村街道—黄花岗街道—东山街道—流花街道—六榕街道控制单元	越秀区	越秀区前航道	拟增设	V类	IV类	IV类	III类
10	广州河段前航道广州市新港街道—赤岗街道—琶洲街道控制单元	海珠区	猎德	市控断面	V类	IV类	IV类	IV类
11	后航道黄埔航道广州市华洲街道—官洲街道控制单元	海珠区	长洲	国考趋势科研	IV类	IV类	IV类	IV类
12	后航道黄埔航道广州市海珠国家湿地公园控制单元	海珠区	长洲	国考趋势科研	IV类	IV类	IV类	IV类

序号	控制单元名称	行政区	控制断面名称	断面类型	水质现状	2025年目标	2030年目标	2035年目标
13	广州河段后航道广州市滨江街道—素社街道—海幢街道—江南中街道—昌岗街道—凤阳街道—江海街道—南华西街道—龙凤街道—沙园街道—南石头街道—瑞宝街—南洲街道控制单元	海珠区	东朗	国考趋势科研、省考断面	Ⅲ类	Ⅲ类	Ⅲ类	Ⅲ类
14	广州河段前航道广州市石牌街道—冼村街道—猎德街道—林和街道—天河南街道—天河珠江控制单元	天河区	猎德	市控断面	Ⅴ类	Ⅳ类	Ⅳ类	Ⅳ类
15	广州河段前航道广州市天园街道—员村街道—棠下街道—车陂街道—黄村街道—长兴街道—龙洞街道—五山街道—凤凰街道—新塘街道—珠吉街道—前进街道—天河珠江控制单元	天河区	前进村水闸北侧	区监测断面	Ⅳ类	Ⅳ类	Ⅳ类	Ⅳ类
16	广州河段前航道广州市元岗街道—兴华街道—沙东街道—沙河街道—林和街道—天河南街道控制单元	天河区	沙河涌（天河段）	区监测断面	劣Ⅴ类	Ⅴ类	Ⅳ类	Ⅳ类
17	石井河广州市石井—同德—松洲—新市—白云湖—云城—棠景—景泰等控制单元	白云区	石井河口	省考断面	Ⅴ类	Ⅴ类	Ⅳ类	Ⅲ类
18	兔岗坑涌广州市人和镇民强村等控制单元	白云区	兔岗坑涌	区重点整治河涌监测	Ⅴ类	Ⅴ类	Ⅳ类	Ⅳ类
19	流溪河广州市人和镇鸦湖村—太和镇鹤亭村等控制单元	白云区	蚌湖	拟增设	Ⅳ类	Ⅳ类	Ⅲ类	Ⅱ类
20	鸦岗涌广州市石门街道鸦岗社区等控制单元	白云区	鸦岗	国考断面	Ⅳ类	Ⅳ类	Ⅲ类	Ⅱ类
21	西航道广州市石井—松洲街道控制单元	白云区	硬颈海	市控断面	Ⅳ类	Ⅳ类	Ⅳ类	Ⅱ类
22	跃进河广州市江高镇杨山村等控制单元	白云区	跃进河	区重点整治河涌监测	Ⅴ类	Ⅴ类	Ⅴ类	Ⅳ类

续表

序号	控制单元名称	行政区	控制断面名称	断面类型	水质现状	2025年目标	2030年目标	2035年目标
23	新街河广州市江高镇罗溪村—南浦村等控制单元	白云区	新街河	区重点整治河涌监测	V类	V类	IV类	III类
24	象拔咀涌广州市金沙街道横沙社区等控制单元	白云区	象拔咀涌	区重点整治河涌监测	劣V类	V类	V类	IV类
25	海口涌广州市石井街道兴隆社区等控制单元	白云区	海口涌	区重点整治河涌监测	劣V类	V类	IV类	IV类
26	江高截洪渠广州市江高镇江兴社区等控制单元	白云区	江高截洪渠	区重点整治河涌监测	劣V类	V类	IV类	IV类
27	夏茅涌广州市白云湖—均禾—鹤龙—黄石街道等控制单元	白云区	夏茅涌	区重点整治河涌监测	劣V类	V类	IV类	IV类
28	白海面涌广州市太和镇南岭村等控制单元	白云区	白海面涌	区重点整治河涌监测	劣V类	V类	IV类	IV类
29	良田坑广州市钟落潭镇龙塘村等控制单元	白云区	良田坑	区重点整治河涌监测	劣V类	V类	IV类	IV类
30	凤凰河广州市钟落潭镇涩湖村等控制单元	白云区	凤凰河	区重点整治河涌监测	V类	V类	IV类	IV类
31	大田涌广州市江高镇大田村等控制单元	白云区	大田涌	拟增设	V类	V类	IV类	IV类
32	西航道广州市西村石门水厂饮用水水源保护区控制单元	白云区	硬颈海	市控断面	IV类	IV类	IV类	II类
33	流溪河广州市江村水厂饮用水水源保护区控制单元	白云区	流溪河大桥	拟增设	IV类	IV类	III类	II类
34	白坭河广州市石门水厂饮用水水源保护区控制单元	白云区	大坳	省控断面	IV类	IV类	IV类	III类
35	流溪河广州市人和镇饮用水水源保护区控制单元	白云区	蚌湖	拟增设	IV类	IV类	III类	II类
36	流溪河广州市石角水厂饮用水水源保护区控制单元	白云区	李溪坝	省控断面	III类	III类	III类	III类

续表

序号	控制单元名称	行政区	控制断面名称	断面类型	水质现状	2025年目标	2030年目标	2035年目标
37	流溪河广州市钟落潭镇龙岗村等控制单元	白云区	李溪坝	省控断面	Ⅲ类	Ⅲ类	Ⅲ类	Ⅲ类
38	金坑水广州市太和镇穗丰村—兴丰村控制单元	白云区	金坑水	水务常规监测	劣Ⅴ类	Ⅴ类	Ⅳ类	Ⅳ类
39	前航道广州市京溪街道控制单元	白云区	沙河涌	区重点整治河涌监测	Ⅴ类	Ⅴ类	Ⅴ类	Ⅴ类
40	凤凰河广州市九佛街道控制单元	黄埔区	萝岗与白云交界处	区监测断面	Ⅳ类	Ⅳ类	Ⅳ类	Ⅳ类
41	平岗河广州市龙湖街道控制单元	黄埔区	洋田田心二路（蛟湖村）	区监测断面	劣Ⅴ类	Ⅳ类	Ⅲ类	Ⅲ类
42	潭洞水广州市新龙镇控制单元	黄埔区	潭洞水福山村与金坑村交界处	拟增设	Ⅳ类	Ⅳ类	Ⅲ类	Ⅱ类
43	金坑水广州市新龙镇控制单元	黄埔区	新白广铁路下游100 m	区监测断面	Ⅳ类	Ⅳ类	Ⅳ类	Ⅳ类
44	水声溪广州市长岭街道—永和街道控制单元	黄埔区	永顺大道建安模板厂对面河段	区监测断面	Ⅲ类	Ⅲ类	Ⅲ类	Ⅲ类
45	南岗河广州市长岭街道控制单元	黄埔区	玉岩中学	区监测断面	Ⅴ类	Ⅳ类	Ⅲ类	Ⅲ类
46	南岗河广州市萝岗街道—云埔街道—南岗街道控制单元	黄埔区	广深沿江高速桥下	拟增设	Ⅴ类	Ⅳ类	Ⅳ类	Ⅲ类
47	细陂河广州市云埔街道控制单元	黄埔区	广深大道107国道桥	区监测断面	劣Ⅴ类	Ⅴ类	Ⅳ类	Ⅳ类

续表

序号	控制单元名称	行政区	控制断面名称	断面类型	水质现状	2025年目标	2030年目标	2035年目标
48	后航道黄埔航道广州市长洲街道控制单元	黄埔区	长洲	国控断面	IV类	IV类	IV类	IV类
49	后航道黄埔航道广州市夏港街道控制单元	黄埔区	墩头基	国控断面	IV类	IV类	IV类	IV类
50	永和河广州市永和街道控制单元	黄埔区	永和水质净化厂下游桥下	区监测断面	V类	V类	IV类	IV类
51	后航道黄埔航道广州市生物岛控制单元	黄埔区	生物岛	拟增设	IV类	IV类	IV类	IV类
52	后航道黄埔航道广州市联和街道—大沙街道—鱼珠街道—黄埔街道—文冲街道控制单元	黄埔区	广澳高速桥下西北700 m处	拟增设	IV类	IV类	IV类	IV类
53	后航道黄埔航道广州市红山街道—穗东街道控制单元	黄埔区	黄埔港港务公司加油站东南680 m处	拟增设	IV类	IV类	IV类	IV类
54	市桥水道广州市市桥街道东兴社区等控制单元	番禺区	大龙涌口	国考断面、省考断面	III类	III类	III类	III类
55	沙湾水道广州市桥南街道涌口村等控制单元	番禺区	沙湾水厂	原省控断面、趋势科研	III类	III类	II类	II类
56	三枝香水道广州市洛浦街道南浦东乡村等控制单元	番禺区	丽江大桥	水环境功能区监测	V类	V类	IV类	III类
57	三枝香水道广州市南村镇新基村等控制单元	番禺区	新基	水环境功能区监测	V类	V类	IV类	IV类
58	大石水道广州市大石街道北联村等控制单元	番禺区	北联	水环境功能区监测	V类	V类	IV类	III类

续表

序号	控制单元名称	行政区	控制断面名称	断面类型	水质现状	2025年目标	2030年目标	2035年目标
59	莲花山水道广州市石楼镇海心村等控制单元	番禺区	沙东	水环境功能区监测	Ⅱ类	Ⅳ类	Ⅲ类	Ⅲ类
60	陈村水道广州市钟村街道石壁二村等控制单元	番禺区	新洲	市控断面	Ⅲ类	Ⅲ类	Ⅲ类	Ⅲ类
61	后航道黄埔航道广州市小谷围街道—南村镇控制单元	番禺区	长洲	原省控断面、趋势科研	Ⅳ类	Ⅳ类	Ⅳ类	Ⅳ类
62	后航道黄埔航道广州市化龙镇沙亭村等控制单元	番禺区	莲花山	国考断面、省考断面	Ⅳ类	Ⅳ类	Ⅳ类	Ⅳ类
63	狮子洋广州市石楼镇江鸥村等控制单元	番禺区	沙尾	拟增设	Ⅳ类	Ⅳ类	Ⅳ类	Ⅳ类
64	后航道广州市洛浦街道沙溪村等控制单元	番禺区	沙溪	拟增设	Ⅳ类	Ⅳ类	Ⅳ类	Ⅳ类
65	屏山河广州市钟村街道屏山一村等控制单元	番禺区	屏山河	拟增设	Ⅴ类	Ⅴ类	Ⅳ类	Ⅳ类
66	沙湾水道广州市饮用水水源保护区控制单元	番禺区	沙湾水厂	省控趋势科研	Ⅲ类	Ⅲ类	Ⅱ类	Ⅱ类
67	新街河广州市新雅街道—新华街道—花城街道控制单元	花都区	井岗桥	市控断面	Ⅴ类	Ⅴ类	Ⅳ类	Ⅲ类
68	天马河广州市狮岭镇—秀全街道—花城街道—新华街道控制单元	花都区	天马河口	市控断面	Ⅴ类	Ⅳ类	Ⅲ类	Ⅱ类
69	流溪河广州市花东镇控制单元	花都区	李溪坝	省控断面	Ⅲ类	Ⅲ类	Ⅲ类	Ⅲ类
70	白坭河广州市赤坭镇—炭步镇控制单元	花都区	白坭	市控断面	Ⅴ类	Ⅳ类	Ⅲ类	Ⅲ类
71	白坭河广州市秀全街道—炭步镇控制单元	花都区	大坳	省控断面	Ⅳ类	Ⅳ类	Ⅲ类	Ⅲ类
72	九湾潭水库广州市花东镇控制单元	花都区	九湾潭水库	其他	Ⅲ类	Ⅲ类	Ⅲ类	Ⅱ类
73	九湾潭广州市花东镇控制单元	花都区	九湾潭（狮前村）	其他	Ⅱ类	Ⅱ类	Ⅱ类	Ⅰ类

续表

序号	控制单元名称	行政区	控制断面名称	断面类型	水质现状	2025年目标	2030年目标	2035年目标
74	天马河广州市梯面镇—花山镇—花城街道控制单元	花都区	铁山河河口	已有	IV类	IV类	III类	II类
75	新街河广州市花山镇—花东镇控制单元	花都区	铜鼓坑河口	已有	IV类	IV类	IV类	III类
76	洪秀全水库广州市梯面镇—花山镇—狮岭镇—花城街道控制单元	花都区	秀全水库	其他	III类	III类	III类	II类
77	白坭河广州市炭步镇控制单元	花都区	炭步新桥	市控断面	V类	IV类	III类	II类
78	国泰水广州市赤坭镇—狮岭镇控制单元	花都区	国泰水	其他	劣V类	IV类	III类	III类
79	迎咀河广州市梯面镇—花山镇控制单元	花都区	迎咀河	其他	III类	III类	III类	II类
80	芦苞涌广州市炭步镇控制单元	花都区	芦苞涌	其他	IV类	IV类	IV类	IV类
81	白坭河广州市石门水厂饮用水水源保护区控制单元1	花都区	大坳	省控断面	IV类	IV类	III类	III类
82	白坭河广州市巴江水厂饮用水水源保护区控制单元	花都区	炭步新桥	市控断面	V类	IV类	III类	II类
83	国泰水广州市三坑水库饮用水水源保护区控制单元	花都区	国泰水	其他	劣V类	IV类	III类	III类
84	洪秀全水库广州市饮用水水源保护区控制单元	花都区	秀全水库	其他	III类	III类	III类	II类
85	迎咀河广州市羊石水库饮用水水源保护区控制单元	花都区	迎咀河	其他	III类	III类	III类	II类
86	九湾潭水库广州市饮用水水源保护区控制单元	花都区	九湾潭水库	其他	III类	III类	III类	II类
87	新街河广州市花都湖湿地公园保护区控制单元	花都区	井岗桥	市控断面	V类	V类	IV类	III类
88	流溪河广州市花东镇石角水厂饮用水水源保护区控制单元	花都区	李溪坝	省控断面	III类	III类	III类	III类
89	沙湾水道广州市饮用水水源保护区控制单元	南沙区	沙湾水厂	省控趋势科研	III类	III类	II类	II类

序号	控制单元名称	行政区	控制断面名称	断面类型	水质现状	2025年目标	2030年目标	2035年目标
90	洪奇沥广州市大岗镇控制单元	南沙区	白石围	区级常规监测	Ⅲ类	Ⅲ类	Ⅲ类	Ⅲ类
91	蕉门水道广州市南沙街道控制单元	南沙区	南横	区级常规监测	Ⅲ类	Ⅲ类	Ⅲ类	Ⅲ类
92	洪奇沥广州市横沥—万顷沙镇控制单元	南沙区	洪奇沥	国控断面	Ⅲ类	Ⅲ类	Ⅲ类	Ⅲ类
93	狮子洋广州市黄阁镇—南沙街道控制单元	南沙区	小虎	区级常规监测	Ⅲ类	Ⅲ类	Ⅲ类	Ⅲ类
94	李家沙水道广州市榄核镇控制单元	南沙区	张松	区级常规监测	Ⅲ类	Ⅲ类	Ⅲ类	Ⅲ类
95	骝岗水道广州市东涌镇控制单元	南沙区	东涌大桥	区级常规监测	Ⅲ类	Ⅲ类	Ⅲ类	Ⅲ类
96	蕉门水道广州市东涌—榄核—大岗镇控制单元	南沙区	高沙河前	区级常规监测	Ⅲ类	Ⅲ类	Ⅲ类	Ⅲ类
97	沙湾水道广州市东涌镇控制单元	南沙区	官坦	国控断面	Ⅲ类	Ⅲ类	Ⅲ类	Ⅲ类
98	狮子洋广州市南沙街道控制单元	南沙区	狮子洋南沙街道	拟增设	Ⅲ类	Ⅲ类	Ⅲ类	Ⅲ类
99	大岗沥水道广州市大岗镇控制单元	南沙区	大岗沥水道大岗镇	拟增设	Ⅲ类	Ⅲ类	Ⅲ类	Ⅲ类
100	潭洲沥水道广州市大岗镇控制单元	南沙区	潭洲沥水道南村坊	拟增设	Ⅲ类	Ⅲ类	Ⅲ类	Ⅲ类
101	伶仃洋广州市龙穴街道控制单元	南沙区	蕉门	国控断面	Ⅲ类	Ⅲ类	Ⅲ类	Ⅲ类
102	伶仃洋广州市珠江街道—万顷沙镇控制单元	南沙区	蕉门水道—万顷沙东	拟增设	Ⅲ类	Ⅲ类	Ⅲ类	Ⅲ类
103	上横沥广州市横沥镇控制单元	南沙区	亭角大桥	区级常规监测	Ⅲ类	Ⅲ类	Ⅲ类	Ⅲ类
104	蕉门水道广州市黄阁镇—南沙—珠江街道控制单元	南沙区	蕉门水道—下横沥	拟增设	Ⅲ类	Ⅲ类	Ⅲ类	Ⅲ类

续表

序号	控制单元名称	行政区	控制断面名称	断面类型	水质现状	2025年目标	2030年目标	2035年目标
105	狮子洋广州市黄阁镇控制单元	南沙区	狮子洋黄阁镇	拟增设	Ⅳ类	Ⅳ类	Ⅲ类	Ⅲ类
106	榄核水道广州市张松村控制单元	南沙区	榄核水道甘岗村	拟增设	Ⅲ类	Ⅲ类	Ⅲ类	Ⅲ类
107	榄核水道广州市榄核镇控制单元	南沙区	蕉门水道榄核镇	拟增设	Ⅲ类	Ⅲ类	Ⅲ类	Ⅲ类
108	骝岗水道广州市东涌—黄阁镇控制单元	南沙区	骝岗水道东涌镇	已有	Ⅲ类	Ⅲ类	Ⅲ类	Ⅲ类
109	下横沥广州市横沥镇控制单元	南沙区	上横沥横沥镇	拟增设	Ⅲ类	Ⅲ类	Ⅲ类	Ⅲ类
110	伶仃洋广州市龙穴街道—万顷沙镇控制单元	南沙区	蕉门	国控断面	Ⅲ类	Ⅲ类	Ⅲ类	Ⅲ类
111	流溪河水库广州市流溪河林场黄竹塱工区等控制单元	从化区	流溪河水库大坝	水库常规监测	Ⅱ类	Ⅱ类	Ⅱ类	Ⅱ类
112	流溪河广州市良口镇米埔村等控制单元	从化区	温泉	市控断面	Ⅱ类	Ⅱ类	Ⅱ类	Ⅱ类
113	流溪河广州市街口街道新城社区等控制单元	从化区	流溪河山庄	国考断面、省考断面	Ⅱ类	Ⅱ类	Ⅱ类	Ⅱ类
114	流溪河广州市太平镇牛心村等控制单元	从化区	太平	市控断面	Ⅲ类	Ⅲ类	Ⅲ类	Ⅲ类
115	吕田河广州市吕田镇吕田社区等控制单元	从化区	水口	拟增设	Ⅲ类	Ⅲ类	Ⅱ类	Ⅱ类
116	玉溪水广州市良口镇北溪村等控制单元	从化区	玉溪水	流溪河一级支流监测	Ⅲ类	Ⅲ类	Ⅱ类	Ⅱ类
117	流溪河广州市城郊街道麻一村等控制单元	从化区	街口	拟增设	Ⅲ类	Ⅲ类	Ⅱ类	Ⅱ类
118	汾田水广州市良口镇联平村等控制单元	从化区	汾田水	流溪河一级支流监测	Ⅱ类	Ⅱ类	Ⅱ类	Ⅱ类

续表

序号	控制单元名称	行政区	控制断面名称	断面类型	水质现状	2025年目标	2030年目标	2035年目标
119	龙潭水广州市城郊街道荷村等控制单元	从化区	龙潭河	拟增设	Ⅲ类	Ⅲ类	Ⅲ类	Ⅲ类
120	莲麻河广州市吕田镇莲麻村等控制单元	从化区	莲麻河	拟增设	Ⅱ类	Ⅱ类	Ⅱ类	Ⅱ类
121	牛栏河广州市吕田镇塘田村等控制单元	从化区	留田	拟增设	Ⅲ类	Ⅲ类	Ⅲ类	Ⅲ类
122	小海河广州市江浦街道南方村等控制单元	从化区	小海河	小海河	Ⅲ类	Ⅲ类	Ⅱ类	Ⅱ类
123	浥二河广州市鳌头镇凤岐村等控制单元	从化区	下西桥	水环境功能区监测	Ⅲ类	Ⅲ类	Ⅲ类	Ⅲ类
124	浥二河广州市鳌头水厂饮用水水源保护区控制单元	从化区	下西桥	水环境功能区监测	Ⅲ类	Ⅲ类	Ⅲ类	Ⅲ类
125	流溪河广州市穗云水厂饮用水水源保护区—水产种质资源保护区控制单元	从化区	太平	市控断面	Ⅲ类	Ⅲ类	Ⅲ类	Ⅲ类
126	流溪河广州市水产种质资源保护区控制单元	从化区	流溪河山庄	国考断面、省考断面	Ⅱ类	Ⅱ类	Ⅱ类	Ⅱ类
127	流溪河广州市街口水厂饮用水水源保护区—水产种质资源保护区控制单元	从化区	街口	拟增设	Ⅲ类	Ⅲ类	Ⅱ类	Ⅱ类
128	流溪河广州市良口水厂饮用水水源保护区—水产种质资源保护区控制单元	从化区	温泉	市控断面	Ⅱ类	Ⅱ类	Ⅱ类	Ⅱ类
129	汾田水广州市黄龙带水库饮用水水源保护区控制单元	从化区	汾田水	河涌水监测	Ⅱ类	Ⅱ类	Ⅱ类	Ⅱ类
130	流溪河水库广州市饮用水水源保护区控制单元	从化区	流溪河水库大坝	水库常规监测	Ⅱ类	Ⅱ类	Ⅱ类	Ⅱ类
131	牛栏河广州市流溪河水库饮用水水源保护区控制单元	从化区	留田	拟增设	Ⅲ类	Ⅲ类	Ⅲ类	Ⅲ类
132	吕田河广州市流溪河水库饮用水水源保护区控制单元	从化区	水口	拟增设	Ⅲ类	Ⅲ类	Ⅱ类	Ⅱ类

续表

序号	控制单元名称	行政区	控制断面名称	断面类型	水质现状	2025年目标	2030年目标	2035年目标
133	莲麻河广州市增江源头水保护区控制单元	从化区	莲麻河	拟增设	Ⅱ类	Ⅱ类	Ⅱ类	Ⅱ类
134	玉溪水广州市流溪河源头水—饮用水水源保护区控制单元	从化区	玉溪水	流溪河一级支流监测	Ⅲ类	Ⅲ类	Ⅱ类	Ⅱ类
135	派潭河广州市派潭镇控制单元1	增城区	派潭水厂	水功能区监测	Ⅱ类	Ⅱ类	Ⅱ类	Ⅱ类
136	派潭河广州市派潭镇控制单元2	增城区	黄洞村	拟增设	Ⅲ类	Ⅲ类	Ⅱ类	Ⅱ类
137	增江广州市浪拨—西湖滩—黄屋—乌石头—合水店村控制单元	增城区	九龙潭	国控断面	Ⅱ类	Ⅱ类	Ⅱ类	Ⅱ类
138	增江广州市正果镇控制单元1	增城区	岳村	拟增设	Ⅲ类	Ⅲ类	Ⅲ类	Ⅲ类
139	二龙河广州市小楼镇控制单元	增城区	二龙河(河口)	水功能区监测	Ⅳ类	Ⅲ类	Ⅲ类	Ⅱ类
140	里波水广州市正果镇控制单元	增城区	兰溪村	拟增设	Ⅲ类	Ⅲ类	Ⅲ类	Ⅱ类
141	西福河广州市中新镇控制单元	增城区	乌石陂	其他	Ⅲ类	Ⅲ类	Ⅲ类	Ⅱ类
142	金坑水广州市中新镇控制单元	增城区	金坑河口	其他	Ⅳ类	Ⅳ类	Ⅲ类	Ⅲ类
143	西福河广州市朱村街道控制单元	增城区	沙河坊	其他	Ⅲ类	Ⅲ类	Ⅲ类	Ⅲ类
144	西福河广州市石滩镇控制单元	增城区	石吓陂	其他	Ⅲ类	Ⅲ类	Ⅲ类	Ⅲ类
145	增江广州市石滩镇控制单元	增城区	甩洲水文站	拟增设	Ⅲ类	Ⅲ类	Ⅲ类	Ⅲ类
146	西福河广州市仙村镇控制单元	增城区	西福河口	市控断面	Ⅲ类	Ⅲ类	Ⅲ类	Ⅲ类
147	东江北干广州市新塘镇—永宁街道控制单元	增城区	新塘	水功能区监测	Ⅳ类	Ⅲ类	Ⅲ类	Ⅱ类
148	东江北干广州市新塘镇控制单元1	增城区	大墩	水功能区监测	Ⅲ类	Ⅲ类	Ⅲ类	Ⅱ类

序号	控制单元名称	行政区	控制断面名称	断面类型	水质现状	2025年目标	2030年目标	2035年目标
149	增江广州市增江街道—荔城街道控制单元	增城区	初溪大坝	水功能区监测	Ⅲ类	Ⅲ类	Ⅲ类	Ⅲ类
150	增江广州市正果镇控制单元2	增城区	仙源自来水厂吸水点	水功能区监测	Ⅲ类	Ⅲ类	Ⅲ类	Ⅲ类
151	增江广州市荔城街道—增江街道—正果镇控制单元	增城区	荔城二中	拟增设	Ⅲ类	Ⅲ类	Ⅲ类	Ⅱ类
152	东江北干广州市石滩镇控制单元	增城区	石龙桥	国控断面	Ⅲ类	Ⅲ类	Ⅲ类	Ⅱ类
153	东江北干广州市新塘镇控制单元2	增城区	旺龙电厂码头	市控断面	Ⅳ类	Ⅲ类	Ⅲ类	Ⅲ类
154	雅瑶水广州市永宁街道控制单元1	增城区	湖中村	拟增设	劣Ⅴ类	Ⅳ类	Ⅲ类	Ⅱ类
155	雅瑶水广州市永宁街道控制单元2	增城区	白水村	拟增设	Ⅴ类	Ⅳ类	Ⅲ类	Ⅱ类
156	派潭河广州市饮用水水源保护区控制单元	增城区	派潭水厂	水功能区监测	Ⅱ类	Ⅱ类	Ⅱ类	Ⅱ类
157	增江广州市正果水厂饮用水水源保护区控制单元1	增城区	九龙潭	国控断面	Ⅱ类	Ⅱ类	Ⅱ类	Ⅱ类
158	增江广州市正果水厂饮用水水源保护区控制单元2	增城区	岳村	拟增设	Ⅲ类	Ⅲ类	Ⅲ类	Ⅲ类
159	增江广州市小楼水厂饮用水水源保护区控制单元	增城区	仙源自来水厂吸水点	水功能区监测	Ⅲ类	Ⅲ类	Ⅲ类	Ⅲ类
160	增江广州市荔城水厂饮用水水源保护区控制单元1	增城区	荔城二中	拟增设	Ⅲ类	Ⅲ类	Ⅲ类	Ⅱ类
161	增江广州市荔城水厂饮用水水源保护区控制单元2	增城区	初溪大坝	水功能区监测	Ⅲ类	Ⅲ类	Ⅲ类	Ⅲ类
162	西福河广州市饮用水水源保护区控制单元1	增城区	乌石陂	其他	Ⅲ类	Ⅲ类	Ⅲ类	Ⅱ类
163	西福河广州市饮用水水源保护区控制单元2	增城区	石吓陂	其他	Ⅲ类	Ⅲ类	Ⅲ类	Ⅲ类
164	东江北干广州市新塘水厂饮用水水源保护区控制单元	增城区	大墩	水功能区监测	Ⅲ类	Ⅲ类	Ⅲ类	Ⅱ类

5.7　地表水污染物允许排放量测算

5.7.1　计算方法

1. 天然水环境容量

由于天然水环境容量均匀地分布在水体中，因此原则上所有水域的天然容量都可以采用零维衰减模式进行计算。但因各类水域能够获得的特征参数不同，对不同形态的水域宜采用不同的容量计算模型。根据广州市地表水的形态和水文特征，将水域划分为单向河流、湖库、感潮河段三大类，对各类计算单元分别采用不同的环境容量计算模型。

（1）单向河流。一般情况下，单向河流特别是上游支流可以取得流量、流速等参数，但不易获得河道水体积数据，因此宜采用一维衰减模式计算其天然环境容量。在忽略影响相对较小的离散作用且污染物衰减过程可采用一级动力方程式描述时，其控制方程为

$$u\frac{\mathrm{d}C}{\mathrm{d}x} = -KC$$

积分解得

$$C = C_0 \times \mathrm{e}^{-Kx/u} \qquad\qquad (5\text{-}10)$$

这就是著名的 Street-Phelps 水质衰减公式。

式中，u——河流断面平均流速，m/s；

$\quad\quad x$——河段长度，km；

$\quad\quad K$——综合降解系数，1/d；

$\quad\quad C$——沿程污染物浓度，mg/L；

$\quad\quad C_0$——起始断面污染物浓度，mg/L。

假定污水量与河道流量相比可以忽略不计，则 C_0 可用下式估算：

$$C_0 = \frac{C_\mathrm{R} \times Q_\mathrm{R} + W_{河}}{Q_\mathrm{R} + Q_\mathrm{E}} \qquad\qquad (5\text{-}11)$$

式中，Q_R——上游来水流量，m³/s；

$\quad\quad C_\mathrm{R}$——上游水质目标，mg/L；

$\quad\quad W_{河}$——该计算单元污染物排放量，g/s；

Q_E——某入河排放口的污水流量，m^3/s。

根据控制断面处的水质保护目标，对式（5-11）进行反解，即可求出该河段的天然环境容量为

$$W_{河} = Q_R \times (C_s \times e^{Kx/u} - C_R) \qquad (5\text{-}12)$$

式中，C_s——水质保护目标，mg/L。

单向河流控制单元天然容量计算需输入的数据参数见表 5-9。

表 5-9　单向河流控制单元天然容量计算参数

类别	数据	注释
水文参数	河道流量（Q_R）	设计水文条件对应的流量和流速
	河道流速（u）	
河道参数	河段长度 x	与设计流量对应的数据
水质参数	上游来水水质目标(C_R)	上游、下游水质目标在一般情况下是相同的，但也有例外情况
	污染物衰减系数（K）	
	水质保护目标（C_s）	

在具体计算中，最好的方法是首先将所有计算单元标准化，其次采用标准化模块进行计算：

① 计算单元标准化。所有计算单元均可以概化成标准化单元，如图 5-18 所示。每个标准化单元具有起始断面流量（Q）和水质浓度（C_p）、终止断面流量（$Q+q$）和水质保护目标（C_s）、区间入流量（q）、河段长度（x）、流速（u）等参数。

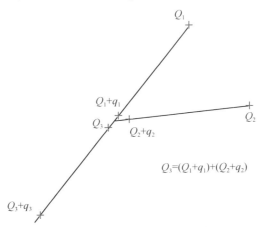

图5-18　计算单元标准化示意图

② 标准化计算单元容量的递推演算。若某计算单元长度为 x，为了确保 50% 以上的河段不出现超标情况，则假设污水和所有区间入流均从计算单元中间排入，具体如图 5-19 所示。

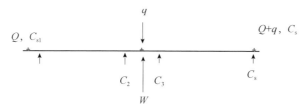

图 5-19 标准化计算单元容量的递推演算

在污水量与河道流量相比忽略不计的情况下，则

$$C_2 = C_{s1} \times \exp(-Kx/2u) \tag{5-13}$$

$$C_3 = (Q \times C_2 + q \times C_s + W)/(Q + q) \tag{5-14}$$

$$C_s = C_3 \times \exp(-Kx/2u) \tag{5-15}$$

对上述过程进行反演算，即可算出该计算单元的环境容量（W）。

（2）湖库。对湖库而言，较易获得水体积参数，因此可以采用零维模型计算其天然环境容量：

$$W_{湖库} = KVC_s \tag{5-16}$$

式中，$W_{湖库}$——该湖库的天然环境容量，g/d；

V——湖库水体积，m^3；

C_s——湖库水质保护目标，mg/L；

K——污染物的综合衰减系数，1/d。

一般情况下，湖库的水体积较大。为了反映最不利的水文条件，应采用死库容计算其天然环境容量。湖库控制单元天然容量计算需要输入的数据参数见表 5-10。

表 5-10　湖库控制单元天然容量计算参数

类别	数据	注释
水文参数	库容（V）	采用最小的死库容
水质参数	污染物衰减系数（K）	
	水质保护目标（C_s）	

（3）感潮河段。感潮河段的水文参数随着潮涨潮落而瞬息万变，河道槽蓄量也不断变化。但对有河道地形图资料的感潮河段，可根据特征潮位计算出感潮河

段的水体积,从而采用零维模型计算出其天然环境容量:

$$W_{感} = KV_tC_s \tag{5-17}$$

式中,$W_{感}$——该河段的天然环境容量,g/d;

V_t——特征潮位对应的水体积,m^3;

C_s——水质保护目标,mg/L;

K——污染物综合衰减系数,1/d。

为了反映最不利的水文条件,应采用低潮位所对应的水体积计算其天然环境容量。感潮河段控制单元天然容量计算需要的数据参数见表5-11。

表 5-11　感潮河段控制单元天然容量计算参数

类别	数据	注释
水文参数	特征潮位	可采用平均低潮位
河道参数	河道地形图	
水质参数	污染物衰减系数(K)	
	水质保护目标(C_s)	

2. 理想水环境容量

理想环境容量与水体的控制区属性(特殊控制区或一般用水区)、排放口布局及排放方式密切相关,且以控制单元为基本对象进行计算,因此其计算方法与天然水环境容量的计算方法有所不同。根据广州市辖区内水域的形态特征和稀释混合特性,将所有控制单元分为狭长型单向河流、湖库、感潮河段和特殊控制区4类,并分别采用不同的方法计算其理想环境容量。

(1)狭长型单向河流。狭长型河流是指枯水期水面宽度小于200 m的河流。与天然水环境容量的计算模型基本相同,对Street-Phelps水质衰减公式进行反解并求出理想水环境容量,此时应考虑污水量的影响:

$$W = C_s \times e^{Kx/u} \times (Q_R + Q_E) - Q_R \times C_R \tag{5-18}$$

当一个控制单元有多个入河排放口时,应考虑各排放口所排污染物对控制断面的叠加影响。在实际计算过程中,仍然需要将控制单元分割成若干个水文条件基本相同的计算单元,通过各计算单元的递推演算反解出满足控制断面水质目标的理想水环境容量。

对重点控制单元,采用下列方法进行核算。具有普遍代表性的狭长型控制单元理想水环境容量校核计算示例如图5-20所示,已包括支流汇入,又包含了一个以上的入河排放口。为不失一般性,将该控制单元划分为5个计算单元进行可利用水环境容量的递推演算：

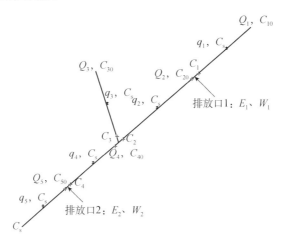

图 5-20　狭长型重点控制单元理想水环境容量校核计算示例

对每个计算单元应用 Street-Phelps 水质衰减模型可得

$$C_1 = \left[Q_1 \times C_{10} \times \exp(-k_1 x_1 / 2u_1) + q_1 \times C_s\right] \cdot \exp(-k_1 x_1 / 2u_1) \tag{5-19}$$

$$Q_2 = Q_1 + q_1 + E_1 \tag{5-20}$$

$$C_{20} = \left[(Q_1 + q_1) \times C_1 + W_1\right] / Q_2 \tag{5-21}$$

$$C_2 = \left[Q_2 \times C_{20} \times \exp(-k_2 x_2 / 2u_2) + q_2 \times C_s\right] \times \exp(-k_2 x_2 / 2u_2) \tag{5-22}$$

$$C_3 = \left[Q_3 \times C_{30} \times \exp(-k_3 x_3 / 2u_3) + q_3 \times C_s\right] \times \exp(-k_3 x_3 / 2u_3) \tag{5-23}$$

$$Q_4 = (Q_2 + q_2) + (Q_3 + q_3) \tag{5-24}$$

$$C_{40} = \left[(Q_2 + q_2) \times C_2 + (Q_3 + q_3) \times C_3\right] / Q_4 \tag{5-25}$$

$$C_4 = \left[Q_4 \times C_{40} \times \exp(-k_4 x_4 / 2u_4) + q_4 \times C_s\right] \times \exp(-k_4 x_4 / 2u_4) \tag{5-26}$$

$$Q_5 = Q_4 + q_4 + E_2 \tag{5-27}$$

$$C_{50} = \left[(Q_4 + q_4) \times C_4 + W_2\right] / Q_5 \tag{5-28}$$

$$C_S = \left[Q_5 \times C_{50} \times \exp(-k_5 x_5 / 2u_5) + q_5 \times C_s\right] \times \exp(-k_5 x_5 / 2u_5) \tag{5-29}$$

上述方程组有 12 个变量，因而并没有唯一解；为了获得唯一解，必须补充对排放口可利用容量进行分配的附加方程。按照现状排放口布局和现状排放量的相关原则，我们以现状污水排放量为权重进行分配，即

$$W = W_1 + W_2 \tag{5-30}$$

$$E = E_1 + E_2 \tag{5-31}$$

$$W_1 = E_1 \times W / E \tag{5-32}$$

$$W_2 = E_2 \times W / E \tag{5-33}$$

当一个控制单元内存在 n 个入河排放口时，附加方程组为

$$W = \sum_{i=1}^{n} W_i \tag{5-34}$$

$$E = \sum_{i=1}^{n} E_i \tag{5-35}$$

$$W_i = \sum_{i=1}^{n} E_i \times W / E, \quad i=1,\cdots,\ n \tag{5-36}$$

采用上述方法计算出狭长河段的基本理想容量后，为了与宽阔型河流二维混合带模式的计算成果顺利衔接，避免出现"河越大容量越小"的不合理现象，对一维模式计算的理想水环境容量采用不均匀系数进行进一步调整，参考生态环境部环境规划院的推荐取值以及广东省各流域水质保护规划的研究成果，以实现一维、二维计算成果顺利衔接为基本原则，经过许多实例分析后确定的不均匀系数见表 5-12。

表 5-12　一维计算的理想水环境容量的不均匀系数

水深/m	不均匀系数	
	河宽/m	
	200	100
30	0.568	1.000
25	0.564	1.000
20	0.564	1.000
15	0.569	1.000
10	0.585	1.000
5	0.639	1.000
1	0.883	1.000

（2）湖库。当湖库不属于特殊控制区时，其理想水环境容量的计算模型与天然水环境容量的计算模型基本相同，但需引进不均匀系数进行调整，即

$$W_{可利用} = W_{理想} \times \alpha \tag{5-37}$$

式中，α——不均匀系数，取值见表 5-13。

表 5-13　湖库理想水环境容量的不均匀系数

面积/km²	不均匀系数
≤5	0.60～1.00
5～50	0.40～0.60
50～500	0.11～0.40
500～1 000	0.09～0.11
1 000～3 000	0.05～0.09

（3）感潮河段。感潮河段的理想水环境容量与天然水环境容量的计算模型基本相同，但需引进不均匀系数进行调整，估算公式见式（5-17）。参考生态环境部环境规划院的推荐值以及《珠江三角洲水质保护条例》《珠江三角洲水污染防治规划》采用的折算值，并贯彻"大水体有相对大容量"的基本原则，经过无数实例分析计算，确定的不均匀系数的具体取值见表 5-14。

表 5-14　感潮河段控制单元理想水环境容量的不均匀系数

河宽/m	不均匀系数
0～50	0.8～1.0
50～100	0.6～0.8
100～150	0.4～0.6
150～200	0.1～0.4

（4）特殊控制区。在不均匀系数调整的基础上，对于特殊控制区控制单元，还需依据国家和广东省对特殊控制区的有关规定对理想水环境容量做进一步处理。特殊控制区是指水质目标为Ⅰ类、Ⅱ类的控制单元以及目标虽为Ⅲ类但属于保护区或游泳区的水体，根据《广东省水污染物排放限值》（DB 44/26—2001）的规定，"特殊控制区内不得新设排污口，现有排污口执行一级排放标准且不得增加污染物排放总量"，而根据水源保护的有关规定："禁止向一级水源保护区排放污水；原已设置的排污口，由县级以上人民政府按照规定的权限责令限期拆除"，因此，对特殊控制区的理想水环境容量采取下列两种处理方法：

① 由于一级水源保护区是不允许排污的，因此应进一步扣除一级水源保护区所对应的那部分理想水环境容量；

② 当没有排放口时，理想水环境容量取面源入河量与模型计算理想水环境容量中的较小值。

5.7.2 基础数据获取

1. 水文基础数据

广州市范围内有 2 个水文站和 9 个水位站，如图 5-21 所示，水文站分布在增江和流溪河上，分别为麒麟咀和太平场站。水位站主要分布在下游感潮河段，分别为新家埔、老鸦岗、中大、广州浮标厂、黄埔、三善滘、南沙、万顷沙西、大石和三沙口。水位站近 10 年（2009—2018 年）低潮位平均值见表 5-15，水文站近10 年（2009—2018 年）最枯月份平均流量见表 5-16。

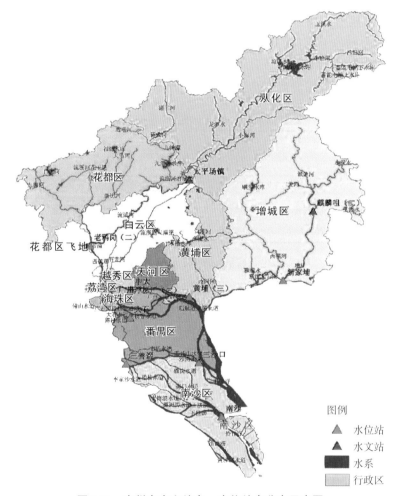

图5-21 广州市水文站点、水位站点分布示意图

表 5-15　各潮位站近 10 年（2009 —2018 年）低潮位平均值　　单位：m

站名	低潮位平均值（珠江基面）
新家埔	-0.38
老鸦岗	-0.33
中大	-0.75
广州浮标厂	-0.77
黄埔	-0.85
三善滘	-0.20
南沙	-0.67
万顷沙西	-0.62
大石	-0.66
三沙口	-0.81

注：低潮位指 2009—2018 年逐日两次低潮位的平均值。

表 5-16　各水文站近年来（2009 —2018 年）最枯月份平均流量

站名	最小月平均流量/（m³/s）	水文站流域面积/km²
麒麟咀	14.7	2 866
太平场镇	5.2	1 641

此外，我们还收集得到湖库死库容数据，具体见表 5-17。

表 5-17　湖库死库容数据　　单位：万 m³

库名	死库容
茂墩水库	34.2
联安水库	100.2
增塘水库	67.2
白洞水库	56.0
金坑水库	33.6
水声水库	56.0
木榔水库	5.0
百花林水库	56.0
和龙水库	89.6
天湖水库	56.0

续表

库名	死库容
蓄能电站上水库	57.8
蓄能电站下水库	89.6
黄龙带水库	2.0
九湾潭水库	268.1
南大水库	40.9
三坑水库	154.0
福源水库	97.4
芙蓉嶂水库	154.0
洪秀全水库	22.4
流溪河水库	1 067.5

2. 设计流量和流速

（1）设计流量的选择。以近 10 年（2009—2018 年）最枯月份平均流量为设计流量。

（2）控制单元设计流量。以附近水文站为参政站，采用水文比拟法，计算控制单元对应的设计流量。

当某计算单元的上游或下游附近有水文控制站时，将邻近计算单元（参证计算单元）的设计流量乘以集雨面积比，换算到本计算单元，换算公式为

$$Q_{sj} = Q_{cz} \times \frac{A_{sj}}{A_{cz}} \tag{5-38}$$

式中，Q_{sj}——本计算单元的流量，m^3/s；

$\qquad Q_{cz}$——参证计算单元的流量，m^3/s；

$\qquad A_{sj}$——本单元的集雨面积，km^2；

$\qquad A_{cz}$——参证单元的集雨面积，km^2。

（3）设计流速。设计流速是水质和水环境容量计算模型中的关键参数，因为污染物的输移速度主要是由河水流速决定的，各种反应参数也往往与流速和水深有较明显的相关关系。由于水文设计条件往往是以流量的形式给出的，因此有必要建立各河段流速—流量的相关关系。

根据广东省各计算单元的资料情况，我们将控制单元分为 3 种类型分别估算其设计流速。

① 有设计水位和河道地形图的控制单元。根据已有水文站近 10 年（2009—

2018 年）最枯月份水位资料，通过河道地形图计算出计算单元的过水断面面积，设计流速可以用下式估算：

$$U = \frac{Q}{A} \qquad (5-39)$$

式中，U——近 10 年（2009—2018 年）最枯月份的流速，m/s；

Q——近 10 年（2009—2018 年）最枯月份的平均流量，m^3/s；

A——近 10 年（2009—2018 年）最枯月份的过水断面面积，m^2。

② 有较可信的设计水深和比降的控制单元。当从文献资料中可以获得较可信的设计水深和比降数据时，设计流速可以用 Manning 公式估算：

$$U = \frac{\sqrt[3]{H^2} \times \sqrt{J}}{n} \qquad (5-40)$$

式中，H——河道设计水深，m；

J——计算单元的河道比降；

n——反映河床糙率的 Manning 系数，上游河道的 n 值一般为 0.03～0.05，甚至更大。

③ 有设计水深和河宽的控制单元。对于上游较小的河流，往往没有文献数据可用，在这种情况下，需要由地方水利、环保等领域熟悉河流情况的专家凭经验估算这些计算单元枯水期的水深和河宽，然后按下式估算出设计流速：

$$U = \frac{Q}{B \times H'} \qquad (5-41)$$

式中，B——近 10 年（2009—2018 年）最枯月份的平均河宽，m；

H'——近 10 年（2009—2018 年）最枯月份的水深，m。

3. 感潮河段设计槽蓄量

根据附近潮位站近 10 年（2009—2018 年）的低潮位数据，内插控制单元内的低潮位，结合河段底高程、河段面积等参数，计算得到设计槽蓄量。

5.7.3　容量计算结果

经计算，广州市 2025 年 COD、NH_3-N、TP 和 TN 的理想水环境容量分别约为 79.07 万 t、2.05 万 t、0.34 万 t 和 2.05 万 t，广州市 2030 年 COD、NH_3-N、TP 和 TN 的理想水环境容量分别约为 75.81 万 t、1.93 万 t、0.31 万 t 和 1.93 万 t，广州市 2035 年 COD、NH_3-N、TP 和 TN 的理想水环境容量分别约为 72.85 万 t、1.85 万 t、0.30 万 t 和 1.85 万 t。广州市各区理想水环境容量计算结果见表 5-18。

表 5-18 广州市各区理想水环境容量计算结果

单位：t

行政区	2025 年理想水环境容量				2030 年理想水环境容量				2035 年理想水环境容量			
	COD	NH3-N	TP	TN	COD	NH3-N	TP	TN	COD	NH3-N	TP	TN
天河区	6 295.32	157.38	29.07	157.38	6 294.88	157.37	27.85	157.37	6 294.88	157.37	27.85	157.37
海珠区	29 017.51	727.10	116.15	727.10	29 017.51	727.10	116.15	727.10	29 017.51	727.10	116.15	727.10
越秀区	2 370.94	59.27	9.48	59.27	2 769.55	79.20	13.47	79.20	1 580.63	39.52	6.32	39.52
荔湾区	23 263.79	611.77	113.19	611.77	18 709.30	527.24	99.71	527.24	15 877.43	393.34	75.73	393.34
黄埔区	75 921.75	1 917.46	357.87	1 917.46	75 712.05	1 908.18	346.42	1 908.18	75 710.49	1 908.01	346.42	1 908.01
番禺区	227 642.91	5 667.70	907.39	5 667.70	204 148.29	4 956.36	784.35	4 956.36	203 124.56	4 943.41	783.29	4 943.41
白云区	12 207.28	726.44	137.21	726.44	9 932.68	506.03	91.96	506.03	7 057.31	289.44	55.92	289.44
从化区	8 178.33	326.51	46.38	326.51	7 824.15	263.18	32.00	263.18	7 824.15	263.18	32.00	263.18
南沙区	372 373.65	9 243.25	1 478.92	9 243.25	372 373.65	9 243.25	1 478.92	9 243.25	372 373.65	9 243.25	1 478.92	9 243.25
花都区	2 950.31	127.84	23.50	127.84	2 150.74	91.67	16.48	91.67	1 819.85	77.80	13.99	77.80
增城区	30 518.49	916.87	161.18	916.87	29 170.14	830.01	141.55	830.01	7 842.35	470.11	81.23	470.11
合计	790 740.28	20 481.59	3 380.34	20 481.59	758 102.94	19 289.59	3 148.86	19 289.59	728 522.81	18 512.53	3 017.82	18 512.53

从各区理想容量分布情况来看，南沙区理想水环境容量最大，其次为番禺区和黄埔区，花都区和越秀区较小。各区理想水环境容量分布具体如图 5-22～图 5-24 所示。

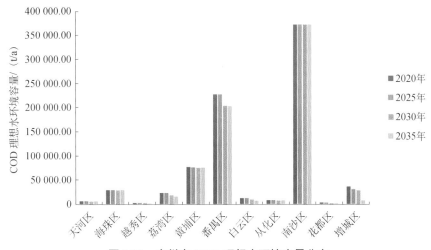

图 5-22　广州市 COD 理想水环境容量分布

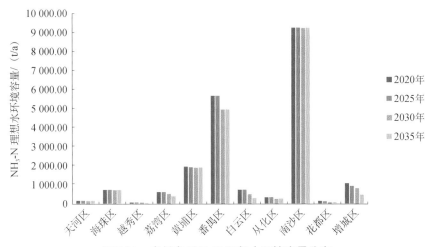

图 5-23　广州市 NH₃-N 理想水环境容量分布

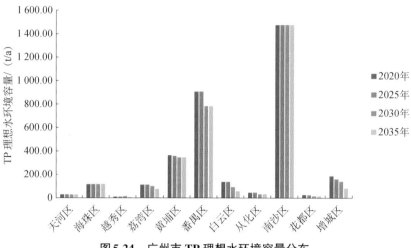

图5-24 广州市 TP 理想水环境容量分布

5.7.4 允许排放量

1. 测算与校核方法

对水质接近达标的单元，以水环境容量折算出污染物排放量，并将其作为该控制单元的允许排放量；对水质严重超标、短期无法达标的单元，可以考虑阶段性削减，根据阶段水质目标确定削减量；对水质良好的单元，则以现状排放量结合发展需求，在确保功能不下降、水质不降低的前提下，核算允许排放量。允许排放量测算时，若控制单元控制断面水质现状接近目标年水质，可将控制单元水环境容量预留 10%的安全余量作为该控制单元的允许排放量；若控制单元控制断面水质现状与目标差距较大，可以通过水环境质量改善潜力分析测算目标年的污染物入河量，目标年的污染物入河量与目标年水环境容量预留安全余量后的差值即为现状年到目标年之间污染物需要削减的量，即污染物需削减量=污染物入河量-（水环境容量-安全余量）；若控制单元控制断面现状水质良好且达到水质目标要求，结合生态环境功能定位和发展需求，基于现状污染物排放量制定目标年允许排放量，但不可超过目标年水环境容量预留安全余量后的值，即允许排放量≤（水环境容量-安全余量）。另外，最终校核的允许排放量必须细化到控制单元尺度。

2. 测算结果

（1）2025 年，广州市 164 个控制单元中 COD、NH₃-N、TP 和 TN 水环境容量富余的单元个数分别为 110 个、105 个、107 个和 93 个，水环境容量超载的单元个数分别为 54 个、59 个、57 个和 71 个。

经计算，2025 年广州市超载控制单元需在现状年污染物入河量的基础上分别削减 COD、NH₃-N、TP 和 TN 29 900.04 t、2 368.65 t、636.02 t 和 18 106.28 t，削减比例分别为 27.91%、31.61%、34.75%和 65.79%。

（2）2030 年，广州市 164 个控制单元中 COD、NH₃-N、TP 和 TN 水环境容量富余的单元个数分别为 109 个、103 个、105 个和 94 个，水环境容量超载的单元个数分别为 55 个、61 个、59 个和 70 个。

经计算，2030 年广州市超载控制单元需在现状年污染物入河量的基础上分别削减 COD、NH₃-N、TP 和 TN 31 452.22 t、2 605.39 t、718.48 t 和 18 511.68 t，削减比例分别为 29.35%、34.77%、39.26%和 67.27%。

（3）2035 年，广州市 164 个控制单元中 COD、NH₃-N、TP 和 TN 水环境容量富余的单元个数分别为 105 个、99 个、100 个和 91 个，水环境容量超载的单元个数分别为 59 个、65 个、64 个和 73 个。

经计算，2035 年广州市超载控制单元需在现状年污染物入河量的基础上分别削减 COD、NH₃-N、TP 和 TN 34 503.64 t、2 884.40 t、767.96 t 和 18 916.34 t，削减比例分别为 32.20%、38.50%、41.96%和 68.74%。

5.8 地表水环境管控分区及管控要求

5.8.1 管控分区方法

在广州市水环境控制单元划分的基础上，各区细化水环境控制单元，并开展水环境管控分区划定工作。将饮用水水源保护区中的一级区和二级区、重要湿地保护区、江河源头、水产种质资源保护区等区域作为水环境优先保护区。将以工业源为主的区域作为水环境工业污染重点管控区；将以城镇生活源为主的超标单元作为水环境城镇生活污染重点管控区；将以农业源为主的超标单元作为水环境农业污染重点管控区。将水环境重点管控区和优先保护区之外的区域作为水环境一般管控区。

5.8.2 管控分区结果

广州市水环境控制单元共 164 个，全市水环境管控分区如图 5-25 所示，全市各区水环境管控分区划分结果见表 5-19。

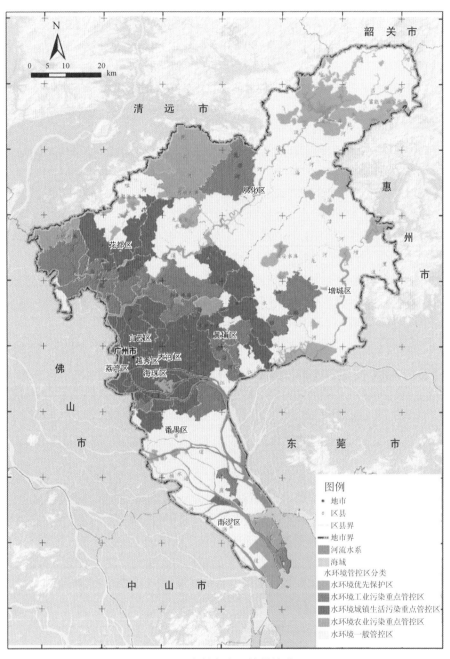

图5-25　广州市水环境管控分区

表 5-19　广州市各区水环境管控分区划分结果

行政区	优先保护区			重点管控区			一般管控区		
	数量/个	面积/km²	面积比例/%	数量/个	面积/km²	面积比例/%	数量/个	面积/km²	面积比例/%
荔湾区	1	1.27	0.02	6	61.41	0.85	0	0.00	0.00
越秀区	0	0.00	0.00	2	33.62	0.46	0	0.00	0.00
海珠区	1	8.69	0.12	3	80.49	1.11	0	0.00	0.00
天河区	0	0.00	0.00	3	136.65	1.89	0	0.00	0.00
白云区	5	34.40	0.47	16	558.09	7.70	2	72.10	0.99
黄埔区	0	0.00	0.00	10	376.89	5.20	4	106.97	1.48
番禺区	1	10.07	0.14	7	222.40	3.07	5	282.65	3.90
花都区	8	66.69	0.92	8	556.53	7.68	6	345.92	4.77
南沙区	1	9.71	0.13	9	161.36	2.23	17	523.28	7.22
从化区	11	299.29	4.13	2	447.63	6.18	11	1 237.28	17.07
增城区	9	184.25	2.54	4	211.39	2.92	17	1 219.21	16.82
全市	37	614.37	8.48	65	2 846.46	39.27	62	3 787.41	52.25

（1）优先保护区 37 个，面积为 614.37 km²，占总面积的 8.48%。其中涉及饮用水水源保护区 31 个，面积为 592.75 km²，占总面积的 8.18%；涉及重要湿地保护区 2 个，面积为 11.1 km²，占总面积的 0.15%；涉及水产种质资源保护区 3 个，面积为 10.09 km²，占总面积的 0.14%；涉及江河源头 1 个，面积为 0.43 km²，占总面积的 0.01%。

（2）重点管控区 65 个，面积为 2 846.46 km²，占总面积的 39.27%。其中工业污染重点管控区 19 个，面积为 1 066.30 km²，占总面积的 14.71%；城镇生活污染重点管控区 42 个，面积为 1 296.06 km²，占总面积的 17.88%；农业污染重点管控区 4 个，面积为 484.10 km²，占总面积的 6.68%。广州市水环境重点管控区划分结果见表 5-20。

表 5-20　广州市水环境重点管控区划分结果

行政区	工业污染		城镇生活污染		农业污染		小计		
	数量/个	面积/km²	数量/个	面积/km²	数量/个	面积/km²	数量/个	面积/km²	面积比例/%
荔湾区	0	0.00	6	61.41	0	0.00	6	61.41	0.85

续表

行政区	工业污染		城镇生活污染		农业污染		小计		
	数量/个	面积/km²	数量/个	面积/km²	数量/个	面积/km²	数量/个	面积/km²	面积比例/%
越秀区	0	0.00	2	33.62	0	0.00	2	33.62	0.46
海珠区	0	0.00	3	80.49	0	0.00	3	80.49	1.11
天河区	0	0.00	3	136.65	0	0.00	3	136.65	1.89
白云区	6	319.19	9	209.38	1	29.52	16	558.09	7.70
黄埔区	3	111.04	7	265.85	0	0.00	10	376.89	5.20
番禺区	2	88.65	5	133.75	0	0.00	7	222.40	3.07
花都区	3	203.84	4	286.60	1	66.09	8	556.53	7.68
南沙区	2	43.88	1	11.28	1	106.20	4	161.36	2.23
从化区	1	165.34	0	0.00	1	282.29	2	447.63	6.18
增城区	2	134.36	2	77.03	0	0.00	4	211.39	2.92
全市	19	1 066.30	42	1 296.06	4	484.10	65	2 846.46	39.27

（3）一般管控区 62 个，面积为 3 787.41 km²，占总面积的 52.25%。

5.8.3　水环境分区管控要求

水环境分区管控以实现水环境质量目标为导向，针对不同类别的水环境管控分区提出有针对性的管控要求，实行差异化管控。

1. 水环境优先保护区及管控要求

（1）饮用水水源保护区。水环境控制单元中涉及饮用水水源保护区的区域严格按照《中华人民共和国水污染防治法》《广东省饮用水源水质保护条例》的规定执行。

（2）江河源头保护区。大力实施天然林保护、林木植被建设，退耕还林、封山育林等措施，对源头区森林植被进行抚育更新，提高源头区森林覆盖率，提升源头区生态系统进行涵养水源、调节河川径流的主要生态功能。加大源头区农村环境综合整治力度，统筹农村面源污染防治与农业现代化、新农村建设，严控畜禽养殖业污染，节约施用化肥，严控农药使用，逐步实现农村工业污水零排放，全面消除江河源头上的污染。

（3）重要湿地保护区。水环境控制单元中涉及重要湿地保护区的区域严格按照《湿地保护管理规定》《广东省湿地保护条例》的规定执行。

2. 水环境重点管控区及管控要求

（1）工业污染重点管控区。针对控制单元内水环境的具体要求，实施不同的管控要求。对于水质需改善的单元，采取综合性的治理措施，强化污染物排放总量控制，大幅削减污染物排放量，保障河道生态基流，确保水体和重点支流水环境质量明显改善，全面消除黑臭水体；对于环境风险较大的重点控制单元，按照"预防为主、防治结合"的原则，加大环境监管力度，着力降低资源能源产业开发的环境风险，加强环境风险隐患排查，提高风险防范水平，确保不发生重大环境突发事件。

（2）城镇生活污染重点管控区。主要是以城镇生活源为主的超标控制单元以及城镇建成区或人口集聚区域。对于该区域内目前水质未超标的控制单元，按照"预防为主、保护优先"的原则，加大水环境保护力度，重点完善城镇基础设施建设，推进城市水循环体系建设，开展城镇湿地、河岸带生态阻隔等综合治理工程，维护良好水环境质量；对于现状水质较差的控制单元，则需采取综合性的治理措施，强化城镇基础设施建设，削减污染物排放量，保障河道生态基流，确保水体和重点支流水环境质量明显改善，全面消除黑臭水体。

（3）农业污染重点管控区。指农业面源污染严重，区域水质超标或水质要求提升的区域。因此相应的农业面源污染控制关键区域（重点区域）需围绕农业面源污染控制要求，对区域内的各类活动提出差异化的管控要求。

3. 水环境一般管控区及管控要求

对于水环境问题相对较少且区域影响程度较轻的一般控制单元，需落实共性管控要求，加强污染预防。广州市地表水共性管控要求见表 5-21。

表 5-21　广州市地表水共性管控要求

管控维度		管控要求	参考依据
空间布局约束	禁止开发建设活动的要求	1. 水环境功能区划分的地表水Ⅰ类、Ⅱ类水域，以及Ⅲ类水域中的保护区、游泳区，禁止新建排污口；水环境功能区划分之前已建成的排污口，不得增加污染物排放量。 2. 饮用水水源优先保护区按照《中华人民共和国水污染防治法》《广东省饮用水源水质保护条例》等法律法规执行。饮用水水源一级保护区内禁止建设与供水设施和保护水源无关的建设项目；二级保护区内禁止新建、改建、扩建排放污染物的建设项目；准保护区和优先保护区的其他区域禁止新建、扩建对水体污染严重的建设项目。	《中华人民共和国水污染防治法》《中华人民共和国渔业法》《广东省饮用水源水质保护条例》《国家湿地公园管理办法》《湿地保护管理规

管控维度		管控要求	参考依据
空间布局约束	禁止开发建设活动的要求	3. 重要湿地优先保护区按照《国家湿地公园管理办法》《湿地保护管理规定》《广东省湿地保护条例》等法律、法规、规章执行。 4. 水产种质资源优先保护区按照《中华人民共和国渔业法》《水产种质资源保护区管理暂行办法》等法律、法规、规章执行。水产种质资源保护区禁止新建排污口；在保护区附近新建、改建、扩建排污口，应当保证保护区水体不受污染。禁止在水产种质资源保护区内从事围湖造田、围海造地或围填海工程。 5. 禁止新建不符合国家产业政策的小型造纸、化学制浆、生皮制革、印染、染料、炼焦、炼硫、炼砷、炼汞、炼油、电镀、农药、石棉、水泥、玻璃、钢铁、火电以及其他严重污染水环境的生产项目。 6. 广州市建成区内不再新建危险化学品生产储存企业；禁止发展高于可接受风险水平的高环境风险行业，禁止引进技术含量不高、污染严重的高风险行业。 7. 流溪河流域内执行《广州市流溪河流域产业绿色发展规划（2016—2025年）》中禁止类项目	定》《水产种质资源保护区管理暂行办法》《广东省湿地保护条例》《广东省水污染防治条例》《广州市城市环境总体规划（2014—2030年）》《广州市流溪河流域产业绿色发展规划（2016—2025年）》
	限制开发建设活动的要求	1. 严格控制水污染严重地区和供水通道敏感区域的高耗水、高污染行业发展。 2. 流溪河流域内执行《广州市流溪河流域产业绿色发展规划（2016—2025年）》中限制类项目。 3. 水环境优先保护区和水质超标的水环境重点管控区严格控制高污染的涉水项目建设。 4. 水环境优先保护区上游相邻控制单元严格控制高污染、高风险的涉水工业项目。 5. 重点湖库控制单元严格控制氮磷排放较高的项目。 6. 在工业产业区块或工业集聚区外原则上不得新建、扩建和改建高污染、高环境风险的涉水工业项目，现有的该类项目限期退出或关停。 7. 水环境农业污染重点管控区依法科学划定畜禽、水产养殖禁养区，严格禁养区环境监管，加强对水产养殖区氮磷排放监管，水产养殖尾水符合水产养殖尾水排放标准。 8. 严格控制制浆造纸、印染、电镀（含配套电镀）、鞣革等排放重金属及有毒有害污染物的高污染项目建设。 9. 水环境重点管控区内，对于污水未纳入市政污水管网的区域，除重大项目和环保项目外，严格控制污水排放的建设项目。 10. 城市建成区和水环境优先保护区不得布局印染、制浆造纸、电镀、鞣革、冶炼、化工、炼油、发酵酿造、化肥、农药、畜禽养殖、屠宰等建设项目	《广州市水污染防治行动计划实施方案》《广州市流溪河流域产业绿色发展规划（2016—2025年）》《广东省东江水系水质保护条例》《广东省水污染防治条例》《南粤水更清行动计划（修订本）（2017—2020）》《广东省打赢农业农村污染治理攻坚战实施方案》《珠江三角洲环境保护一体化规划（2009—2020年）》

管控维度		管控要求	参考依据
空间布局约束	不符合空间布局要求活动的退出要求	1. 城市建成区内现有有色金属、造纸、印染、化工等污染较重的企业应有序搬迁改造或依法关闭。 2. 除满足国家或广东省重大战略外，原则上不再扩大石化、有色金属、非金属矿物质等产能。 3. 加快推进未完成"退二进三"任务企业的搬迁工作	《广州市环境保护第十三个五年规划》《广州市水污染防治行动计划实施方案》
污染物排放管控	工业废水污染控制措施要求	1. 严格控制水污染严重地区和供水通道敏感区域高耗水、高污染行业发展，新建、改建、扩建涉水建设项目实行主要污染物和特征污染物排放减量置换。新建、改建、扩建造纸、焦化、氮肥、有色金属、印染、农副食品加工、原料药制造、制革、农药、电镀建设项目实行主要污染物排放等量或减量置换。造纸、印染、制糖、啤酒等重点行业实施行业取水量和污染物排放总量协同控制，电力、纺织、造纸等高耗水行业达到先进定额标准。 2. 根据资源环境承载力与水环境质量目标等要求，合理规划工业布局，规范工业集聚区及其污水集中处理设施建设，引导工业企业入驻工业集聚区。 3. 排放工业废水的企业应当采取有效措施，收集和处理产生的全部生产废水。向工业集聚区污水集中处理设施或者城镇污水集中处理设施排放工业废水的，应当按照有关规定进行预处理，达到集中处理设施处理工艺要求后方可排放。 4. 含有毒有害水污染物的工业废水应当分类收集和处理，不得稀释排放。 5. 在国土开发密度已经较高、环境承载力开始减弱，或水环境容量较小、生态环境脆弱，容易发生严重水环境污染问题而需要采取特别保护措施的地区，应严格控制企业的污染排放行为，在上述地区的电镀、印染、制浆造纸、制革、石化等行业执行相应行业排放标准的水污染物特别排放限值	《中华人民共和国水污染防治法》《广东省水污染防治条例》《广东省水污染防治行动计划实施方案》《南粤水更清行动计划（修订本）（2017—2020）》《纺织染整工业水污染物排放标准》（GB 4287—2012）、《石油炼制工业污染物排放标准》（GB 31570—2015）、《石油化学工业污染物排放标准》（GB 31571—2015）、《制革及毛皮加工工业水污染物排放标准》（GB 30486—2013）、广东省地方标准《电镀水污染物排放标准》（DB 44/1597—2015）
	城镇污水污染控制措施要求	1. 2025 年基本实现城镇生活污水全收集全处理，城市建成区和水环境重点管控区污水处理设施的 COD、NH_3-N 进出水浓度差分别不低于 130 mg/L 和 13 mg/L。超标控制单元内城镇污水处理厂原则上全面执行《城镇污水处理厂污染物排放标准》（GB 18918—2002）一级 A 标准及广东省地方标准《水污染物排放限值》（DB 44/26—2001）的较严值。	《广东省水污染防治条例》《城镇排水与污水处理条例》《南粤水更清行动计划（修订本）（2017—2020）》

管控维度	管控要求	参考依据
污染物排放管控	城镇污水污染控制措施要求	2. 新建、改建和扩建城镇污水处理设施出水全面执行《城镇污水处理厂污染物排放标准》（GB 18918—2002）一级 A 标准及广东省地方标准《水污染物排放限值》（DB 44/26—2001）的较严值。 3. 提高城镇污水收集率和处理率。完善城镇污水管网建设，提高生活污水收集和处理能力，推进城镇污水处理厂污泥安全处置，2025 年全面实现城镇污水处理厂污泥无害化处理及规范化管理。加快推进现有污水处理设施配套管网建设，强化城中村、老旧城区和城乡接合部的污水截流收集，切实提高运行负荷。 4. 已实行雨污分流的区域，不得向雨水收集口、雨水管道排放污水。尚未实行雨污分流的区域，应当按照要求逐步进行雨污分流改造；难以改造的，应当采取沿河截污、调蓄和治理等措施，防止污染水环境。城镇新区建设严格实行雨污分流，重点推进超标控制单元初期雨水收集、处理和资源化利用。 5. 从事工业、建筑、餐饮、医疗、洗浴场所、洗衣店、农贸市场、洗车场、汽修厂、加油站等活动的企事业单位、个体工商户（简称排水户）向城镇排水设施排放污水的，应当按照污水排入排水管网许可证的要求排放污水。在城镇排水与污水处理设施覆盖范围外的排水户，应当自行收集和处理产生的生活污水，并达标排放	《广东省水污染防治条例》《城镇排水与污水处理条例》《南粤水更清行动计划（修订本）（2017—2020）》
	农业农村水污染控制措施要求	1. 强化农村生活污水治理，逐步提高广州市和流溪河流域等重点区域村庄生活污水治理水平，自然村基本实现雨污分流；2025 年，村庄生活污水治理率应进一步提高，基本实现村庄生活污水治理全覆盖。 2. 加快农村生活污水处理设施建设和农村雨污分流管网建设，农村生活污水排放执行广东省地方标准《农村生活污水处理排放标准》（DB 44/2208—2019）。根据水生态环境管理的需要，建议位于水环境优先管控区、水环境重点管控区的农村生活污水处理设施，执行广东省地方标准《农村生活污水处理排放标准》（DB 44/2208—2019）的水污染物特别排放限值。 3. 加强畜禽养殖污染防治，2025 年规模养殖场粪污处理设施装备配套率不低于 95%，畜禽粪污资源化利用率不低于80%；畜禽养殖户不得直接向水体排放未经处理的畜禽粪污、废水。 4. 加强农业面源污染治理，严格控制化肥农药施加量，主要农作物使用量实现负增长，化肥、农药利用率逐年提高。 5. 实施水产养殖池塘、近海养殖网箱标准化改造，严格控制近海养殖密度，实施养殖尾水达标排放或者资源化利用	《广东省水污染防治条例》《广东省农村生活污水治理攻坚实施方案（2019—2022 年）》、广东省地方标准《农村生活污水处理排放标准》（DB 44/2208—2019）、《广东省打赢农业农村污染治理攻坚战实施方案》

续表

管控维度		管控要求	参考依据
污染物排放管控	污染物允许排放量	1. 水环境超载单元根据水环境目标要求制定合理削减目标，加强排污许可监管。 2. 严格项目环境准入，加强环评事中事后监督评估，推进环境污染的源头控制。工业园区应建成污水集中处理设施并稳定达标运行，对废水分类收集、分质处理、应收尽收，禁止偷排漏排行为。 3. 新建冶金、电镀、化工、印染、原料药制造等工业企业（有工业废水处理资质且出水达到国家标准的原料药制造企业除外）排放的含重金属或难以生化降解废水以及有关工业企业排放的高盐废水，不得接入城市生活污水处理设施	《中华人民共和国水污染防治法》《关于印发城市黑臭水体治理攻坚战实施方案的通知》《广州市环境保护第十三个五年规划》
	现有源提标升级改造	1. 对化工、建材、轻工、印染、有色等传统制造业全面实施能效提升、清洁生产、节水治污、循环利用等专项技术改造。 2. 以建材、石化、有色金属、玻璃、燃煤锅炉、水泥、造纸、印染、化工、农副食品加工、原料药制造、制革、农药、电镀等行业为重点，通过升级改造生产工艺和环保设施等方式，实现工业稳定达标排放	《广州市环境保护第十三个五年规划》
		1. 鼓励纺织印染、石油化工、化工、发酵、电镀、电力、造纸等高耗水行业实施绿色化升级改造和废水深度处理回用，着力推进工业园区生态化建设。 2. 现有规模化畜禽养殖场（小区）逐步完善配套粪便污水贮存、处理、利用设施。新建、改建、扩建规模化畜禽养殖场（小区）必须采用干清粪、实施雨污分流以及粪便污水资源化利用。 3. 推广低毒、低残留农药使用补助试点经验，开展农作物病虫害绿色防控。实行测土配方施肥，推广精准施肥技术和机具	《广州市水污染防治行动计划实施方案》
	新增源等量或倍量替代	1. 严格控制水污染严重地区和供水通道敏感区域的高耗水、高污染行业发展，新建、改建、扩建涉工业废水的建设项目实行主要污染物和特征污染物排放减量置换。 2. 新建、改建、扩建造纸、焦化、氮肥、有色金属、印染、农副食品加工、原料药制造、制革、农药、电镀等重点行业企业建设项目实行主要污染物排放等量或减量置换。 3. COD 和 NH_3-N 未达到水环境质量改善目标的管控区内，新建、改建、扩建项目实施减量替代	《广州市水污染防治行动计划实施方案》

管控维度		管控要求	参考依据
环境风险防控	园区环境风险防控要求	1. 新建项目原则上进园入区,项目清洁生产应达到国内先进水平。 2. 规范园区建设,有序推进产业转移,大力开展园区环境整治,督促园区严格按照产业定位开发建设,注重区内企业合理布局,完善园区污染治理设施。 3. 新建、升级工业集聚区应同步规划、建设污水、垃圾集中处理等污染治理设施。园区外不满足治污要求的纺织印染、化工、机械、服装、皮革、电镀、皮具等分散企业,按照"先升级、再集中"的原则实施升级入园,对其中无法稳定达标的,依法实施停产治理和关停淘汰	《广州市环境保护第十三个五年规划》
	企业环境风险防控要求	加强工业污染源监督性监测,定期抽查排放情况。对超标、超总量的排污企业依法限制生产或停产整治,对整治仍不能达到要求且情节严重的企业依法提请地方政府责令停业关闭。达标企业应完善措施确保稳定达标	《广州市环境保护第十三个五年规划》
	区域联防联控	1. 提高广州市广佛跨界河流流域城镇建成区污水收集、处理水平。建立跨行政区域水污染联防联控机制,协同开展跨行政区域水污染防治工作,实施统一监测、共同治理、联合执法、应急联动,加强共享水生态环境信息,协调处理跨行政区域的水污染纠纷。 2. 生产、储存危险化学品的企事业单位,应当采取措施,防止在处理安全生产事故过程中产生的可能严重污染水体的消防废水、废液直接排入水体。化工、医药等生产企业和储存危险化学品的企事业单位,应当按照规定要求配备事故应急池等水污染应急设施,防止水污染事故的发生	《广州市水污染防治行动计划实施方案》《广东省水污染防治条例》《中华人民共和国水污染防治法》
资源利用效率要求	水资源利用效率要求	强化工业节水,推动产业结构调整、技术改造、推广节水设备,提高工业用水重复利用率,提高计量器具装备配率,发展咸水利用、中水回用和分质供水等;从推广生活节水器具、供水系统漏损控制、推广中水回用技术等方面着手,推动建立节水环保的生活方式和消费方式;开展农田标准化建设,推广渠道防渗技术和喷灌、微灌技术,农业种植结构调整以及水稻节水灌溉等,推进农业节水。鼓励全民参与节水减排,努力转变社会各界用水意识和用水方式	《广州市环境保护第十三个五年规划》

第 6 章 近岸海域环境质量现状及分区管控

6.1 近岸海域水环境质量现状分析

6.1.1 监测点位分布

广州市近岸海域共布设有 20 个海水水质监测站点,站点均匀分布且覆盖广州市浅海范围,站点分布情况如图 6-1 所示。

20 个监测站点数据由广州市海洋与渔业环境监测中心提供,监测频次为一年4 次,分别在 3 月、5 月、8 月、10 月进行采样分析,主要监测内容包括水温和盐度等水文要素以及无机氮、活性磷酸盐、石油类、COD$_{Mn}$、DO 和重金属等水质要素。

6.1.2 评价方法

1. 污染物超标计算

根据《近岸海域环境监测规范》《近岸海域环境监测技术规范》,采用单因子评价方法,使用逐级判定的方法得到各监测站点位评价指标的海水水质类别,计算公式如下:

$$P_i = C_i / s_i \tag{6-1}$$

式中,P_i——污染物 i 的污染指数;

C_i——污染物 i 的浓度,mg/L;

s_i——污染物 i 的环境质量标准,mg/L。

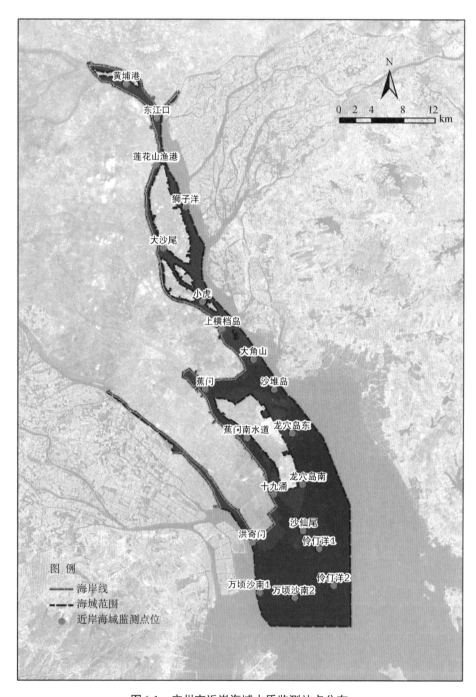

图6-1 广州市近岸海域水质监测站点分布

pH 污染指数的计算方法如下：

$$P_{\text{pH}} = \frac{7.0 - \text{pH}}{7.0 - \text{pH}_{\text{sd}}} \quad \text{pH} \leqslant 7.0 \qquad (6\text{-}2)$$

$$P_{\text{pH}} = \frac{7.0 - \text{pH}}{\text{pH}_{\text{su}} - 7.0} \quad \text{pH} \geqslant 7.0 \qquad (6\text{-}3)$$

式中，P_{pH}——pH 的污染指数；

　　pH_{sd}——pH 标准值下限；

　　pH_{su}——pH 标准值上限。

DO 污染指数的计算方法如下：

$$P_{\text{DO}} = \frac{\text{DO}_{\text{f}} - \text{DO}}{\text{DO}_{\text{f}} - \text{DO}_{\text{s}}} \qquad (6\text{-}4)$$

式中，P_{DO}——溶解氧的污染指数；

　　DO_{f}——某水温、气压条件下的饱和溶解氧浓度，mg/L，与海水的温度和盐度有关；

　　DO——溶解氧实测值，mg/L；

　　DO_{s}——溶解氧的评价标准限值，mg/L。

超标倍数的计算方法如下：

$$N_i = P_i - 1 \qquad (6\text{-}5)$$

式中，N_i——污染物 i 的超标倍数；

　　P_i——污染物 i 的污染指数。

2. 海水综合质量评价

根据《海水质量状况评价技术规程（试行）》，省级评价网格分辨率不低于 0.05×0.05，使用改进的距离反比例法对网格进行赋值，具体见下式：

$$Z(B) = \sum_{i=1}^{n} Z(X_i)\lambda_i \qquad (6\text{-}6)$$

式中，$Z（B）$——待赋值网格的浓度值，mg/L；

　　B——待赋值网格中心点；

　　$Z（X_i）$——实测点的浓度值，mg/L；

　　X_i——实测点；

　　λ_i——实测点的权重。

依据区域化变量的相关性，得到权重（λ_i）的确定方法，见下式：

$$\lambda_i = \frac{1}{d_i^4} / \sum_{i=1}^{n} \frac{1}{d_i^4}$$
$$（6\text{-}7）$$

式中，d_i——待赋值网格中心点和实测点间的距离，km。

依据《海水水质标准》（GB 3097—1997）对网格单要素质量等级进行判定，质量等级分为一类、二类、三类、四类和劣四类共 5 个等级。对各单要素等级的网格进行叠加比较，依据所有单要素中质量最差的等级确定网格的综合质量等级，分为清洁海域、较清洁海域、轻度污染海域、中度污染海域和严重污染海域 5 类。

6.1.3　近岸海域水质现状

根据以上评价方法对广州市近岸海域现状水质进行评价，得到的评价结果如图 6-2 所示。广州市近岸海域水质状况不容乐观，严重污染海域面积占比达到100%。2018 年广州市 20 个监测站点均超标，超标率为 100%，主要超标因子为无机氮。

6.2　近岸海域阶段控制水质目标

6.2.1　总体目标

广州市近岸海域环境质量底线与分区管控的基准年为 2018 年，目标年为2025 年，展望至 2035 年。以《广东省近岸海域污染防治实施方案（2018—2020年）》为依据，制定总体目标如下：

2025—2035 年广州市近岸海域水质稳中向好，2025 年在持续好转的基础上，全区达到四类水质，2030 年 60% 以上区域水质提升至三类，2035 年各区域水质全面达到海洋生态红线、海洋功能区划和近岸海域环境功能区划对水质的要求。

6.2.2　阶段控制目标

以 2018 年广州市近岸海域水质现状为基准，以改善近岸海域环境质量为导向，确保水质"只能更好、不能变差"。2025 年近岸海域水质持续向好，达到四

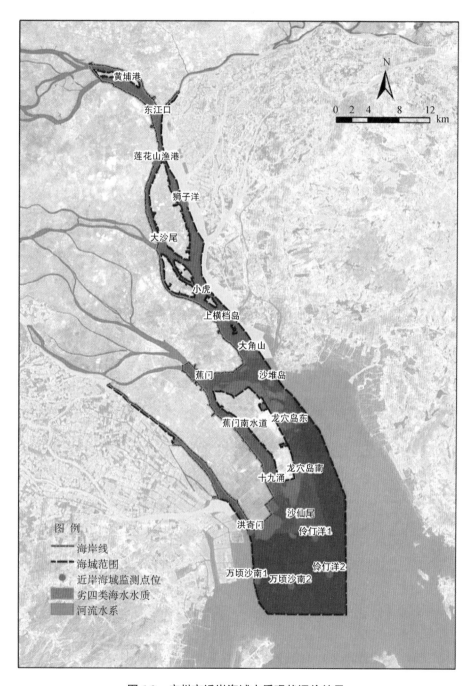

图6-2　广州市近岸海域水质现状评价结果

类水质，2035 年取《广东省海洋生态红线》《广东省海洋功能区划（2011—2020年）》《广东省近岸海域环境功能区划》三者目标中的较严值，2030 年目标按照2025 年与 2035 年的水质类别差距插值确定。根据广东省技术组下发的广东省重点河口海湾环境质量目标和广州市沿海近岸地表水单元水环境质量目标，广州市近岸海域监测点位阶段水质控制目标要求见表 6-1。

表 6-1　广州市近岸海域监测点位阶段水质控制目标要求

监测站位	2018 年水质类别	水质目标要求		
		2025 年目标	2030 年目标	2035 年目标
GD108	劣四类	四类	三类	二类
GD109	劣四类	四类	四类	四类
GD110	劣四类	四类	三类	二类
GD111	劣四类	四类	三类	二类
GD112	劣四类	四类	三类	二类
GD113	劣四类	四类	三类	二类
GD114	劣四类	四类	三类	二类
GD115	劣四类	四类	三类	二类
GD116	劣四类	四类	四类	四类
GD117	劣四类	四类	四类	四类
GD118	劣四类	四类	四类	四类

6.3　近岸海域环境管控分区

6.3.1　划分思路

根据生态环境部《关于印发〈"生态保护红线、环境质量底线、资源利用上线和环境准入负面清单"编制技术指南（试行）〉的通知》《关于印发〈区域空间生态环境评价工作实施方案〉的通知》以及广东省近岸海域水环境质量底线与分区管控技术方案的要求，近岸海域环境管控分区分为优先保护区、重点管控区和一般管控区，3 类分区空间上互不重叠且能实现近岸海域全覆盖。按照广东省技术组统筹划定并下发的近岸海域管控分区—地市进一步校核的方法，最终形成广州市近岸海域管控分区划定结果。

广东省技术组统筹全省沿海地市近岸海域环境分区管控的划定，具体思路如下：

1. 优先保护区

优先保护区主要根据《广东省海洋功能区划（2011—2020 年）》中的海洋保护区、《广东省海洋生态红线》的全部红线区以及《广东省海洋主体功能区划》的禁止开发区进行划定，对于空间上三种要素有所重叠的部分，在优先保护区中划定为独立的新要素。

2. 重点管控区

（1）《广东省海洋功能区划（2011—2020 年）》中的港口航运区、工业与城镇用海区、矿产与能源区。

（2）《广东省近岸海域环境功能区划》中的三类海水水质目标区（三类海水水质适用于一般工业用水区、滨海风景旅游区，《广东省近岸海域环境功能区划》无四类水质目标区）。

（3）按照《海水质量状况评价技术规程（试行）》，基于 2018 年监测数据分析结果为劣四类的区域。若空间上与优先保护区有重叠则去除重点管控区的重叠部分。

3. 一般管控区

一般管控区主要根据《广东省海洋功能区划（2011—2020 年）》中的农渔业区、旅游休闲娱乐区、保留区以及特殊利用区进行划定。若在空间上与划定的优先保护区、重点管控区有重叠则去除一般管控区的重叠部分。

6.3.2　近岸海域环境管控分区结果

广州市近岸海域共划分为 16 个管控分区，其中优先保护区 9 个，总面积为 96.57 km²，主要包括狮子洋—虎门—蕉门水道重要河口生态系统生态红线区、南沙坦头村红树林生态红线区、万顷沙重要滨海湿地生态红线区、上下横档岛自然景观与历史文化遗迹限制类红线区等区域，占全市海域面积的 42.62%；重点管控区 7 个，主要包括港口航运区、劣四类水质海域、近岸海域三类水质目标功能区，总面积为 130.00 km²，占全市海域面积的 57.38%；无一般管控区。广州市近岸海域管控分区如图 6-3 所示。

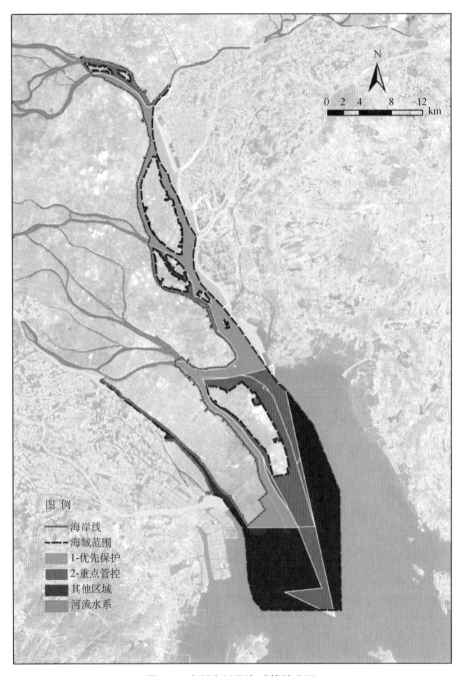

图例

—— 海岸线
- - - 海域范围
■ 1-优先保护
■ 2-重点管控
■ 其他区域
■ 河流水系

图6-3 广州市近岸海域管控分区

6.4 近岸海域管控要求

6.4.1 近岸海域优先保护区

广州市近岸海域共划定优先保护区 9 个，包括海洋自然保护区、海洋生态红线限制类红线区。

1. 海洋自然保护区

海洋自然保护区按照《中华人民共和国自然保护区条例》《国务院办公厅关于做好自然保护区管理有关工作的通知》的相关制度进行管理。自然保护区的核心区和缓冲区禁止开展任何形式的开发建设活动，无特殊原因，禁止任何单位和个人进入。自然保护区的实验区禁止进行捕捞、挖沙等活动，严格控制河流入海污染物排放，不得新增入海陆源工业直排口，控制养殖规模。

2. 海洋生态红线限制类红线区

海洋生态红线限制类红线区按照《广东省海洋生态红线》的相关制度进行管理。限制类红线区的总体要求包括禁止围填海；禁止采挖海砂；不得新增入海陆源工业直排口；严格控制河流入海污染物排放，海洋生态红线区陆源入海直排口污染物排放达标率达 100%；控制养殖规模，鼓励生态化养殖；对已遭受破坏的海洋生态红线区，实施整治修复措施，恢复原有生态功能；实行海洋垃圾巡查清理制度，高效清理海洋垃圾。

6.4.2 近岸海域重点管控区

广州市近岸海域共划定重点管控区 7 个，包括港口航运区、水质不达标区。

1. 港口航运区

港口航运区按照《广东省海洋功能区划（2011—2020 年）》的相关制度进行管理。加强港口岸线资源整合，优化并完善港口布局；保障港口用海需求，维护航路和锚地海域功能，保障航运安全；港口基础设施及临港配套设施集约高效利用岸线资源和海域空间；加强港口应急设施建设和海域水质监管，减小对邻近功能区主导功能的影响。

2. 水质不达标区

水质不达标区开展入海河流综合整治,规范入海排污口管理,控制陆源排放;加强沿海地区污染物排放控制,推进重点海域环境综合整治,实施污染物总量控制制度;加强船舶和港口污染防治,加强海水养殖污染防控,加强海洋污染控制;加强对近岸海域水质环境监测,强化陆源污染排海的联防联控。

广州市近岸海域环境总体管控要求见表6-2。

表6-2　广州市近岸海域环境总体管控要求

管控维度		管控要求	参考依据
空间布局约束	禁止开发建设活动的要求	1. 禁止在海洋生态红线区内实施不符合生态红线管控要求的各类海洋开发活动。禁止类红线区禁止围填海和一切损害海洋生态的开发行动;限制类红线区禁止围填海,在保护海洋生态的前提下,限制性地批准对生态环境没有破坏的公共或公益性涉海工程等项目。 2. 禁止在沿海陆域内新建不具备有效治理措施的化学制浆造纸、化工、印染、制革、电镀、酿造、炼油、岸边冲滩拆船以及其他严重污染海洋环境的工业生产项目	《中华人民共和国海洋环境保护法》《广东省海洋生态红线》
	限制开发建设活动的要求	1. 除国家重大战略项目外,全面停止新增围填海项目审批。 2. 开发利用海洋资源,应当根据海洋功能区划合理布局,严格遵守生态保护红线,不得造成海洋生态环境破坏。 3. 开发海岛及周围海域的资源,应当采取严格的生态保护措施,不得造成海岛地形、岸滩、植被以及海岛周围海域生态环境的破坏。 4. 在海洋自然保护区、重要渔业水域、海滨风景名胜区和其他需要特别保护的区域,不得新建排污口。在依法划定的海洋自然保护区、海滨风景名胜区、重要渔业水域及其他需要特别保护的区域,不得从事污染环境、破坏景观的海岸工程项目建设或者其他活动。 5. 海洋工程建设项目不得使用含超标准放射性物质或者易溶出有毒有害物质的材料。 6. 严格限制在半封闭海湾、河口海域兴建海岸工程、海洋工程建设项目;因防灾减灾等公共安全需要确需建设的,不得对水体交换、潮汐通道、行洪和通航安全造成严重影响,并在工程建设的同时采取严格的海洋环境保护和生态修复措施。 7. 严格控制围填海、占用自然岸线和河口滩涂围垦、圈围的建设项目,加强近岸海域建设项目环境准入管理,落实围填海、自然岸线、滩涂开发利用和生态保护红线管控要求。 8. 从严控制"两高一资"产业在沿海地区布局	《中华人民共和国海洋环境保护法》《广东省实施〈中华人民共和国海洋环境保护法〉办法》《广东省加强滨海湿地保护　严格管控围填海实施方案》《广东省近岸海域污染防治实施方案(2018—2020年)》

续表

管控维度		管控要求	参考依据
空间布局约束	不符合空间布局要求活动的退出要求	依法淘汰沿海地区污染物排放不达标或超过总量控制要求的产能。对不符合海洋主体功能定位的现有产业，促进产业退出或跨区域转移	《广东省海洋主体功能区划》《广东省近岸海域污染防治实施方案（2018—2020 年）》
污染物排放管控	允许排放量要求	1. 实施重点河口、海湾等重点海域污染物入海总量控制。 2. 通过排污许可严控沿海地区工业固定污染源排放，建设项目实施污染物排放等量或减量置换。 3. 在超过水质目标要求、封闭性较强的海域，实行新（改、扩）建项目主要污染物排放总量减量置换	《广东省近岸海域污染防治实施方案（2018—2020 年）》
	陆域污染排放控制	1. 向海域排放陆源污染物，必须严格执行国家或者地方的标准和有关规定。 2. 禁止向海域排放油类、酸液、碱液、剧毒废液和高、中水平放射性废水。严格限制向海域排放低水平放射性废水；确需排放的，必须严格执行国家辐射防护规定。严格控制向海域排放含有不易降解的有机物和重金属的废水。 3. 含病原体的医疗污水、生活污水和工业废水必须经过处理，符合国家有关排放标准后，方能排入海域。 4. 含有机物和营养物质的工业废水、生活污水，应当严格控制向海湾、半封闭海及其他自净能力较差的海域排放。 5. 向海域排放含热废水，必须采取有效措施，保证邻近渔业水域的水温符合国家海洋环境质量标准，避免热污染对水产资源的危害。 6. 沿海农田、林场施用化学农药，必须执行国家农药安全使用的规定和标准。 7. 在岸滩弃置、堆放和处理尾矿、矿渣、煤灰渣、垃圾和其他固体废物的，依照《中华人民共和国固体废物污染环境防治法》的有关规定执行。 8. 综合整治水质现状劣于Ⅴ类（地表水水质标准）以及水质不达标的入海河流，削减入海污染负荷。 9. 规范入海排污口设置，全面清理非法或设置不合理的入海排污口，推进集中排放和生态排放，污水离岸排放工程排污口的设置应当符合海洋功能区划和海洋环境保护规划，不得损害相邻海域的功能	《中华人民共和国海洋环境保护法》《防治海洋工程建设项目污染损害海洋环境管理条例》《广东省近岸海域污染防治实施方案（2018—2020 年）》《广东省海岸带综合保护与利用总体规划》
	海上污染源控制	1. 海水养殖应当科学确定养殖密度，并应当合理投饵、施肥，正确使用药物，防止造成海洋环境的污染。不得将海上养殖生产、生活废弃物弃置海域。提水式养殖场、种苗场对含病原体的养殖废水必须做无害化处理，符合国家有关排放标准后方可排入海域。	《中华人民共和国海洋环境保护法》《广东省实施〈中华人民共和国海洋环

管控维度		管控要求	参考依据
污染物排放管控	海上污染源控制	2. 船舶及有关作业活动应当遵守有关法律法规和标准,采取有效措施,防止造成海洋环境污染。 3. 来自有疫情港口的船舶,其垃圾、生活污水、压载水等污染物应当按规定向检验检疫部门申请处理。 4. 严格控制石油类污染物排放,强化港口污水处理与回用,集中处理港口、航道、船舶、海洋工程等的海上污染物。 5. 严格控制近岸海域倾倒,禁止在海上倾倒有毒有害物质。 6. 严格执行海洋油气勘探、开采中的环境管理要求	境保护法〉办法》《广东省沿海经济带综合发展规划(2017—2030年)》《广东省海岸带综合保护与利用总体规划》《广东省海洋功能区划(2011—2020年)》
	环境风险防控	1. 制订和完善陆域环境风险源、海上溢油及危险化学品泄漏、海洋环境灾害等对近岸海域有影响的应急预案,健全应急响应机制。 2. 装卸油类的港口、码头、装卸站和船舶必须编制溢油污染应急计划,并配备相应的溢油污染应急设备和器材。 3. 海洋石油勘探开发及输油过程中,必须采取有效措施,避免溢油事故的发生。 4. 引进海洋动植物物种,应当进行科学论证,避免对海洋生态系统造成危害	《中华人民共和国海洋环境保护法》《广东省近岸海域污染防治实施方案(2018—2020年)》
	资源利用效率要求	1. 工业与城镇用海区突出节约集约用海原则,合理控制规模,优化空间布局,提高海域空间资源的整体使用效能。 2. 港口航运区深化港口岸线资源整合,推进沿海港口规模化、专业化协调发展;港口基础设施及临港配套设施建设应集约高效利用岸线资源和海域空间。 3. 矿产与能源区严格控制近岸海域海沙开采的数量、范围和强度。 4. 旅游休闲娱乐区依据生态环境的承载力,合理控制旅游开发强度。 5. 严格控制近海捕捞强度,实行近海捕捞产量负增长政策,严格执行伏季休渔制度和捕捞业准入制度。 6. 科学利用海域空间,控制单个项目用海面积,制定不同行业单个用海项目面积标准,防止圈海占海和浪费海域资源。 7. 科学论证海上风电选址,规模化、集约化开发海上风电资源,单个海上风电场规划装机容量不低于 10 万 kw/16km^2	《广东省沿海经济带综合发展规划(2017—2030年)》《广东省海洋功能区划(2011—2020年)》《广东省海上风电发展规划(2017—2030年)》

第7章　大气环境质量底线及分区管控

7.1　技术路线

（1）收集现有空气质量数据、大气污染物排放清单、大气环境功能区划等核心数据，综合分析大气环境目前存在的问题、关键的影响因素等；

（2）确定 $PM_{2.5}$、O_3 及 NO_2 的阶段目标后，通过模型模拟手段、统计方法计算，分配允许排放量；

（3）划定大气环境管控分区，根据环境空气质量功能区，综合大气环境受体敏感区、布局敏感区、弱扩散区和高排放区等不同类型，识别出大气环境管控分区，按照广州市不同分区的实际给出分区的大气环境管控清单。大气环境质量底线及分区管控技术路线如图 7-1 所示。

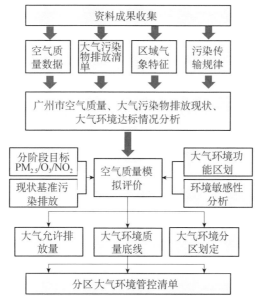

图7-1　大气环境质量底线及分区管控技术路线

7.2 空气质量特征分析

7.2.1 广州市环境空气质量监测能力

广州市域内有各类型空气质量监测站点 51 个,其中国控、省控监测站点 11 个,市级监测站点 40 个,包括 2 个路边站和 3 个对照点。自 2013 年起,广州市作为全国首批实行《环境空气质量标准》(GB 3095—2012)的 74 个重点城市之一,空气质量监测项目包括标准中的 SO_2、NO_2、PM_{10}、$PM_{2.5}$、CO 和 O_3 等 6 项污染物。广州市各区空气监测站点位统计见表 7-1。

表 7-1 广州市各区空气监测站点位统计

序号	行政区	国控/省控站/个	市控站/个	监测站总数/个	备注 (路边站/对照点)
1	荔湾区	1	2	3	黄沙路边(路边站)
2	越秀区	2	1	3	杨箕路边(路边站)
3	海珠区	2	2	4	
4	天河区	1	4	5	凤凰山(对照点)
5	白云区	1	6	7	帽峰山(对照点) 白云山(对照点)
6	黄埔区	2	4	6	
7	番禺区	1	5	6	
8	花都区	1	3	4	
9	南沙区	—	6	6	
10	从化区	—	2	2	
11	增城区	—	5	5	
	总计	11	40	51	

根据表 7-1,广州市中心城区内越秀区、荔湾区、海珠区、天河区分别拥有空气质量监测站点 3 个、3 个、4 个和 5 个,白云区、黄埔区、番禺区、花都区、南沙区、增城区和从化区分别拥有空气质量监测站点 7 个、6 个、6 个、4 个、6 个、

5 个和 2 个。广州市空气质量监测点及编号如图 7-2 所示, 广州市空气质量监测站点位信息见表 7-2。

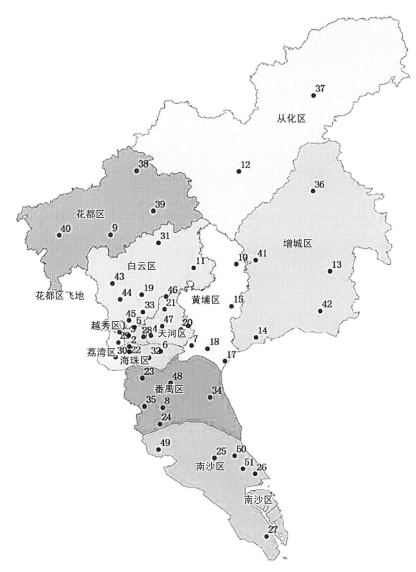

图7-2 广州市空气质量监测点及编号

表 7-2 广州市空气质量监测站点位清单

序号	行政区	名称	级别	序号	行政区	名称	级别
1	荔湾区	荔湾西村	国控/省控	27	南沙区	南沙新垦	市控
2	海珠区	海珠宝岗	国控/省控	28	越秀区	杨箕路边	市控（路边站）
3	越秀区	公园前	国控/省控	29	荔湾区	黄沙路边	市控（路边站）
4	天河	天河体育西	国控/省控	30	荔湾区	荔湾芳村	市控
5	越秀	越秀麓湖	国控/省控	31	白云	白云竹料	市控
6	海珠区	海珠赤沙	国控/省控	32	海珠区	海珠湖	市控
7	黄埔	黄埔大沙地	国控/省控	33	白云区	白云山	市控（对照点）
8	番禺	番禺市桥	国控/省控	34	番禺区	番禺亚运城	市控
9	花都区	花都新华	国控/省控	35	番禺区	番禺大夫山	市控
10	黄埔区	黄埔镇龙	国控/省控	36	增城区	增城派潭	市控
11	白云区	帽峰山	国控/省控（对照点）	37	从化区	从化良口	市控
12	从化	从化街口	市控	38	花都区	花都梯面	市控
13	增城区	增城荔城	市控	39	花都区	花都花东	市控
14	增城区	增城新塘	市控	40	花都区	花都赤坭	市控
15	黄埔区	黄埔永和	市控	41	增城区	增城中新	市控
16	黄埔区	黄埔科学城	市控	42	增城区	增城石滩	市控
17	黄埔区	黄埔西区	市控	43	白云区	白云江高	市控
18	黄埔区	黄埔文冲	市控	44	白云区	白云石井	市控
19	白云区	白云嘉禾	市控	45	白云区	白云新市	市控
20	天河区	天河奥体	市控	46	天河区	凤凰山	市控（对照点）
21	天河区	天河龙洞	市控	47	天河区	天河五山	市控
22	海珠区	海珠沙园	市控	48	番禺区	番禺南村	市控
23	番禺区	番禺大石	市控	49	南沙区	南沙榄核	市控
24	番禺区	番禺沙湾	市控	50	南沙区	南沙沙螺湾	市控
25	南沙区	南沙黄阁	市控	51	南沙区	南沙街	市控
26	南沙区	南沙蒲州	市控				

7.2.2　环境空气质量现状

1. 广州市空气质量总体情况

以广州市国控、省控监测站点数据为代表，基准年（2018 年）广州市空气质量达标天数为 294 d，达标天数比例为 80.5%，全年未出现重度及以上污染天气。2019 年，广州市环境空气质量持续向好，达标天数比例为 80.3%。2020 年，空气质量再次大幅提升，达标天数比例为 90.4%，空气质量达标天数为 331 d。2014—2020 年广州市空气质量分级情况见表 7-3，2018—2020 年广州市空气质量分级情况如图 7-3～图 7-5 所示。

表 7-3　2014—2020 年广州市空气质量分级情况

年份	达标天数比例/%	达标天数/d	空气质量分级/d					
			优	良	轻度污染	中度污染	重度污染	严重污染
2014	77.3	282	61	221	67	14	1	0
2015	85.5	312	103	209	43	10	0	0
2016	84.7	310	113	197	45	10	1	0
2017	80.5	294	75	219	62	7	2	0
2018	80.5	294	80	214	60	11	0	0
2019	80.3	293	93	200	60	12	0	0
2020	90.4	331	147	184	29	5	1	0

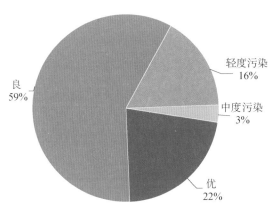

图 7-3　2018 年广州市空气质量分级

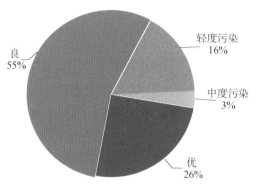

图7-4 2019年广州市空气质量分级

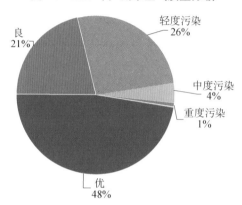

图7-5 2020年广州市空气质量分级

自 2013 年全面实施《环境空气质量标准》(GB 3095—2012)二级标准以来,广州市环境空气质量持续改善。基准年(2018 年)广州市环境空气质量 6 项指标中,$PM_{2.5}$、PM_{10}、SO_2 和 CO 年均浓度达标,NO_2 浓度超标 25%,O_3 浓度超标 9%。2020 年,广州市环境空气质量 6 项指标全部满足《环境空气质量标准》(GB 3095—2012)二级标准要求。2014—2020 年广州市各大气监测指标变化情况见表 7-4。

表 7-4 2014—2020 年广州市各大气监测指标变化情况

污染物	SO_2/ ($\mu g/m^3$)	NO_2/ ($\mu g/m^3$)	PM_{10}/ ($\mu g/m^3$)	$PM_{2.5}$/ ($\mu g/m^3$)	O_3/ ($\mu g/m^3$)	CO/ (mg/m^3)
标准值	60	40	70	35	160	4
2014 年	17	48	67	49	—	—
2015 年	13	47	59	39	—	—
2016 年	12	46	56	36	155	1.3

续表

污染物	SO₂/ （μg/m³）	NO₂/ （μg/m³）	PM₁₀/ （μg/m³）	PM₂.₅/ （μg/m³）	O₃/ （μg/m³）	CO/ （mg/m³）
2017 年	12	52	56	35	162	1.2
2018 年	10	50	54	35	174	1.2
2019 年	7	45	53	30	178	1.2
2020 年	7	36	43	23	160	1.0

注：O_3 为日均 8 h 滑动平均最大值的第 90 百分位浓度；CO 为日均值的第 95 百分位浓度。

采用污染物负荷系数分析广州市大气污染物总体变化趋势，识别大气污染中相对占比较高的污染物质，重点分析 2018—2020 年的 6 项污染物浓度变化，结果表明综合污染指数处于中度污染水平，颗粒物为首要污染物。2020 年，综合污染指数降至 3.54，仍以大气复合型大气污染为主。2016—2020 年广州市大气污染物负荷系数见表 7-5。

大气污染物负荷系数为

$$F_i = \frac{P_i}{P}, \quad P = \sum_{i=1}^{n} P_i, \quad P_i = \frac{C_i}{C_{i0}} \tag{7-1}$$

式中，F_i——第 i 项空气污染物负荷系数；

P——空气综合污染指数；

P_i——第 i 项空气污染物分指数；

C_i——第 i 项空气污染物监测值，$\mu g/m^3$；

C_{i0}——第 i 项空气污染物环境质量标准，$\mu g/m^3$；

n——空气污染物的项数。

表 7-5   2016—2020 年广州市大气污染物负荷系数

年份		2016	2017	2018	2019	2020
污染 指数	SO₂	0.20	0.20	0.17	0.12	0.12
	NO₂	1.15	1.30	1.25	1.13	0.90
	PM₁₀	0.80	0.80	0.77	0.76	0.61
	PM₂.₅	1.03	1.00	1.00	0.86	0.66
	O₃	0.97	1.01	1.09	1.11	1.00
	CO	0.33	0.30	0.30	0.30	0.25
综合污染指数		4.48	4.61	4.58	4.28	3.54

注：O_3 为日均 8 h 滑动平均最大值的第 90 百分位浓度的污染负荷系数；CO 为日均值的第 95 百分位浓度的污染负荷系数。

2. 不同类型监测站点对照

对广州市 10 个国控/省控一般监测站、36 个市级一般监测站、2 个路边站和 3 个对照点等 4 种类型的空气质量进行对比分析，结果表明路边站各监测指标明显高于一般空气质量监测站；空气质量对照点由于位于中心城区内，所有对照点 O_3 浓度处于区域最高水平。

路边站各监测指标明显高于一般空气质量监测站，但 O_3 监测指标处于较低水平。研究基准年（2018 年）路边站的 NO_2 年均浓度为 74 μg/m³，分别是国控/省控站、市控站和对照点监测值的 1.42 倍、1.83 倍和 2.90 倍；路边站的 PM_{10} 年均浓度为 84 μg/m³，分别是国控/省控站、市控站和对照点监测值的 1.50 倍、1.59 倍和 1.93 倍；路边站的 $PM_{2.5}$ 年均浓度为 39 μg/m³，分别是国控/省控站、市控站和对照点监测值的 1.11 倍、1.18 倍和 1.27 倍；路边站的 O_3 年均浓度为 125 μg/m³，国控/省控站、市控站和对照点的监测值分别为 156 μg/m³、154 μg/m³ 和 164 μg/m³，路边站的 O_3 浓度处于区域较低水平。2017 年和 2018 年广州市不同类型监测站点对比如图 7-6 所示。

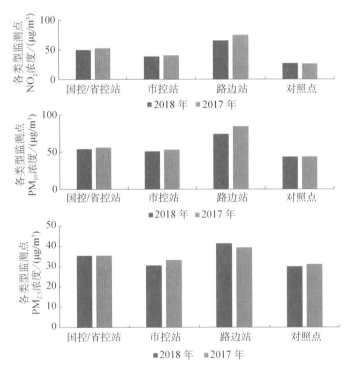

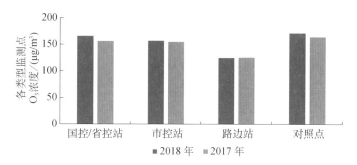

图7-6　2017年和2018年广州市不同类型监测站点对比

3. 各行政区环境空气质量

2018 年，以环境空气质量综合指数评价，广州市 11 个行政区中，从化区、南沙区、增城区空气质量较好；荔湾区、越秀区、海珠区空气质量相对较差。2018年广州市与各行政区空气质量综合指数如图 7-7 所示。2018 年广州市与各行政区环境空气质量主要指标见表 7-6。

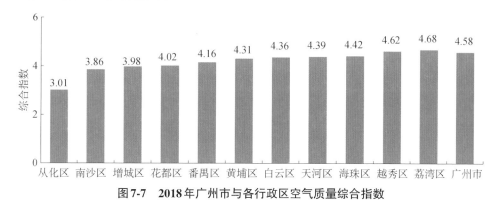

图7-7　2018年广州市与各行政区空气质量综合指数

（1）PM$_{2.5}$浓度：从化区、南沙区浓度较低，荔湾区、越秀区浓度较高；与 2017年相比，从化区、番禺区下降幅度较大，越秀区浓度有所上升。

（2）PM$_{10}$浓度：从化区、增城区浓度较低，黄埔区、白云区浓度较高；与 2017年相比，番禺区、荔湾区等 9 个区浓度有所下降，从化区、增城区浓度持平。

（3）NO$_2$浓度：从化区、增城区浓度较低，荔湾区、越秀区浓度较高；与 2017年相比，南沙区、番禺区浓度下降幅度较大，黄埔区、增城区浓度有所上升。

（4）O$_3$浓度：荔湾区、从化区浓度较低，增城区、花都区浓度较高；与 2017年相比，南沙区下降，其余各区均上升，增城区、天河区升幅较大。

表 7-6　2018 年广州市与各行政区环境空气质量主要指标

排名	行政区	综合指数	达标天数比例/%	PM$_{2.5}$浓度/（μg/m³）	PM$_{10}$浓度/（μg/m³）	NO$_2$浓度/（μg/m³）	O$_3$浓度/（μg/m³）	SO$_2$浓度/（μg/m³）	CO浓度/（mg/m³）
1	从化区	3.01	92.3	20	36	21	154	12	1.0
2	南沙区	3.86	87.1	28	48	35	162	11	1.2
3	增城区	3.98	81.9	34	47	30	177	11	1.2
4	花都区	4.02	81.1	31	49	35	175	11	1.1
5	番禺区	4.16	83.8	31	50	39	169	12	1.3
6	黄埔区	4.31	86.6	31	60	44	156	12	1.1
7	白云区	4.36	83.6	33	56	47	159	9	1.2
8	天河区	4.39	80.3	31	49	51	171	9	1.2
9	海珠区	4.42	83.8	34	55	47	160	11	1.2
10	越秀区	4.62	80.5	36	53	54	161	9	1.3
11	荔湾区	4.68	81.4	38	55	55	152	9	1.3
	广州市	4.58	80.5	35	54	50	174	10	1.2

注：1. 广州市数据为 10 个国控点统计值，其余各行政区内为各区监测点数据。
　　2. CO 为第 95 百分位浓度，O$_3$ 为第 90 百分位浓度。

4. 大气环境质量空间分布

2018 年，以广州市 51 个环境空气监测站监测数据为基础，通过空间差值得到 SO$_2$、NO$_2$、PM$_{10}$、PM$_{2.5}$、O$_3$ 和 CO 等 6 项污染物的空间分布特征，如图 7-8～图 7-13 所示。

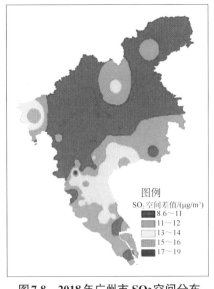

图 7-8　2018 年广州市 SO$_2$空间分布

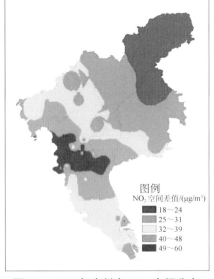

图 7-9　2018 年广州市 NO$_2$空间分布

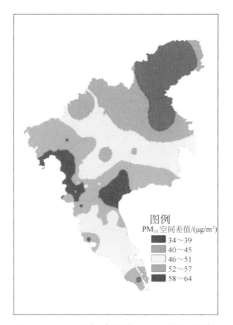

图7-10　2018年广州市 PM₁₀空间分布

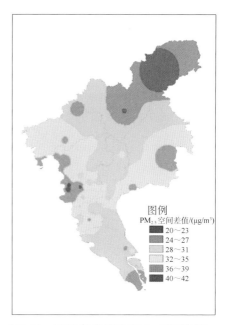

图7-11　2018年广州市 PM₂.₅空间分布

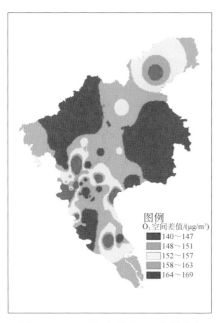

图7-12　2018年广州市 O₃空间分布

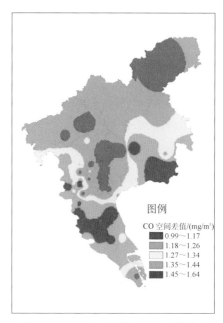

图7-13　2018年广州市 CO 空间分布

7.2.3 空气质量演变趋势

自 2013 年全面实施《环境空气质量标准》（GB 3095—2012）二级标准以来，广州市环境空气质量持续改善，2014—2020 年，广州市空气质量达标天数由 282 d 提高至 311 d，达标天数比例由 77.3%提高至 90.4%。2013—2020 年，广州市空气质量达标天数变化如图 7-14 所示。

图7-14　2013—2020年广州市空气质量达标天数变化

1. PM$_{2.5}$ 浓度

2019 年，广州市环境空气中 PM$_{2.5}$ 年均浓度为 30 μg/m^3，2017—2019 年连续 3 年达到《环境空气质量标准》（GB 3095—2012）标准限值（35 μg/m^3）的要求。将 2014 年监测数据换算为参比状态，则 2014—2019 年累计降低 33.8%。2020 年，PM$_{2.5}$ 年均浓度降低至 23 μg/m^3。2013—2020 年广州市 PM$_{2.5}$ 年均浓度如图 7-15 所示。

图7-15　2013—2020年广州市 PM$_{2.5}$年均浓度

2. PM₁₀浓度

2019 年，广州市环境空气中 PM₁₀ 年均浓度为 53 μg/m³，达到《环境空气质量标准》（GB 3095—2012）标准限值（70 μg/m³）的要求。将 2014 年监测数据换算为参比状态，则 2014—2019 年累计降低 14.5%。2020 年，PM₁₀ 年均浓度降低至 43 μg/m³。2013—2020 年广州市 PM₁₀ 年均浓度如图 7-16 所示。

图 7-16　2013—2020 年广州市 PM₁₀ 年均浓度

3. NO₂浓度

2019 年，广州市环境空气中 NO₂ 年均浓度为 45 μg/m³，超过《环境空气质量标准》（GB 3095—2012）标准限值（40 μg/m³）的 12.5%，分别比 2017 年和 2018 年相比下降 7 μg/m³（下降 13.5%）和 5 μg/m³（下降 10.0%）。2020 年，NO₂ 年均浓度降低至 36 μg/m³。2013—2020 年广州市 NO₂ 年均浓度如图 7-17 所示。

图 7-17　2013—2020 年广州市 NO₂ 年均浓度

4. O₃浓度

2019 年，广州市环境空气中 O₃ 第 90 百分位浓度为 178 μg/m³，超过《环境空气质量标准》（GB 3095—2012）标准限值（160 μg/m³）的要求，相比 2016 年、2017 年和 2018 年分别上升了 23 μg/m³、16 μg/m³ 和 4 μg/m³。截至 2020 年，O_3 第 90 百分位浓度为 160 μg/m³，满足标准限值要求。2016—2020 年广州市 O_3 第 90 百分位浓度如图 7-18 所示。

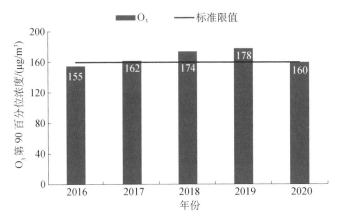

图 7-18　2016—2020 年广州市 O_3 第 90 百分位浓度

5. SO_2 浓度

2019 年，广州市环境空气中 SO_2 年均浓度为 7 μg/m³，达到《环境空气质量标准》（GB 3095—2012）标准限值（60 μg/m³）的要求。2014—2019 年 SO_2 年均浓度处于较低水平且呈逐年下降趋势。2020 年，SO_2 年均浓度降低至 7 μg/m³。2014—2020 年广州市 SO_2 年均浓度如图 7-19 所示。

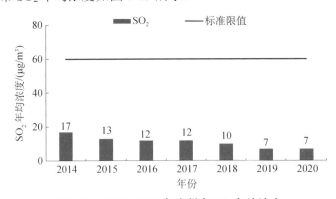

图 7-19　2014—2020 年广州市 SO_2 年均浓度

6. CO 浓度

2018 年，广州市环境空气中 CO 第 95 百分位浓度为 1.2 mg/m³，达到《环境空气质量标准》（GB 3095—2012）标准限值（4 mg/m³）的要求，2016—2020 年 CO 浓度处于较低水平且持续下降。到 2020 年，CO 第 95 百分位浓度为 1.0 mg/m³。2016—2020 年广州市 CO 第 95 百分位浓度如图 7-20 所示。

图 7-20   2016—2020 年广州市 CO 第 95 百分位浓度

7.2.4   主要大气环境问题

2020 年，广州市整体空气质量较好，优良天数比例达到 90.4%，重度及以上污染天数基本消除，在全国重点城市中处于前列。SO_2、NO_2、PM_{10}、$PM_{2.5}$ 的年均值分别为 7 μg/m³、36 μg/m³、43 μg/m³ 和 23 μg/m³，分别占《环境空气质量标准》（GB 3095—2012）二级标准的 12%、90%、61% 和 66%；CO 和 O_3 的百分位浓度值分别为 1.0 mg/m³ 和 160 μg/m³，分别占二级标准的 250% 和 100%。

历年空气质量监测数据表明，广州市面临的 SO_2、CO 等煤烟型污染已基本消除；PM_{10}、$PM_{2.5}$ 等颗粒物污染降低幅度逐渐减小，继续改善难度增大；NO_2、O_3 等光化学污染有升高趋势，已成为现阶段广州市大气环境质量面临的首要问题。

7.3   气象条件分析

7.3.1   气象条件概况

广州市地处南亚热带地区，气候属南亚热带海洋季风气候。由于背山面海，海洋性气候特征特别显著,具有温暖多雨、光热充足、温差较小、夏季长、霜期短等气候特征。季风气候突出,冬夏季风的交替是广州季风气候突出的特征。冬季的偏北风因极地大陆冷气团向南伸展而形成,天气较干燥和寒冷;夏季偏南风因热带海洋暖气团向北扩张而形成,天气多温热潮湿。夏季风转换为冬季风一般在每年9月,而冬季风转换为夏季风一般在每年4月。全年中,4—6月为雨季,8—9月天气炎热、多台风,10—12月气温适中。秋冬季为旱季,降水少,空气质量较差。

7.3.2　区域气象流场特征

珠江三角洲各代表月多年平均风向如下。一般当年10月至翌年2月为冬季风,4—8月为夏季风,3月与9月为风向过渡月。珠江三角洲以珠江伶仃洋河道为界,分为东西两岸,东岸主体为东江谷地;而西岸又以中山—高鹤一线分为珠江三角洲西南部与珠江三角洲中北部两部分,西岸西南部为潭江谷地,中北部为西江、北江平原。以1月代表冬季,东岸东部与西岸西南盛行东北风,其他区域盛行北风;以7月代表夏季,除了西南一隅的开平、恩平盛行南风外,其他大部分区域以东南风为主。4月、9月的风向类似7月与1月,只是风向稍混乱。总体来说,东西向的东江谷地多盛行偏东气流;西岸西南部有南与西南走向的河道,冬夏盛行南北向风系;中部地势地平,冬季为北风,夏季为东南风,反映区域背景风向的变化;地面风向受制于地形,但总体与区域背景风系一致。

珠江三角洲无论是从单个城市还是从整个城市群尺度来看,风速均较低,空间上整体呈现出风速南高北低,中间高、两侧低;风速在珠江三角洲南部沿海为3 m/s,向北降低,到北部从化、四会风速降低为1 m/s;以上川岛为高风速的中心,形成上川岛—高鹤—三水组成的高风速轴,风速达到2.5 m/s左右,并向两侧降低;广州—从化—四会—高要为低风速带,风速约为1 m/s。

7.3.3　广州市气象流场特征分析

根据广州市气象局对市域范围内5个国家级气象站(站点清单见表7-7)多年的长周期气象数据以及170个地面站和107个楼顶站的数据,分析广州市市域范围内在夏季、冬季和全年情况下的气象流场特征,具体如下。

表 7-7　广州市 5 个国家级气象站点清单

站点名	区站号	地址
花都站	59284	广州市花都区新华街平石路以南三东村矮脚岭，花都国家气象观测站
从化站	59285	广州市从化区江埔街环市东路 828 号，从化国家气象观测站
广州站	59287	广州市黄埔区水西村长平坳山头，广州国家基本气象站
增城站	59294	增城区荔城街棠村蟹仔塘山，增城国家基准气候站
番禺站	59481	广州市番禺区沙头街横江村景观大道 5 号，番禺国家气象观测站

1. 夏季气象流场特征

夏季广州市总体以东南风为主。南部区域以沿珠江的东南风为主，东部增城区顺东江河谷的偏南风，中北部同时受河流和地形影响，风向相对较为混乱。地面站与楼顶站相比，楼顶站受地形效应的影响减小，区域内东南风的出现概率更大。广州市夏季主导风场分析如图 7-21 所示。

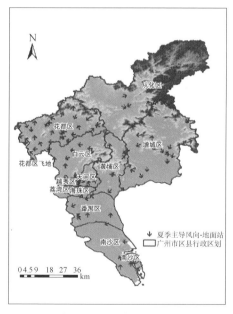
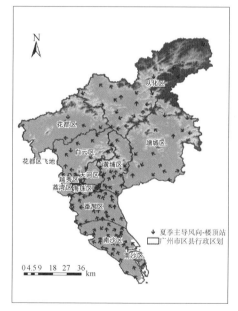

a. 夏季全市地面站主导风场分析　　b. 夏季全市楼顶站主导风场分析

图 7-21　广州市夏季主导风场分析

广州市南部的番禺站出现较强的东南风；花都站同时受珠江和北部山脉影响，以东南偏南风为主；位于黄埔区的广州站与珠江走势较为吻合，以东南风为主；

增城站呈现出顺增江河谷的正南正北风；北部从化站根据地形走势，以东南风和西南风为主。广州市夏季5个国控站风玫瑰图如图7-22所示。

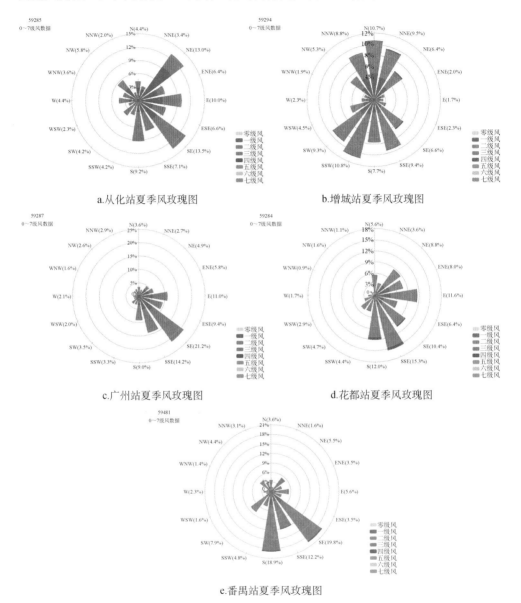

a.从化站夏季风玫瑰图　　　　　b.增城站夏季风玫瑰图

c.广州站夏季风玫瑰图　　　　　d.花都站夏季风玫瑰图

e.番禺站夏季风玫瑰图

图7-22　广州市夏季5个国控站风玫瑰图

夏季广州市南部风速较强，风速为 2～3 m/s，由南向北风速依次减弱，其中广州市中部山脉和从化区北部山区的风速相对较小，低于 1 m/s。楼顶站风速相对略大于地面站监测结果，南部番禺区、南沙区风速为 2～3 m/s，中部白云区和黄埔区交界处、白云区与佛山市交界处两处地方风速为 2～3 m/s。广州市夏季平均风场分布示意如图 7-23 所示。

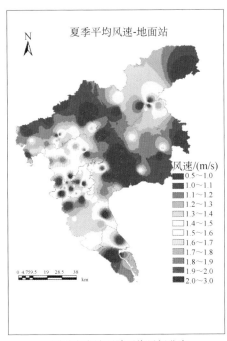

a.夏季全市地面站平均风场分布　　　　　b.夏季全市楼顶站平均风场分布

图7-23　广州市夏季平均风场分布示意

2. 冬季气象流场特征

冬季广州市总体以正北风为主，其中广州市北部受地形影响，以顺地势走向的偏北风为主，中南部以正北风为主。地面站与楼顶站相比，楼顶站受地形效应的影响减小，北风概率更大。冬季主导风场分析如图 7-24 所示。

广州市番禺站、广州站、花都站和增城站均出现较强的北风和偏北风；从化站受地形影响，以正北风和西北风为主。广州市冬季 5 个国控站风玫瑰图如图 7-25 所示。

冬季广州市整体风速较强，区域整体风速为 2～3 m/s，广州市中部山脉和从化区北部山区的地面站风速相对较小，低于 1 m/s；楼顶站风速相对略大于地面站，南部番禺区和南沙区、中部中心城区、增城区东部风速为 2～3 m/s，中部从化区和增城区交界处、从化区北部等山区区域的风速低于 1 m/s。广州市冬季平均风场分布示意如图 7-26 所示。

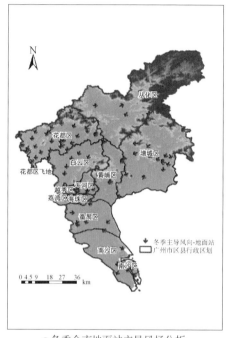

a.冬季全市地面站主导风场分析   b.冬季全市楼顶站主导风场分析

图7-24　广州市冬季主导风场分析

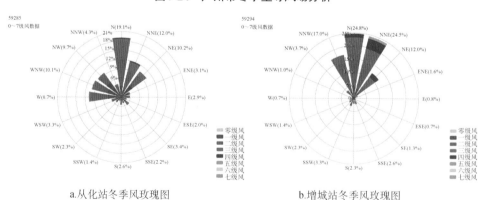

a.从化站冬季风玫瑰图   b.增城站冬季风玫瑰图

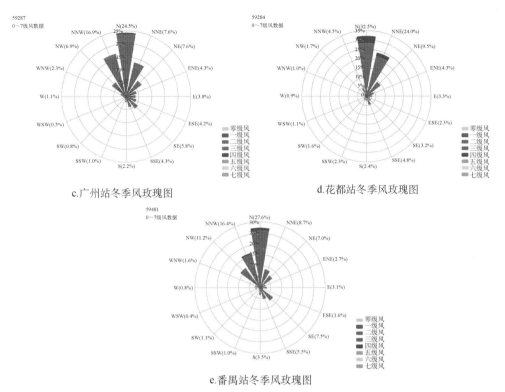

c.广州站冬季风玫瑰图　　　　　　　d.花都站冬季风玫瑰图

e.番禺站冬季风玫瑰图

图7-25　广州市冬季5个国控站风玫瑰图

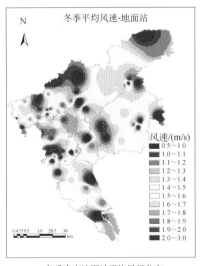

冬季全市地面站平均风场分布

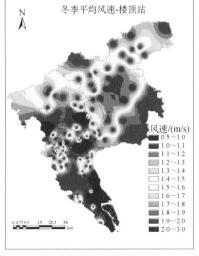

冬季全市楼顶站平均风场分布

图7-26　广州市冬季平均风场分布示意

3. 全年气象流场特征

广州市全年总体以北风和东南风为主,其中广州市北部北风出现概率较大,南部以东南风为主;地面站与楼顶站空间特征相似,楼顶站受地形效应的影响减小。广州市全年主导风场分析如图 7-27 所示。

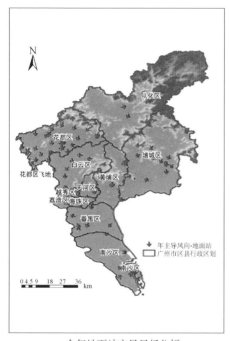

a.全年地面站主导风场分析　　　　　　　　b.全年楼顶站主导风场分析

图7-27　广州市全年主导风场分析

广州市全年番禺站和广州站以东南风和北风为主,花都站和增城站以北风和偏北风为主;从化站受地形影响,以正北风和偏北风为主。广州市全年 5 个国控站风玫瑰图如图 7-28 所示。

广州市全年风速整体较低,区域整体风速为 1~2 m/s,广州市中部山脉和从化区北部山区的地面站风速相对较小,低于 1 m/s;南部番禺区和南沙、中部中心城区、增城区东部风速为 2~3 m/s。广州市全年平均风场分布示意如图 7-29 所示。

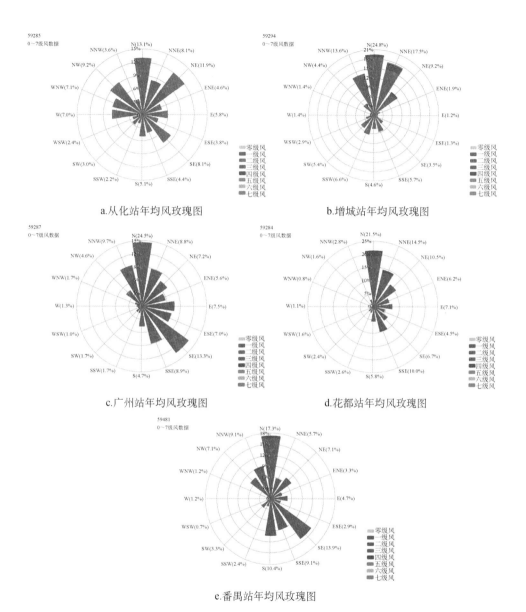

a.从化站年均风玫瑰图

b.增城站年均风玫瑰图

c.广州站年均风玫瑰图

d.花都站年均风玫瑰图

e.番禺站年均风玫瑰图

图7-28 广州市全年5个国控站风玫瑰图

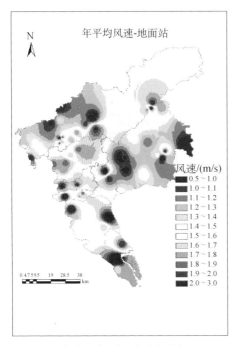

a.全年地面站平均风场空间分布   b.全年楼顶站平均风场空间分布

图7-29 广州市全年平均风场分布示意

7.3.4 广州市热岛效应分析

根据广州市气象局采用卫星遥感数据反演得到的城市热岛强度空间变化情况，广州市热岛效应主要呈现出以下特点：

（1）传统的广州市中心城区（越秀区、荔湾区、天河区、海珠区）是热岛密集分布的地区，这些地区是传统的行政区、商业区和工业区，建筑密集，人口集中，人为热源高度聚集，热岛效应明显。

（2）广州市新城区（番禺区、天河区、花都区、黄埔区）靠近中心城区的地带，热岛分布范围也很大，这些地区是中心城区产业和人口迁移、辐射的重要地带，近年来该区域新建了大量的工商业区和住宅，大量人口从中心城区涌入该区域，人为热源的强度不断扩大，形成新的热岛区。

（3）增城区、从化区、南沙区等外围区的行政中心、街镇行政中心及附近也有零星的热岛分布，这些地区也是当地建筑和人口相对密集的地区，形成局部热岛效应。

对广州市内的热岛强度进行空间分级，热岛效应集中的区域包括：（1）中心城区内珠江沿岸区域；（2）南部南沙区、番禺区城市建设集中区；（3）花都区和白云区内沿河谷的城镇建设集中区；（4）北部从化区城区范围。广州市热岛效应空间分布如图 7-30 所示。

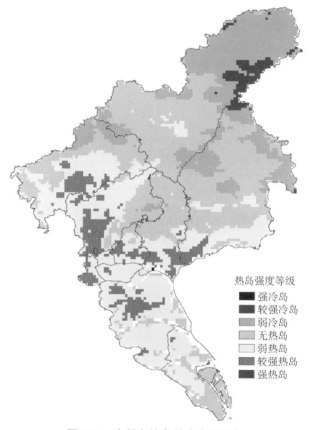

热岛强度等级
强冷岛
较强冷岛
弱冷岛
无热岛
弱热岛
较强热岛
强热岛

图 7-30　广州市热岛效应空间分布

7.3.5　广州市通风廊道分析

1. 广州市市域通风廊道

根据《广州市国土空间总体规划（2018—2035 年）》（草案）的要求为提升气候舒适性，广州市规划建设了 6 条市域通风廊道，要求避免屏风式建筑布置，控制主要入风口建设增量，以形成有利于通风与清洁空气流通的空间环境，广州市市域通风廊道如图 7-31 所示。广州市市域通风廊道主要包括：

（1）洪奇沥水道—珠江西航道主风廊；

（2）蕉门水道—南沙港快速—珠江前后航道主风廊；

（3）虎门水道—帽峰山主风廊；

（4）新塘—九龙大道主风廊；

（5）正果—钟落潭—白坭河主风廊；

（6）流溪河主风廊。

图7-31 广州市市域通风廊道

2. 广州市中心城区通风廊道

广州市气象局基于城市背景风环境分析、地表通风潜力评估、城市热岛效应和生态冷源评估等成果，充分利用现有城市建设格局下地表通风潜力较大的区域进行串联、保护和修复,构建了城市集中建设区主、次两级通风廊道系统。其中,中心城区总计规划 4 条东南至西北方向的一级通风廊道和 6 条南北走向的一级通风廊道;中心城区共规划 3 条东南至西北方向的二级通风廊道和 4 条南北走向的二级通风廊道。广州市中心城区一级通风廊道见表 7-8,广州市中心城区二级通风廊道见表 7-9,广州市中心城区通风廊道如图 7-32 所示。

表 7-8 广州市中心城区一级通风廊道

方向	序号	廊道名称
东南至西北方向一级通风廊道	1	滴水岩森林公园—东新高速—南浦岛西部—珠江（鹤洞大桥—沙面—珠江大桥西桥）—兴联村公园—花地河
	2	番禺大道—洛溪岛中部—东晓南路—晓港公园
	3	大学城（岭南印象园—中心湖公园）—官洲岛—仓头立交—黄埔冲—广州塔—东山湖
	4	莘汀公园—大学城苗圃培育基地—大海口围—大围公园—广州会展公园—珠江—花城广场—广州动物园
南北走向一级通风廊道	1	广铁路/石井河—珠江—塞坝口—五眼桥—九亩地—广州环城高速
	2	机场高速—机场立交—解放路—海珠广场
	3	沙河—广州大道（中山一立交）—二沙岛东部—广州大道南—上涌果树公园/海珠湖公园—三滘立交—洛溪岛中部—长隆公园西部
	4	火炉山（华南植物园）—华南快速—万亩果园—瀛洲生态公园—番禺大道
	5	火炉山—科韵路—琶洲大桥—仓头立交—南沙港快速
	6	大观路（北路—中路—南路）—广州环城高速—珠江—瀛洲生态公园

表 7-9 广州市中心城区二级通风廊道

方向	序号	廊道名称
东南至西北方向二级通风廊道	1	东沙大道—芳村大道
	2	三滘立交—工业大道
	3	新港东路
南北走向二级通风廊道	1	京广铁路南延线至广州西站—中山八路立交—珠江
	2	麓湖—东豪涌高架路—晓港公园—东晓南路
	3	燕岭路—禺东西路—先烈路（广州动物园—黄花岗）—广州起义烈士陵园
	4	燕岭公园—CBD 中轴线—广州塔

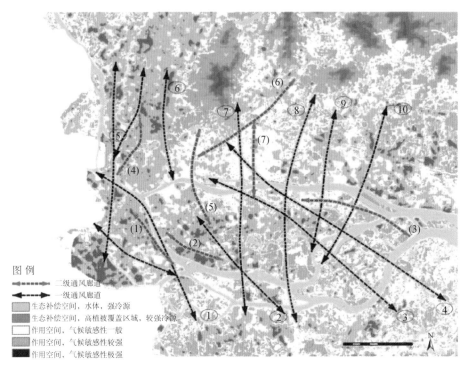

图7-32 广州市中心城区通风廊道

7.4 污染排放特征分析

7.4.1 污染源测算方法

基于2017年、2018年广州市生态环境局大气污染排放清单测算成果,广州市大气污染源包括化石燃料固定燃烧源、工艺过程源、道路移动源、非道路移动源、溶剂使用源、农业源、扬尘源、生物质燃烧源、储存运输源、废物处理源、其他排放源,测算方法具体如下:

1. 化石燃料固定燃烧源测算

化石燃料固定燃烧源包括电力生产、热力生产和供应、采矿和制造业、民用源等4类。化石燃料固定燃烧源活动水平信息包括排污设施的经纬度、燃料类型、锅炉类型、燃料消耗量、污染控制设施类型等。其中,电力生产需获取发电机组装机容量信息;燃煤锅炉需获取燃煤灰分和硫分信息,民用源需获取分能源品种能源消费量信息。化石燃料固定燃烧源活动水平信息来源情况见表 7-10。

表 7-10　化石燃料固定燃烧源活动水平信息来源情况

部门/行业	活动水平信息	来源
电力生产、热力生产和供应、采矿和制造业	排污设施的经纬度	环境统计数据、广州市在用锅炉信息、电话调研结果
	燃料类型	
	锅炉类型	
	燃料消耗量	
	污染控制设施类型	
	燃煤灰分和硫分、燃料含硫率	环境统计数据
	发电机组装机容量	环境统计数据、电话调研结果
民用源	煤炭、汽油、柴油	统计年鉴
	天然气及液化石油气（LPG）	城管委统计数据

　　化石燃料固定燃烧源活动水平数据通过点源和面源结合的方式获取。电力、供热和工业部门的重点工业企业按点源方式获取逐个排污设施的相关数据，包括排污设施的经纬度、燃料类型、锅炉工艺技术（锅炉类型）、燃料消耗量、燃料含硫率以及脱硫脱硝除尘设施类型及其效率，数据来源为生态环境部门环境统计数据和广州市在用锅炉信息，以及电厂信息数据。热电联产企业从生态环境部门获取其用于发电和供热的燃料消耗量，以计算电力和供热部分的排放。工业部门的非重点工业企业则按照面源处理，依据统计年鉴中能源平衡表及环境统计数据中重点工业企业能源消耗数据，推算出工业部门非重点工业企业的能源消耗量。民用源按面源处理，从统计年鉴和城管委获取民用部门分能源品种能源消费量。

　　2. 工艺过程源测算

　　工艺过程源测算涉及 VOCs 和非 VOCs，工艺过程源需获取的常规活动水平信息包括排污设施的经纬度、工艺过程所使用燃料/原料量或生产产品量、生产工艺、治理设施或措施的类型等，这些信息来源于生态环境部门的环境统计数据、排污收费数据、调研信息、环评报告等。各污染物的活动水平信息以及广州市工业企业产品产量、工艺技术信息来源于环境统计数据和部分企业调研信息。工艺过程源主要集中在非金属矿物制品业及有色金属冶炼和压延加工业，主要产品包括玻璃制品、砖瓦、平板玻璃、陶瓷、水泥、熟料、石灰和铸铁等。

　　3. 道路移动源测算

　　道路移动源活动水平信息包括：（1）各类机动车车型、保有量、排放控制标准、机动车使用燃料、年均行驶里程等，其中载客汽车、载货汽车以及专项作业车、牵引车等数据来源于公安局机动车数据和生态环境部门机动车环保标志数据库系统数据。（2）排放系数校正所需数据（如地区温度、湿度、海拔、柴油含硫量、汽油乙醇掺混度、车辆平均行驶速度、柴油车载重系数）来源于气象部门、工商部门、交管部门、公安部门的调研数据。

4. 非道路移动源测算

非道路移动源包括工程机械、农业机械、工程机械、船舶、铁路内燃机车、民航飞机等。

5. 溶剂使用源测算

溶剂使用源的活动水平信息包括人口数量、工业活动溶剂使用量、石油沥青产量和沥青铺路比例（沥青铺路使用量）、建筑涂料的使用量和类型（水性型、粉末型、溶剂型等）、农药（杀虫剂、除草剂、除菌剂）的使用量、污染物控制设施等，数据来源于生态环境部门的环境统计数据、挥发性有机物排放研究调研数据、统计年鉴、农业部门农药使用量数据等。

6. 农业源测算

农业源主要包括农田生态系统和畜禽养殖业两大主要排放源：农田主要指用于种植农作物的耕地，农田生态系统的氨排放包括氮肥施用、土壤本底、固氮植物和秸秆堆肥；畜禽养殖业中集约化养殖、散养和放牧等过程会排放氨，为重点估算行业。

7. 扬尘源测算

扬尘源包括土壤扬尘源、道路扬尘源、施工扬尘源和堆场扬尘源四大类。

8. 生物质燃烧源测算

生物质燃烧源排放需要调查生物质锅炉、户用生物质炉具及秸秆露天焚烧的活动水平信息。生物质锅炉的活动水平调查包括生物质锅炉的地理位置、所用生物质燃料的类型、年生物质燃料消费量等，数据来源于生态环境部门的环境统计数据。户用生物质炉具和秸秆露天焚烧的活动水平根据农作物产量与户用炉具生物质燃料消耗比例、露天焚烧比例计算所得，农作物产量来源于农业部门的统计数据，户用炉具生物质燃料消耗比例及秸秆燃烧比例来源于农业部门的调研数据。森林大火和草原大火燃烧总量计算所需的火灾地点、过火面积等数据来源于林业部门数据。

9. 储存运输源测算

储存运输源主要为油气储运源，涉及 VOCs 排放的数据包括总油品储存量、运输量、加油站油品销售量及地理位置、油库汽油/柴油库容以及年周转次数及地理位置、油罐车年汽油/柴油运输量，这些数据来源于生态环境部门及工业和信息化部门调研统计数据。

10. 废物处理源测算

废物处理源产生的氨气（NH_3）排放包括污水处理、填埋、焚烧、堆肥和烟气脱硝过程［选择性非催化还原技术（SNCR）、选择性催化还原技术（SCR）］。排放系数为单位质量废物处理过程产生的 NH_3 的量。废物处理源活动水平信息包括：（1）污水处理厂及其污水处理量，数据来源于水务和生态环境部门调研统计数据；（2）垃圾填埋场及其固体废物填埋量，焚烧量来源于环卫部门统计数据及自主调研数据；（3）堆肥量依据农业部门调研数据及相关参考文献计算所得；（4）使用烟气脱硝技术的锅炉的燃煤消耗量，来源于生态环境部门的环境统计数据和广州市在用锅炉信息数据。

11. 其他排放源测算

其他排放源主要为餐饮油烟源，包括餐饮企业和居民油烟。

7.4.2　排放系数及相关参数确定

按照化石燃料固定燃烧源、工艺过程源、道路移动源、非道路移动源、溶剂使用源、农业源、扬尘源、生物质燃烧源、储存运输源、废物处理源、其他排放源 11 种类型分类，各类污染源计算方法和排放系数来源总体情况见表 7-11。

表 7-11　污染源计算方法和排放系数来源

排放源大类	排放源	计算方法	排放系数来源
化石燃料固定燃烧源	电力生产	SO_2：物料衡算法 其他：排放系数法	清单编制指南和手册
	热力生产和供应		
	采矿和制造业		
	民用源	排放系数法	
工艺过程源	非 VOCs 排放	排放系数法	清单编制指南和手册
	VOCs 排放	重点企业：物料衡算法	广州市 VOCs 排放源清单研究和实地调研（广州市重点监管企业挥发性有机物一企一方案核查及抽查）

排放源大类	排放源	计算方法	排放系数来源
道路移动源	道路移动源	排放系数法基于车流量排放模型	清单编制指南和手册
非道路移动源	工程机械	排放系数法（基于功率）港作机械（基于燃料）	清单编制指南和手册、广东省非道路移动排放清单研究、实地调研
	农业机械		
	小型通用机械		
	柴油发电机组		
	船舶	远洋、沿海、内河船舶：基于引擎功率输出和运行时间的动力法	洛杉矶港和香港研究
		市内渡轮、客轮、水巴：排放系数法（基于燃料）	清单编制指南和手册
	铁路内燃机车	排放系数法	清单编制指南和手册
	民航飞机	排放系数法	
溶剂使用源	工业溶剂使用	重点企业；物料衡算法	广州市 VOCs 排放源清单研究和实地调研（广州市重点监管企业挥发性有机物一企一方案核查及抽查）以及清单编制指南和手册
	建筑涂料	排放系数法	清单编制指南和手册
	农药使用		
	其他溶剂使用		
农业源	氮肥施用	排放系数法	清单编制指南和手册
	畜禽养殖		
	土壤本底		
	固氮植物		
	秸秆堆肥		
	人体粪便		
扬尘源	土壤扬尘	排放系数法	清单编制指南和手册
	施工扬尘		
	道路扬尘		
	堆场扬尘		

排放源大类	排放源	计算方法	排放系数来源
生物质燃烧源	生物质锅炉	排放系数法	清单编制指南和手册
	家用燃烧		
	秸秆焚烧		
	森林火灾		
储存运输源	油气储运	排放系数法	清单编制指南和手册
废物处理源	污水处理	排放系数法	清单编制指南和手册
	固体废物处理		
	废气处理		
其他排放源	餐饮油烟	排放系数法	清单编制指南和手册

7.4.3 大气污染物活动水平和排放现状

1. 化石燃料固定燃烧源

广州市共有生产电力的企业 20 家,包括电力生产企业及自备电厂的非电力生产企业。其中从燃料角度来看,燃煤火电厂 16 家、燃气发电厂 4 家;从企业类型来看,属于电力生产和供应业的企业有 13 家,另外 7 家是生产企业自备电厂。广州市共有发电机组 46 台,装机容量 6 721.4 MW;共消耗煤炭 1 315.1 万 t、天然气 98 650.8 万 m³。电力生产发电机组及燃料消耗情况见表 7-12,电力生产燃煤灰分和硫分情况见表 7-13。

表 7-12 电力生产发电机组及燃料消耗情况

发电企业名称	发电机组数/台	装机容量/MW	煤炭/万 t	天然气/万 m³
广东粤华发电有限责任公司	2	660.0	141.8	—
广州大学城华电新能源有限公司	2	156.0	—	15 457.9
广州发电厂有限公司	5	265.0	59.8	—
广州发展鳌头分布式能源站投资管理有限公司	2	28.8	—	3 651.0
广州恒运企业集团股份有限公司	2	420.0	98.5	—
广州恒运热电（D）厂有限责任公司	2	660.0	181.6	—

续表

发电企业名称	发电机组数/台	装机容量/MW	煤炭/万 t	天然气/万 m³
广州华润热电有限公司	2	660.0	210.0	—
广州锦兴纺织漂染有限公司	4	31.0	13.3	—
广州市梅山热电厂有限公司	1	60.0	4.8	—
广州市旺隆热电有限公司	2	200.0	71.0	—
广州协鑫蓝天燃气热电有限公司	2	392.0	—	37 480.9
广州越威纸业有限公司	1	6.0	13.1	—
广州造纸集团有限公司	1	50.0	22.8	—
广州中电荔新电力实业有限公司	2	660.0	197.5	—
广州珠江电力有限公司	4	1 280.0	224.1	—
广州珠江天然气发电有限公司	2	795.6	—	42 061.0
互太（番禺）纺织印染有限公司	4	47.0	24.6	—
增城永耀纸制品有限公司	1	50.0	6.8	—
中国石油化工股份有限公司广州分公司	4	249.0	36.8	—
广州万利达纸制品有限公司	1	51.0	8.6	—
合计	46	6 721.4	1 315.1	98 650.8

表 7-13　电力生产燃煤灰分和硫分情况　　　　　　　　　单位：%

灰分		硫分	
范围	平均值	范围	平均值
5.79～27.80	18.28	0.29～0.84	0.57

广州市共有 1 家热力企业，即广州恒运东区热力有限公司，年消耗煤炭 16.32 万 t，燃煤平均灰分为 16.38%，平均硫分为 0.57%。热力生产污染控制设备情况见表 7-14。

表 7-14　热力生产污染控制设备情况

热力企业名称	脱硫设施	SO₂ 去除效率/%	脱硝设施	NOₓ 去除效率/%	除尘设施	PM₁₀ 去除效率/%	PM₂.₅ 去除效率/%
广州恒运东区热力有限公司	石灰石/石灰—石膏法	93.9	SCR	85.3	高效静电除尘法	99.4	98.3

除自备电厂企业外，纳入点源统计的采矿和制造业锅炉共有 658 台，共 2 297.1 t/h，其中 35 t/h 及以上锅炉有 10 台，10 t/h 及以下锅炉有 626 台，10～35 t/h 的锅炉有 22 台。2017 年广州市化石燃料固定燃烧源中采矿和制造业共消耗煤炭 28.5 万 t、燃料油 0.6 万 t、柴油 7.3 万 t、天然气 3.8 亿万 m³。采矿和制造业除尘、脱硫及脱硝设备情况见表 7-15、表 7-16。

表 7-15   采矿和制造业除尘设备情况   单位：%

除尘措施	PM$_{10}$ 平均去除效率	PM$_{2.5}$ 平均去除效率
湿法除尘法	57.10	54.30
其他除尘技术	84.40	61.30
普通静电除尘法	98.70	97.00
过滤式除尘法	99.60	99.40
无除尘措施	0.90	0.80
总体平均值	6.40	6.10

表 7-16   采矿和制造业脱硫及脱硝设备情况   单位：%

脱硫措施	平均脱硫效率	脱硝措施	平均脱硝效率
旋转喷雾干燥法	53.30	选择性非催化还原技术	60.50
双碱法	77.20	选择性催化还原技术	60.70
石灰石/石灰—石膏法	80.00	其他脱硝技术	37.60
无脱硫措施	5.90	无脱硝措施	0.00
总体平均值	4.10	总体平均值	1.10

除了上述作为点源处理的锅炉，我们根据生态环境部门提供的锅炉清单信息，搜集到未列入环境统计且地理位置、燃料使用量等信息不明确的锅炉共 816 个。大气排放源清单研究中将这批锅炉作为面源处理。通过锅炉类型及蒸吨信息估算其燃料用量，其中煤炭使用量 9 807.6 t、燃料油 85.1 t、柴油 65 060.5 t、天然气 2.3 亿 m³。生活消耗天然气、LPG、柴油消费总量数据来自广州统计年鉴，其中天然气 3.5 亿 m³、LPG 35 万 t、柴油 1.5 万 t。

根据以上项目活动水平数据及排放系数，计算得到广州市 2017 年化石燃料固定燃烧源大气污染物排放量为 SO$_2$ 0.8 万 t、NO$_x$ 1.8 万 t、CO 3.0 万 t、VOCs 1 108 t、PM$_{10}$ 3 445 万 t、PM$_{2.5}$ 2 142 t、黑碳（BC）44 t、有机碳（OC）44 t。

2. 工艺过程源

工艺过程源涉及 VOCs 和非 VOCs 两类污染物，工艺过程源的活动水平信息包括排污设施的经纬度、产品产量、生产设施类型、污染控制措施、污染物去除效率等。

广州市工业企业产品产量、工艺技术信息来源于环境统计数据和部分企业调研信息。广州市除 VOCs 以外的其他污染物相关工艺过程源主要集中在非金属矿物制品业及有色金属冶炼和压延加工业，主要产品包括玻璃制品、砖瓦、平板玻璃、陶瓷、水泥、熟料、石灰和铸铁等。除此之外，对 SO$_2$ 而言，造纸和纸制品业也是工艺过程源的重点行业，主要产品是纸浆。工业企业工艺过程产品产量信息见表 7-17。

表 7-17 工业企业工艺过程产品产量信息　　　　　　　　单位：万 t

产品	工艺技术	产品产量
玻璃制品	不分技术	4.400
砖瓦	不分技术	54.670
平板玻璃	浮法玻璃	469.840
纸浆	不分技术	93.280
熟料	新型干法	397.440
陶瓷	不分技术	0.003
粗钢	电炉-有组织排放	329.330
精炼铜	再生生产	0.280
铸铁	铸造-有组织排放	217.340
水泥	磨粉	849.750
复合肥	不分技术	3.900
硫酸	不分技术	0.360
氧化铝	不分技术	0.200

工艺过程源 VOCs 的活动数据主要来源于实地调研（2017 年广东省环境保护厅臭氧污染防治专项督查数据）、广州市 VOCs 排放清单研究成果和环境统计数据中的产品产量数据、原辅材料用量数据，工艺过程源 VOCs 计算涉及的企业共 442 家。工艺过程源 VOCs 排放企业数量及计算方法见表 7-18。

表 7-18　工艺过程源 VOCs 排放企业数量及计算方法

企业来源	企业总数/家	其中工艺过程	计算方法
环境统计企业	2 101	413	技术指南排放系数法
广州市重点监管企业 VOCs 一企一方案核查及抽查	180	38	物料衡算法
广东省 VOCs 督查企业	144	104	物料衡算法
环境统计企业与后两者重复企业	85		物料衡算法
合计	2 186	442	

根据以上活动水平数据及排放系数，估算得到广州市 2017 年工艺过程源大气污染物排放量：SO_2 0.4 万 t、NO_x 0.07 万 t、CO 1.7 万 t、VOCs 2.1 万 t、NH_3 33 t、PM_{10} 1.3 万 t、$PM_{2.5}$ 1.0 万 t、BC 94 t、OC 113 t。

3. 道路移动源

道路移动源活动水平信息包括各类机动车车型、保有量、排放控制标准、机动车使用燃料、年均行驶里程等数据，其中载客汽车、载货汽车以及专项作业车、牵引车数据来源于公安局机动车数据和生态环境部门机动车环保标志数据库系统数据。

广州市 2017 年机动车总保有量为 249.2 万辆，其中汽车共 240.2 万辆，摩托车 6.7 万辆，其他类型 2.3 万辆，根据以上数据估算得到广州市 2017 年道路移动源大气污染物排放量：SO_2 0.1 万 t、NO_x 6.5 万 t、CO 11.2 万 t、VOCs 1.6 万 t、NH_3 0.1 万 t、PM_{10} 0.2 万 t、$PM_{2.5}$ 0.1 万 t、BC 0.1 万 t、OC 0.02 万 t。广州市 2017 年道路移动源排放量见表 7-19。

表 7-19　广州市 2017 年道路移动源排放量　　　　单位：t/a

车型	SO_2	NO_x	CO	VOCs	NH_3	PM_{10}	$PM_{2.5}$	BC	OC
微型载客汽车	1	18	282	37	3	1	1	0	0
小型载客汽车	352	3 883	55 562	8 066	852	190	188	28	25
中型载客汽车	10	351	2 765	322	6	13	12	5	3
大型载客汽车	172	12 582	10 984	1026	25	333	300	165	56
微型载货汽车	1	49	487	50	3	1	1	0	0
轻型载货汽车	208	12 746	16 678	2 290	75	293	275	137	42
中型载货汽车	108	4 264	1 697	260	13	97	88	52	16

车型	SO$_2$	NO$_x$	CO	VOCs	NH$_3$	PM$_{10}$	PM$_{2.5}$	BC	OC
重型载货汽车	394	17 337	6 376	697	48	334	301	174	48
其他（专项作业车、牵引车）	126	5 283	3 784	553	16	157	142	87	26
摩托车	0	57	995	464	3	4	4	0	0
出租车	9	223	5 636	688	23	0	0	0	0
公交车	29	8 187	6 309	1 270	4	122	106	49	21
合计	1 410	64 980	111 555	15 723	1 071	1 545	1 418	697	237

4. 非道路移动源

非道路移动源包括工程机械、农业机械、船舶、铁路内燃机车、民航飞机等。

（1）工程机械活动水平信息主要为工程机械燃料消耗量。2017 年工程机械燃料消耗量根据 2014 年、2015 年工程机械燃料消耗量和统计年鉴中近年的施工面积推算得到。小型通用机械燃料消耗量根据统计年鉴中建成区绿化面积推算得到。

（2）2017 年农业机械保有量、额定功率、使用燃料数据来源于市农业局，农业机械柴油、汽油消耗量来自市农业局及统计年鉴中 2017 年农用柴油使用量。排放控制标准来源于市农业局、广东省非道路移动机械污染研究和实地调研数据。

（3）远洋船舶、沿海船舶和内河船舶的活动水平信息包括船舶进出港艘次、引擎/锅炉功率、各种运作模式下的负荷和运作时间以及燃油品质（含硫率）数据；市内渡轮、客轮、水巴的活动水平信息包括船舶燃料消耗量。港务局数据显示，广州市内有 24 680 艘次船舶，涉及具体船舶共有 6 432 艘。广州市 2017 年船舶排放各类型排放源分别为 SO$_2$ 0.53 万 t、NO$_x$ 2.10 万 t、CO 0.22 万 t、VOCs 0.09 万 t、PM$_{10}$ 0.13 万 t、PM$_{2.5}$ 0.12 万 t、BC 0.06 万 t、OC 68 t。

（4）2017 年广州铁路内燃机车活动水平信息为燃油消耗量，根据广州铁路（集团）公司提供的广东省内燃机车柴油消耗量结合广东省铁路客运周转量、货运周转量以及广州市客运周转量、货运周转量推算获得。

（5）根据机场管理部门提供的民航飞机活动水平信息数据，获得白云机场 2017 年飞机起降架次，推算得出起飞着陆循环次数。

广州市 2017 年非道路移动源大气污染物排放量：SO$_2$ 0.6 万 t、NO$_x$ 4.3 万 t、CO 1.6 万 t、VOCs 0.4 万 t、PM$_{10}$ 0.3 万 t、PM$_{2.5}$ 0.2 万 t、BC 0.1 万 t、OC 0.03 万 t。

5. 溶剂使用源

工业溶剂使用涉及的范围包括表面涂层和其他溶剂使用。

工业溶剂使用源的活动水平信息主要来源于实地调研、2017 年广东省环境保护臭氧污染防治专项督查数据、广州市 VOCs 排放清单研究成果和环境统计数据中的产品产量数据、原辅材料用量数据。

表面涂层（建筑涂料）：表面涂层 VOCs 使用源活动水平信息为涂料用量，本书根据墙体面积、涂料喷涂情况对其进行估算。

其他溶剂使用包括沥青铺路、干洗、去污脱脂、生活溶剂使用。沥青铺路活动水平信息为沥青使用量，2017 年沥青使用量来自广州市交委提供的资料，为 8 848 t。

根据以上方法获得的活动水平信息及排放系数可推算出，广州市 2017 年溶剂使用源大气污染物排放量为 VOCs 4.4 万 t，其中沥青铺路及表面涂层贡献较大。

6. 农业源

农业源主要包括农田生态系统和畜禽养殖业两大主要排放源：农田主要指用于种植农作物的耕地，农田生态系统的氨（NH_3）排放包括氮肥施用、土壤本底、固氮植物和秸秆堆肥；畜禽养殖业中集约化养殖、散养和放牧等过程也会排放 NH_3，为重点估算行业。

（1）氮肥施用：氮肥施用过程需获取的活动水平信息为各种氮肥施用量，农业局提供了 2017 年各种氮肥施用量的折纯量，按照各种氮肥的氮含量估算得到氮肥的实际施用量。

（2）畜禽养殖：农业局提供了 2017 年广州市各区统计的生猪、奶牛、肉牛、蛋鸡、肉鸡的出栏/存栏数，结合统计年鉴中各类畜禽出栏/存栏数。

（3）其他农业氨源包括土壤本底、固氮植物、秸秆堆肥等。

根据以上活动水平参数，计算得到广州市 2017 年农业源大气污染物排放量为 NH_3 13 729 t。

7. 扬尘源

扬尘源包括土壤扬尘源、道路扬尘源、施工扬尘源和堆场扬尘源 4 类。根据相关活动水平参数，计算得到广州市 2017 年扬尘源大气污染物排放量为 PM_{10} 45 463 t、$PM_{2.5}$ 12 206 t。

8. 生物质燃烧源

广州市使用生物质锅炉的环境统计企业有 148 家，共有生物质锅炉 194 台，共计 1 293.2 t/h。其中绝大部分生物质锅炉小于等于 10 t/h，共 165 个，其中 5 t/h 及以下的生物质锅炉有 81 个，10～35 t/h 的锅炉有 29 个。企业消耗生物质成型燃料共计 59.5 万 t，其中服饰制造业消耗量最大，达到 7.8 万 t/a；其次为机制纸及纸板制造业、机织服装制造业，消耗量分别达到 5.3 万 t/a 和 4.3 万 t/a。

广州市各区主要农作物产量数据来源于统计局，主要包括水稻、玉米及其他主要作物，包括薯类、大豆、花生、甘蔗和蔬菜。根据农业局的调研信息，广州市农作物秸秆中大约有 20%被用作家用燃烧，约有 10%被露天焚烧，70%被综合利用。

根据以上方法获得的活动水平信息及排放系数，计算得到广州市 2017 年生物质燃烧源大气污染物排放量为 SO_2 1 065 t、NO_x 3 323 t、CO 4.7 万 t、VOCs 5 842 t、NH_3 540 t、PM_{10} 5 005 t、$PM_{2.5}$ 4 680 t、BC 856 t、OC 2 675 t。

9. 储存运输源

储存运输源包括加油站、储油库、油品运输以及天然气输送 4 个部分。由于广州市目前油品运输车已经全部设有密封装置，柴油及汽油运输过程的 VOCs 排放量不再计算。

汽油和柴油的储存及销售的活动水平信息由广州市工信委和生态环境部门提供，主要包括全市各个加油站的油品销售量及油库的储油量，油品的运输量使用加油站油品销售量。根据计算，广州市 2017 年储存运输源大气污染物排放量为 VOCs 7 384 t，其中加油站排放 1 798 t、储油库排放 191 t、天然气输送排放 5 395 t。

10. 废物处理源

废物处理源包括污水处理、固体废物处理及废气处理 3 个部分。其中污水处理源的活动水平信息由水务局提供，包括广州市 47 家污水处理厂全年的污水处理量。固体废物处理源的活动水平信息由城管委提供，包括固体废物处理单位及其年处理量。废气处理源的活动水平信息为采用烟气脱硝装置的企业燃煤量，数据来源于环境统计企业信息。

根据计算可知，广州市 2017 年废物处理源大气污染物排放量为 NH_3 6 066 t、VOCs 4 006 t。

11. 其他排放源

其他排放源主要为餐饮油烟源，包括餐饮企业和居民油烟。

（1）餐饮企业活动水平信息包括餐饮企业地理位置、规模（就餐座位数）、烟气排放速率、年经营时间、烟气净化设施安装使用情况等数据，统计数据包括正常营业的 92 481 家餐饮企业，数据来源于食药监管部门调研数据。

（2）居民油烟活动水平信息包括炉灶数、烟气排放速率、年使用时间等数据，统计数据包括广州市 299.3 万户户籍家庭，数据来源于统计年鉴和文献。

根据计算可知，2017 年广州市餐饮油烟污染物排放量为 VOCs 5 834 t、PM$_{10}$ 8 334 t、PM$_{2.5}$ 6 668 t、BC 136 t、OC 4 667 t。

7.4.4 全市大气污染物总体排放特征

根据活动水平数据和排放系数，计算得到广州市 2017 年排放大气污染源清单（表 7-20），各污染物排放量为 SO$_2$ 20 280 t、NO$_x$ 136 343 t、CO 222 478 t、VOCs 105 802 t、NH$_3$ 21 439 t、PM$_{10}$ 78 884 t、PM$_{2.5}$ 39 187 t、BC 3 056 t、OC 8 022 t。

表 7-20 2017 年广州市大气污染源排放清单　　单位：t/a

排放源	SO$_2$	NO$_x$	CO	VOCs	NH$_3$	PM$_{10}$	PM$_{2.5}$	BC	OC
化石燃料固定燃烧源	7 893	18 065	30 658	1 108	0	3 445	2 142	44	44
工艺过程源	4 094	6 752	16 954	21 363	33	12 544	9 688	94	113
移动源	7 228	108 203	127 620	20 053	1 071	4 093	3 803	1 926	523
溶剂使用源	0	0	0	40 212	0	0	0	0	0
农业源	0	0	0	0	13 729	0	0	0	0
扬尘源	0	0	0	0	0	45 463	12 206	0	0
生物质燃烧源	1 065	3 323	47 246	5 842	540	5 005	4 680	856	2 675
储存运输源	0	0	0	7 384	0	0	0	0	0
废物处理源	0	0	0	4 006	6 066	0	0	0	0
其他排放源	0	0	0	5 834	0	83 34	6 668	136	4 667
合计	20 280	136 343	222 478	105 802	21 439	78 884	39 187	3 056	8 022

（1）SO$_2$ 排放贡献源包括化石燃料固定燃烧源、工艺过程源和移动源，化石燃料固定燃烧源分担率为 39%，工艺过程源分担率为 20%，移动源分担率为 36%。

（2）NO$_x$ 主要有两大排放贡献源，分别为化石燃料固定燃烧源和移动源，移动源分担率为 79%，化石燃料固定燃烧源分担率为 13%。移动源各个子源的贡献中，占比最大的是道路移动源（60%）；其次是船舶排放（19%）；再次是工程机械

（9%）。因此，道路移动源减排工作的重点应为推广新能源汽车及发展公共交通。若新能源汽车得以普及，汽车尾气排放的 NO_x、VOCs 将显著减少。

（3）移动源为 CO 排放的最大贡献源，分担率为 57%；化石燃料固定燃烧源、生物质燃烧源也是 CO 重要贡献源，其中化石燃料固定燃烧源分担率为 14%，生物质燃烧源分担率为 21%。

（4）VOCs 的主要贡献源是工艺过程源、溶剂使用源、移动源，占总排放量的77%。

（5）NH_3 排放主要来源有农业源和废物处理源，其中农业源是最大贡献源，分担率为 64%，废物处理源分担率为 28%。

（6）PM_{10} 的主要排放源来自扬尘源，分担率为 58%；工艺过程源是 PM_{10} 的第二大排放贡献源，分担率为 16%；其他排放源（餐饮油烟）也是 PM_{10} 的重要贡献源，分担率为 11%。

（7）$PM_{2.5}$ 一次排放最大贡献源为扬尘源，分担率为 31%；工艺过程源分担率为 25%；生物质燃烧源分担率为 12%；其他排放源（餐饮油烟）分担率为 17%。

（8）BC 最大贡献源为移动源，分担率为 63%；而生物质燃烧源也是不可忽视的一大来源，分担率为 28%。

（9）OC 的主要来源为生物质燃烧源和其他排放源，生物质燃烧源分担率为33%；其他排放源分担率为 58%。

7.4.5　大气污染源各区排放空间分布特征

SO_2 排放主要来源于化石燃料固定燃烧源、工艺过程源和移动源，SO_2 排放空间分布显示，重点排放网格点与电力、热力及其他重点工业企业的分布密切相关，重点排放网格片区与各个区的建成区范围和工业园区分布相关性较好。NO_x 排放主要来源于化石燃料固定燃烧源和移动源，NO_x 空间分布与道路移动源相关性较高，排放主要分布在路网密布的市中心，包括荔湾、越秀、海珠和天河等区，其余各区主要分布在该区的城区中心。广州市 SO_2（左）和 NO_x（右）排放空间分布如图 7-33 所示。

扬尘源是 PM_{10} 和 $PM_{2.5}$ 一次排放的重要组成部分，从整体来看，PM_{10} 和 $PM_{2.5}$ 主要沿路网分布，排放量大的网格主要分布在港口、大型建筑工地或重点工业集聚区范围内。广州市 PM_{10}（左）和 $PM_{2.5}$（右）排放空间分布如图 7-34 所示。

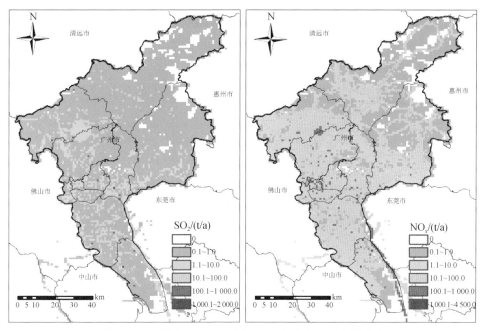

图7-33　广州市 SO₂（左）和 NOₓ（右）排放空间分布

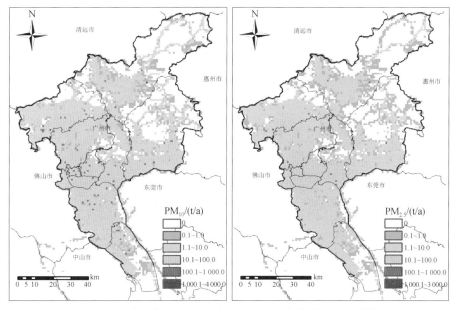

图7-34　广州市 PM₁₀（左）和 PM₂.₅（右）排放空间分布

VOCs 排放主要来源于工艺过程源、溶剂使用源中的表面涂层和道路移动源，分别占总量的 37%、10% 和 15%，因此 VOCs 排放主要沿路网分布或位于城市建成区范围内。NH_3 排放主要来源为农业源和废物处理源，NH_3 排放分布与城市周边畜禽养殖场和农田分布密切相关。广州市 VOCs（左）和 NH_3（右）排放空间分布如图 7-35 所示。

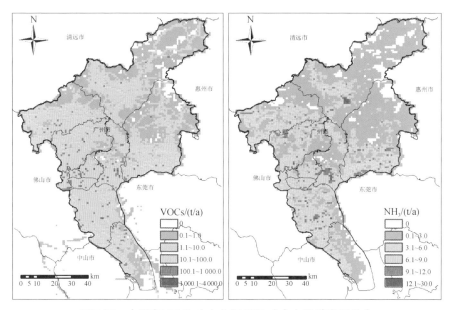

图 7-35　广州市 VOCs（左）和 NH_3（右）排放空间分布

7.5　大气污染物允许排放量测算

根据《广州市国土空间总体规划（2018—2035 年）》草案，广州市城市定位即国家中心城市和综合性门户城市，粤港澳大湾区区域发展引擎，国际商贸中心、综合交通枢纽、科技教育文化中心、着力建设国际大都市。结合《粤港澳大湾区发展规划纲要》中建设宜居宜业宜游的优质生活圈，对标国际一流湾区生态环境质量和污染治理水平等要求，考虑广州市空气质量现状及广东省各市空气质量的整体要求，以 2025 年空气质量为重点，展望 2035 年空气质量目标，确定广州市及下辖各区各目标年的大气质量目标和大气污染允许排放量。

7.5.1　环境空气质量目标设定

以改善城市空气质量、保护人体健康为基本出发点，根据《广州市环境空气质量达标规划（2016—2025 年）》中的各阶段目标和广东省"三线一单"技术组对全省空气质量目标的要求，确定 $PM_{2.5}$ 年均浓度和 O_3 的日最大 8 h 滑动平均最大值的第 90 百分位浓度两个核心指标；结合广州市空气质量面临的 O_3 污染和 NO_2 超标问题，在广东省下发指标的基础上，增加 NO_2 年均浓度作为参考性建议指标。

（1）根据《广州市环境空气质量达标规划（2016—2025 年）》，2025 年 $PM_{2.5}$ 年均浓度指标≤30 $\mu g/m^3$，该目标的实现需有利气象条件促进污染物扩散，并需要广州市及周边城市共同采取大气污染物强化减排措施。结合 2017—2020 年 $PM_{2.5}$ 浓度变化情况（2017 年 $PM_{2.5}$ 年均浓度为 35 $\mu g/m^3$、2018 年 $PM_{2.5}$ 年均浓度为 35 $\mu g/m^3$、2019 年 $PM_{2.5}$ 年均浓度为 30 $\mu g/m^3$、2020 年 $PM_{2.5}$ 年均浓度为 23 $\mu g/m^3$），2017—2020 年，广州市 $PM_{2.5}$ 年均浓度下降 12 $\mu g/m^3$，改善幅度为 34%，年均改善 4 $\mu g/m^3$。广州市 2019 年已经达到广州市环境空气质量达标规划设定的目标值（30 $\mu g/m^3$），2020 年持续改善。衔接"十四五"设定目标，2025 年 $PM_{2.5}$ 年均浓度应降低至 28 $\mu g/m^3$，2035 年降低至 25 $\mu g/m^3$。

（2）根据《广州市环境空气质量达标规划（2016—2025 年）》，2025 年 O_3 最大 8 h 滑动平均最大值的第 90 百分位浓度指标≤160 $\mu g/m^3$。2017 年广东省要求 O_3 污染物得到有效遏制。从 2017—2020 年变化情况分析，2017 年广州市 O_3 最大 8 h 滑动平均最大值的第 90 百分位数浓度为 162 $\mu g/m^3$，2018 年广州市 O_3 最大 8 h 滑动平均最大值的第 90 百分位浓度为 174 $\mu g/m^3$，2019 年广州市 O_3 最大 8 h 滑动平均最大值的第 90 百分位浓度为 178 $\mu g/m^3$，2020 年 O_3 最大 8 h 滑动平均最大值的第 90 百分位浓度为 160 $\mu g/m^3$。综合确定 2025 年 O_3 最大 8 h 滑动平均最大值的第 90 百分位浓度指标≤160 $\mu g/m^3$，与广州市环境空气质量达标规划确定目标保持一致。考虑到臭氧治理的复杂性，2035 年 O_3 最大 8 h 滑动平均最大值的第 90 百分位浓度指标稳定控制在 160 $\mu g/m^3$ 以下。广州市不同规划年大气环境质量底线目标见表 7-21。

（3）作为建议指标，2018 年广州市 NO_2 年均浓度为 50 $\mu g/m^3$，2019 年广州市 NO_2 年均浓度为 45 $\mu g/m^3$，考虑广州市 NO_x 污染排放量仍处于高位，2025 年和 2035 年的 NO_2 年均浓度应降至《环境空气质量标准》（GB 3095—2012）二级标准 40 $\mu g/m^3$ 以下。

表 7-21　广州市不同规划年大气环境质量底线目标　　　单位：μg/m³

	2018 年	2019 年	2020 年	2025 年	2035 年	属性
PM$_{2.5}$年均浓度	35	30	23	≤28	≤25	核心指标
O$_3$最大 8 h 滑动平均最大值的第 90 百分位浓度	174	178	160	160	160	核心指标
NO$_2$年均浓度	50	45	36	40	40	建议指标

7.5.2　大气污染允许排放量

目标年广州市大气污染允许排放量数据主要来源于广东省大气环境容量测算的结果，同时参考广州市 2017 年的大气污染排放清单，测算得到广州市和各下辖区的大气污染允许排放量。

1. 广东省大气污染允许排放量测算结果参考

广东省"三线一单"大气技术组采用目标约束法，以广东省各地级城市不同阶段的环境空气质量目标作为容量模拟计算的约束条件、以筛选出的 2017 年气象数据作为最不利气象输入数据、以 2017 年的大气污染源排放清单作为基础排放数据进行模拟，所得的结果以全省 21 个地级市作为受体评估其 PM$_{2.5}$ 和 O$_3$ 浓度达到目标值以下时的排放量，并将其作为环境容量。

为了将环境容量测算中的大气质量指标与常规排放污染物联系在一起，研究测算出 PM$_{2.5}$ 中 P$_{SO_4}$（硫酸盐）、P$_{NO_3}$（硝酸盐）、P$_{NH_4}$（铵盐）、P$_{PM_{2.5}}$（一次细颗粒）等成分，并以 2017 年基准年份的模拟结果，按目标年份的比例推算出 SO$_2$、NO$_x$、NH$_3$、一次 PM$_{2.5}$ 的允许排放量。在 PM$_{2.5}$ 实现达标后，根据 O$_3$ 超标情况以及相关减排规划要求计算得出 VOCs 的环境容量。

根据广东省"三线一单"大气技术组测算得出的广东省各城市大气环境容量结果，为全面实现 2025 年广东省大气质量目标要求，各主要污染物的排放量需进一步加大削减力度。相对于 2017 年的排放量，广东省 SO$_2$ 需减排 13.2%，珠江三角洲地区 SO$_2$ 需减排 16.4%；广东省 NO$_x$ 需减排 11.7%，珠江三角洲地区 NO$_x$ 需减排 14.4%；广东省 NH$_3$ 需减排 8.7%，珠江三角洲地区 NH$_3$ 需削减 14.1%；广东省一次 PM$_{2.5}$ 需减排 14.6%，珠江三角洲地区一次 PM$_{2.5}$ 需减排 19.9%；广东省 VOCs 需减排 21.1%，珠江三角洲地区 VOCs 需减排 24.5%。2025 年广东省及各城市的达标所需减排比例要求见表 7-22。

表 7-22　2025 年广东省及各城市达标所需减排的比例要求　　　单位：%

地区	SO$_2$	NO$_x$	NH$_3$	一次 PM$_{2.5}$	VOCs
广州市	11.4	7.3	9.5	20.2	23.4
广东省	13.2	11.7	8.7	14.6	21.1
珠江三角洲地区	16.4	14.4	14.1	19.9	24.5

2. 广州市各目标年大气污染允许排放量

根据广东省下发到广州市的目标年大气污染减排比例数据，得到广州市相对于基准年（2017 年）排放量的减排比例，结合 2017 年广州市大气污染物排放清单研究成果，将广州市的减排比例进一步细化到区，减排比例结果见表 7-23。

表 7-23　2025 年广州市及各区所需减排比例（相对于 2017 年）　　　单位/%

SO$_2$	NO$_x$	NH$_3$	一次 PM$_{2.5}$	VOCs
11.39	7.30	9.50	20.20	23.40

各区 2025 年和 2035 年的空气质量目标与广州市总体保持一致，根据省级层面下发的 2025 年达标所需减排比例，结合各区排放量的占比情况，将全市的减排比例分摊至区层面。

7.6　大气环境管控分区划定及管控要求

7.6.1　大气环境管控分区划定总体原则要求

以改善大气环境质量为核心，识别广州市大气污染重点问题，按照气象扩散、污染排放、人居安全等因素，在省、市两级层面上开展大气环境敏感性评价，结合广州市大气污染源清单，省、市两级重点工业集聚区分布，兼顾自然地理特征和区县行政边界特点，将全市划定为大气环境优先保护区、大气环境重点管控区和大气环境一般管控区三大类，其中大气环境重点管控区又分为大气环境高排放重点管控区、大气环境受体敏感重点管控区、大气环境布局敏感重点管控区、大气环境弱扩散重点管控区 4 类。大气环境一般管控区，则是二类环境空气质量功能区中除大气环境重点管控区以外的其他区域。

（1）根据广州市环境空气质量功能分区，将一类环境空气质量功能区作为大气环境优先保护区。

（2）大气环境重点管控区包括：①根据各城市的土地利用类型、布局区划及相关规划资料识别的城镇中心及集中居住、医疗、教育等受体敏感区域；②通过大气污染排放清单、工业集聚区及非道路移动机械禁用区等识别的大气环境高排放区域；③通过气象和空气质量模式识别的上风向、扩散通道、环流通道等影响空气质量的布局敏感区域；④通过气象和空气质量模式识别的静风或风速较小的弱扩散区域。大气环境管控分区原则见表 7-24。

表 7-24　大气环境管控分区原则

分区依据	分区类别		
	大气环境优先保护区	大气环境重点管控区	大气环境一般管控区
一类环境空气质量功能区	全部区域		
二类环境空气质量功能区		1. 大气环境受体敏感重点管控区； 2. 大气环境高排放重点管控区； 3. 大气环境布局敏感重点管控区； 4. 大气环境弱扩散重点管控区	除大气环境重点管控区以外的其他区域

在各类管控区划定过程中，坚持以下原则：

（1）各个分区管控级别的优先顺序为大气环境优先保护区>大气环境受体敏感重点管控区>大气环境高排放重点管控区>大气环境布局敏感重点管控区>大气环境弱扩散重点管控区>大气环境一般管控区；划定过程中，考虑大气环境受体敏感重点管控区和大气环境高排放重点管控区均主要参考现状用地划定而成，优先顺序为大气环境优先保护区>大气环境受体敏感重点管控区=大气环境高排放重点管控区>大气环境布局敏感重点管控区>大气环境弱扩散重点管控区>大气环境一般管控区。

（2）对于同一区域属于多个功能分区时，坚持"就高不就低、就严不就松"。

（3）对于大气环境优先保护区、大气环境高排放重点管控区中的省级及以上工业园等存在法定边界斑块时，建议直接使用法定边界作为相应级别管控区的边界。

（4）除了法定边界斑块，对其他识别确定的区域，当斑块面积过小时，暂定划定规则为：大气环境高排放重点管控区小于 0.2 km²、大气环境受体敏感重点管控区小于 0.5 km²、大气环境布局敏感重点管控区和大气环境弱扩散重点管控区小于 1 km² 时，可依据斑块周边区域所处管控区类型执行。

（5）对划定规则不明确的区域，可根据情况划入相关区域，如特殊需要保护的区域可根据需要划入大气环境优先保护区和大气环境受体敏感重点管控区，对机场、港口码头、重点船舶航线等区域可划入大气环境高排放重点管控区，其他尚不确定的区域可划入大气环境一般管控区，并在管控要求中针对特殊情况予以说明。

7.6.2　大气环境优先保护区的识别

大气环境优先保护区以广州市大气环境功能区划边界为主，根据广州市大气环境功能区的划分情况，重点参考《广州市环境空气质量功能区区划》，目前一类环境空气质量功能区的范围包括 12 个斑块，总面积为 1 450 km²，占广州市总面积的 19.5%。

在大气环境优先保护区识别过程中，鉴于广州市批复的 12 个一类环境空气质量功能区斑块原始数据坐标系为"西安 80"，部分斑块存在一定的偏差，大气环境优先保护区识别过程中对矢量数据文件进行优化调整，大气环境优先保护区划定识别过程见表 7-25，一类环境空气质量功能区边界优化示例如图 7-36 所示。

表 7-25　大气环境优先保护区划定识别过程

步骤	调整内容	涉及斑块
1	坐标转换：由"西安 80"坐标转换为"大地 2000"坐标	所有斑块
2	根据广州市市界修正邻近边界处斑块	（1）花都北部风景区和生态林区； （2）白水寨风景名胜区； （3）从化北部风景区和生态林区
3	根据区（县）界修正邻近边界处斑块	（1）白云山风景名胜区； （2）帽峰山森林公园
4	根据区（县）反馈意见修改边界	（1）白云山风景名胜区； （2）番禺大夫山森林公园
5	核算各斑块面积	所有斑块

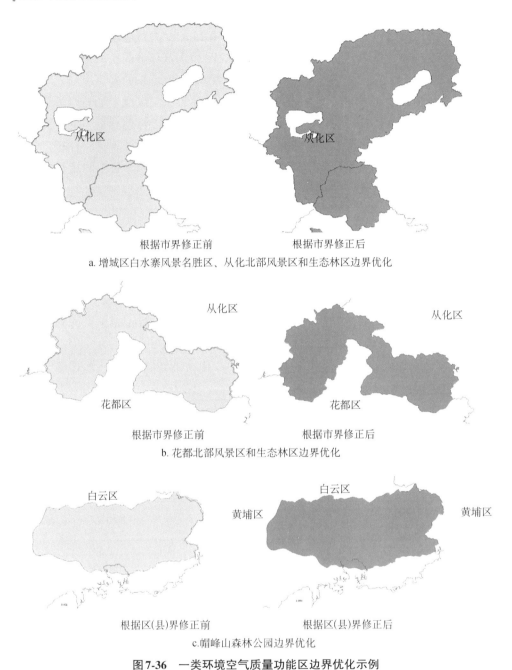

根据市界修正前　　　　　　　根据市界修正后

a. 增城区白水寨风景名胜区、从化北部风景区和生态林区边界优化

根据市界修正前　　　　　　　根据市界修正后

b. 花都北部风景区和生态林区边界优化

根据区(县)界修正前　　　　　　根据区(县)界修正后

c. 帽峰山森林公园边界优化

图7-36　一类环境空气质量功能区边界优化示例

经修正后，广州市大气环境优先保护区主要为广州市一类环境空气质量功能

区，面积为 1 627.27 km²，占广州市矢量总面积的 22.45%。大气环境优先保护区空间范围如图 7-37 所示，大气环境优先保护区清单见表 7-26。

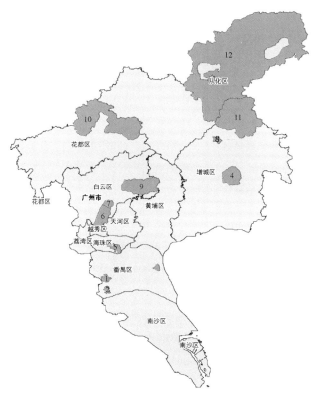

图 7-37　大气环境优先保护区空间范围

表 7-26　大气环境优先保护区清单

序号	名称	行政区	市批面积/km²	矢量面积/km²	全市面积占比/%
1	番禺大夫山森林公园	番禺区	6.4	7.11	0.10
2	番禺滴水岩森林公园	番禺区	4.0	4.30	0.06
3	番禺莲花山文物古迹保护区	番禺区	4.0	4.03	0.05
4	增城百花旅游度假区	增城区	37.3	41.98	0.56
5	海珠万亩果园湿地保护区中心范围	海珠区	9.9	9.90	0.13

序号	名称	行政区	市批面积/km²	矢量面积/km²	全市面积占比/%
6	白云山风景名胜区	天河区 越秀区 白云区	34.8	33.92	0.46
7	南湖国家旅游度假区	白云区	13.4	8.60	0.12
8	白水寨风景名胜区 1	增城区	5.3	5.62	0.08
9	帽峰山森林公园	白云区	66.7	75.08	1.01
10	花都北部风景区和生态林区	花都区	210.4	214.37	2.88
11	白水寨风景名胜区 2	增城区	191.8	194.72	2.62
12	从化北部风景区和生态林区	从化区	866.0	1 027.64	13.82
总计			1 450.0	1 627.27	22.45

7.6.3　大气环境重点管控区的识别

大气环境重点管控区中,根据工业布局、城镇布局、主体功能区划以及气象条件,结合网格化的污染源排放清单等确定大气环境的高排放重点管控区、受体敏感重点管控区、布局敏感重点管控区、弱扩散重点管控区等 4 类大气重点管控区类型。

1. 大气环境高排放重点管控区

参考广东省相关指南要求,大气环境高排放重点管控区主要依据网格化大气污染源排放清单、重点工业园区及工业聚集区、高排放非道路移动机械禁燃区等,将排放量大的区域综合判定为大气环境高排放重点管控区。

在实际划定过程中,经过与广州市规划和自然资源部门、市工业和信息化部门、各区政府对接,综合采用省级及以上工业园区、工业产业区块、各区重点产业发展规划,结合斑块面积、产业类型,综合划定广州市大气环境高排放重点管控区。

将广州市市域范围内省级及以上的工业园区整体纳入大气环境高排放重点管控区内。广州市省级及以上工业园区分布如图 7-38 所示,广州市省级及以上工业园清单见表 7-27。广州市省级及以上工业园区总计 13 个、45 个斑块,总面积为 259.42 km²;按照相邻斑块进行合并、分散碎斑进行扣除的处理原则,经删减合并处理后剩余斑块 24 个,总面积为 259.25 km²,筛除斑块面积 0.17 km²。

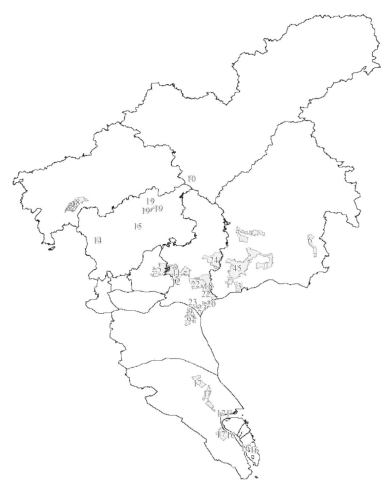

图 7-38　广州市省级及以上工业园区分布

表 7-27　　广州市省级及以上工业园清单

序号	名称	级别	行政区	面积/km²
1	广州高新技术产业开发区 1	国家级	南沙区	2.52
2	广州高新技术产业开发区 2	国家级	天河区	12.27
3	增城经济技术开发区 1	国家级	增城区	4.98
4	增城经济技术开发区 2	国家级	增城区	25.52
5	增城经济技术开发区（一区多园）3	国家级	增城区	52.57
6	增城经济技术开发区（一区多园）4	国家级	增城区	7.00

续表

序号	名称	级别	行政区	面积/km²
7	增城经济技术开发区（一区多园）5	国家级	增城区	14.88
8	花都经济开发区	省级	花都区	11.51
9	广州番禺经济技术开发区	省级	番禺区	9.14
10	广东从化经济开发区	省级	从化区	1.32
11	广州高新技术产业园区1	国家级	黄埔区	16.12
12	广州高新技术产业园区2	国家级	黄埔区	4.13
13	广州保税区	省级	黄埔区	1.40
14	广州出口加工区	省级	黄埔区	3.00
15	广州经济技术开发区1	国家级	黄埔区	14.95
16	广州经济技术开发区2	国家级	黄埔区	5.26
17	广州经济技术开发区3	国家级	黄埔区	17.00
18	广州保税物流园区	省级	黄埔区	0.51
19	广州白云机场综合保税区	省级	空港经济区	4.53
20	广州白云工业园区 （广州市个体私营经济试验区）	省级	白云区	1.59
21	广州高新技术产业开发区 （广州民营科技园范围）	国家级	白云区	0.82
22	广州南沙保税港区	省级	南沙区	4.99
23	广州南沙经济技术开发区	国家级	南沙区	27.24
24	云埔工业园区	省级	黄埔区	16.00
总计				259.25

根据与广州市工业和信息化部门、市规划和自然资源等部门对接广州市工业产业区块成果，将工业产业区块分为一级、二级控制线，其中一级控制线是保障产业长远发展而确定的工业用地管理的底线，全市共划定一级控制线194个，面积为443.26 km²，占全市工业产业区块面积的71.38%；二级控制线是稳定城市一定时期工业用地总规模的工业用地管理过渡线，全市共划定二级控制线475个，面积为177.70 km²，占全市工业产业区块面积的28.62%。

经筛选后，广州工业产业区块保留416块，面积为580.41 km²，与原始数据相比，斑块总数下降37.82%，面积减少6.53%。广州市工业产业区块分布如图7-39

所示，广州市各区工业产业区块统计见表7-28。

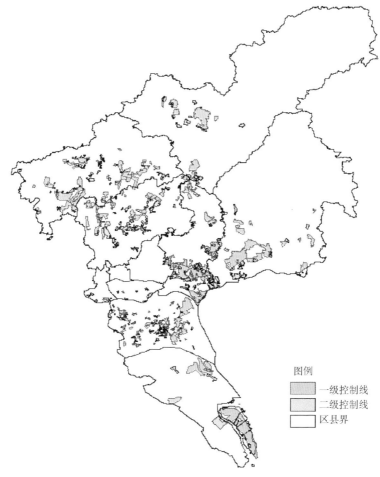

图7-39 广州市工业产业区块分布

图例

一级控制线
二级控制线
区县界

表 7-28 广州市各区工业产业区块统计

行政区	原始数据		筛选扣除	
	斑块数/个	面积/km²	斑块数/个	面积/km²
海珠区	14	1.86	7	1.44
白云区	109	80.06	62	72.38
南沙区	13	98.12	10	91.35

续表

行政区	原始数据		筛选扣除	
	斑块数/个	面积/km²	斑块数/个	面积/km²
花都区	171	92.61	78	80.59
从化区	64	60.18	27	55.55
增城区	45	89.60	30	86.86
空港经济区	23	25.07	23	25.07
荔湾区	27	4.79	7	3.38
黄埔区	76	101.49	66	100.22
番禺区	154	67.19	106	63.57
总计	696	620.97	416	580.41

根据广州市实际情况以及与各区对接过程中的意见，将各区反馈已纳入规划的重点产业用地也一并纳入大气环境高排放重点管控区内，包括：①白云机场主体区域，范围如图 7-40 所示；②白云区规划的先进制造业基地，范围如图 7-41 所示；③南沙自贸区产业用地区，范围如图 7-42 所示。

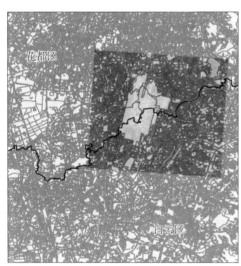
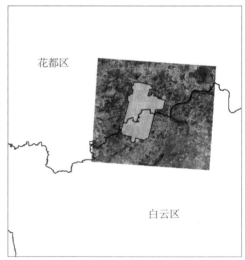

图7-40　广州市白云机场控制区范围

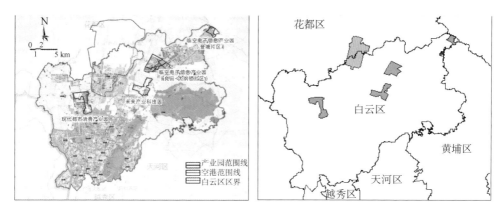

图7-41　白云区规划的先进制造业基地空间范围

图7-42　南沙区南沙自贸区空间范围

综合省级及以上工业园区、广州市工业产业区块、白云机场、南沙自贸区、白云区规划的先进制造业基地，最终确定广州市大气环境高排放重点管控区空间分布；考虑目前大气环境优先保护区部分边界范围并不是特别精确，扣除大气环境高排放重点管控区与大气环境优先保护区重叠区域，扣除后大气环境高排放重点管控区面积为 900.25 km^2，占广州市总面积的 12.42%，空间分布如图 7-43 所示，面积及占比见表 7-29。

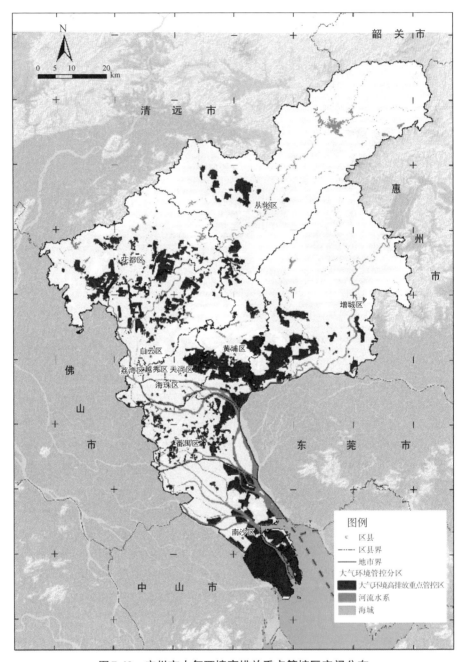

图7-43　广州市大气环境高排放重点管控区空间分布

表 7-29　广州市各区大气环境高排放重点管控区面积及占比

行政区	全区矢量面积/km²	大气环境高排放重点管控区面积/km²	占比/%
荔湾区	62.67	3.38	5.39
越秀区	33.67	1.30	3.86
海珠区	91.95	2.10	2.28
天河区	136.65	28.91	21.16
白云区	664.58	93.32	14.04
黄埔区	481.09	124.18	25.81
番禺区	515.12	80.90	15.70
花都区	969.14	118.83	12.26
南沙区	694.36	256.18	36.89
从化区	1 984.19	56.77	2.86
增城区	1 614.85	134.38	8.32
全市	7 248.27	900.25	12.42

2. 大气环境受体敏感重点管控区

依据"三线一单"技术指南要求，参考环境空气质量功能分区、风险源、重点保护区以及人口聚集情况，将依法设立的各级、各类保护区域，以居住、商贸为主的区域，城镇化人口集聚发展较快的区域，以及城镇总体规划中以居住、医疗、教育为主的区域和规划的旅游度假区等人口聚集区划定为大气环境受体敏感重点管控区。在大气环境受体敏感重点管控区的划定过程中，主要参考人口聚集情况，可考虑使用城市夜间灯光指数、土地利用等遥感产品数据。大气环境受体敏感重点管控区的划定过程包括以下 4 个步骤。

（1）识别大气环境受体敏感重点管控区的空间分布。

首先通过广东省下发的栅格人口数据和高精度人口数据识别大气环境受体敏感重点管控区的主要空间分布。此外，本书使用欧盟的全球人居数据库 GHSL（GHS_POP_E2015_GLOBE_R2019A_54009_250_V1.0）制作 2015 年广州市 1 km×1 km 分辨率网格，并对人口数据进行细化，识别广州市以人口集中为主的受体敏感区。空间数据显示，广州市人口主要集中在珠江沿岸的荔湾区、越秀区、海珠区和天河区，周边黄埔区、白云区、花都区、番禺区、南沙区、增城区和从化区的人口主要集中在各区政府驻地以及重要的交通、河流沿岸区域。

鉴于全球数据库本地化过程中存在一定的数据变形，2015 年数据距离 2019 年数据存在相当程度的变化，因此人口空间数据仅作为大气环境受体敏感重点管控区的参考。广州市栅格人口数据空间分布如图 7-44 所示。

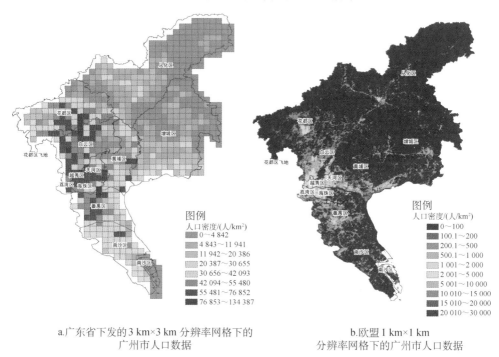

a.广东省下发的 3 km×3 km 分辨率网格下的
广州市人口数据

b.欧盟 1 km×1 km
分辨率网格下的广州市人口数据

图7-44　广州市栅格人口数据空间分布

（2）确定大气环境受体敏感重点管控区范围的上下限。

根据 2017 年广州市土地利用现状图斑数据，精细化识别广州市现状城市建设用地空间斑块；采用城市开发边界确定规划期间的最大城市建设用地空间分布；确保大气环境受体敏感重点控管区最小必须包含的现状建设用地区域，最大不能超过城镇开发边界。广州市现状建设用地与城镇开发边界范围如图 7-45 所示。

（3）根据管理需要落至行政区。

根据村镇行政边界和城镇开发边界，划定落至固定行政边界的初步范围。

结合现状遥感地图，中心城区内以现状城市建设用地为主，将单一行政区域内超过 70% 的城镇建设用地划定为人口密集区；周边各区结合城乡开发边界，将单一行政边界内超过 50% 且作为城市和乡镇建设用地的区域划定为人口密集区，对各区政府辖区和重点发展区域结合城镇开发边界做适当外延。广州市大气环境受体敏感重点管控区初步筛选结果如图 7-46 所示。

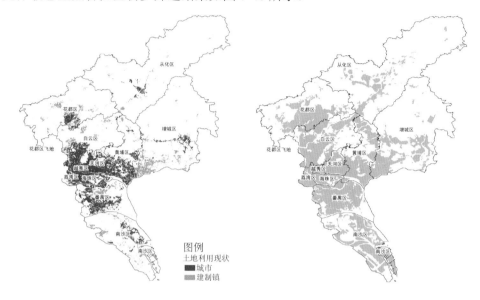

a.广州市现状建设用地斑块数据　　　　　b.广州市城镇开发边界数据

图7-45　广州市现状建设用地与城镇开发边界范围

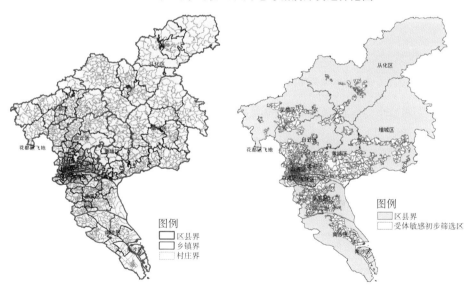

a.广州市村庄行政边界范围　　　　　b.大气环境受体敏感重点管控区初步筛选结果

图7-46　广州市大气环境受体敏感重点管控区初步筛选结果

（4）扣除其他要素。

对部分进入一类环境空气质量功能区的建设用地予以扣除，删除明确划入大气环境高排放重点管控区的区域，与土地利用现状及成长开发边界进行对比，对行政区范围内的河流、湖泊、水域等区域进行删除，最终确定以人口密集区为主的大气环境受体敏感重点管控区。广州市大气环境受体敏感重点管控区与现有边界筛选对比如图7-47所示。

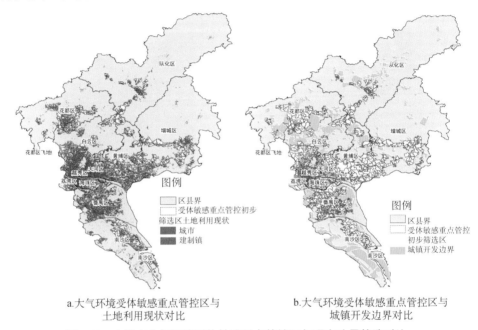

a.大气环境受体敏感重点管控区与
土地利用现状对比

b.大气环境受体敏感重点管控区与
城镇开发边界对比

图7-47　广州市大气环境受体敏感重点管控区与现有边界筛选对比

（5）广州市大气环境受体敏感重点管控区。

经过校核，最终确定大气环境受体敏感重点管控区面积为1 096.03 km²，占广州市总面积的15.12%，空间分布如图7-48所示，面积及占比见表7-30。

表7-30　广州市各区大气环境受体敏感重点管控区面积及占比

行政区	全区矢量面积/km²	大气环境受体敏感重点管控区面积/km²	占比/%
荔湾区	62.67	47.22	75.35
越秀区	33.67	26.41	78.44
海珠区	91.95	63.61	69.18

续表

行政区	全区矢量面积/km²	大气环境受体敏感重点管控区面积/km²	占比/%
天河区	136.65	87.23	63.83
白云区	664.58	160.82	24.20
黄埔区	481.09	92.64	19.26
番禺区	515.12	195.75	38.00
花都区	969.14	121.43	12.53
南沙区	694.36	70.69	10.18
从化区	1 984.19	63.02	3.18
增城区	1 614.85	167.21	10.35
全市	7 248.27	1 096.03	15.12

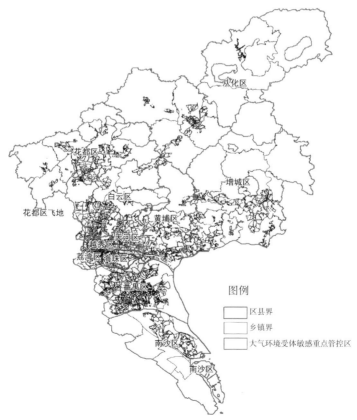

图 7-48　广州市大气环境受体敏感重点管控区空间分布

3. 大气环境布局敏感重点管控区

大气环境布局敏感重点管控区是将人口密集分布点等作为受体点，使用WRF-CALPUFF 扩散模拟体系模拟每个网格对受体点的影响，最终将影响浓度叠加形成大气环境布局敏感重点管控区，用于考虑污染物排放对现有人群空气质量有重要影响的区域。

基于广东省模型模拟网格结果，结合广州市管控需要拟合到行政区划边界内，扣除大气环境优先保护区、大气环境高排放重点管控区、大气环境受体敏感重点管控区、河流和水域等类型，将剩余的区域作为广州市的大气环境布局敏感重点管控区。

（1）广东省大气环境布局敏感网格。

假定广东省范围内每个网格排放相同的污染物（100 g/s），利用空气质量模型（CALPUFF）建立全省 3 km×3 km 的空间网格，依次模拟每个网格排放源对全省所有空气监测站点及所有县（区）的浓度贡献，依据对所有受体点的加权浓度贡献，划定污染源排放敏感区。在全省排放一致的情况下，容易对周边大气环境造成影响的区域主要分布在广州南部—佛山东部—中山北部一带、深圳东部—南部一带、广州东部—东莞北部一带、潮州南部—揭阳东部—汕头东北部一带，其他城市市区中心一带也有小片区域分布。

为识别大气环境布局敏感性程度较高的区域，将各网格对全省所有网格点的影响做归一化处理，以全市平均值作为单位 1，最终获得各网格布局敏感性的空间分布范围，其中高于 1 的值代表高于全省的平均值，低于 1 的值代表低于全省的平均值。

根据由广东省技术组下发的广州市大气环境布局敏感性空间分布图，将广州市 50%的区域纳入广州市大气环境高布局敏感区内，其中广州市中心城区，中心城区南部的番禺区、南沙区，中心城区北部的天河区、黄埔区、从化区南部、增城区西部、花都区东部，广州市东部与东莞、惠州交界区域位于大气环境高布局敏感区。广州市大气环境布局敏感性分级见表 7-31、图 7-49。

表 7-31　广州市大气环境布局敏感性分级

序号	百分比	广州市布局敏感性	
		数值范围	评价分级
1	0～10%	1.30～1.60	不纳入布局敏感性
2	10%～20%	1.60～1.79	
3	20%～30%	1.79～1.90	
4	30%～40%	1.90～2.01	

序号	百分比	广州市布局敏感性	
		数值范围	评价分级
5	40%～50%	2.01～2.15	不纳入布局敏感性
6	50%～60%	2.15～2.35	高布局敏感性
7	60%～70%	2.35～2.53	
8	70%～80%	2.53～2.69	
9	80%～90%	2.69～2.87	
10	90%～100%	2.87～4.04	

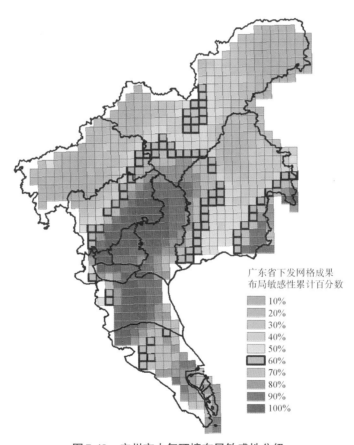

图7-49　广州市大气环境布局敏感性分级

（2）细化至广州行政区划。

结合村镇行政边界，将广州大气环境布局敏感重点管控区域落至村庄行政边界内。根据广州市的实际情况，对大气环境布局敏感重点管控区的边界区域进行优化，主要包括三部分内容：①对增城区边界区域进行优化，此部分区域主要是增城区经济技术开发区、中新科技园等拟发展区域，且布局敏感性因子相对较低，对邻接边界的村庄进行删减扣除；②对于从化区中心区域，由于从化区距离市中心和人口密集区较远，主要影响范围为从化区内，且此部分绝大多数区域均位于大气环境优先保护区内，因此予以扣除；③剔除广州市中南部中心城区、番禺区、南沙区等区域的河流、水库等水域。广州市大气环境布局敏感重点管控区与现有边界筛选对比如图 7-50 所示。

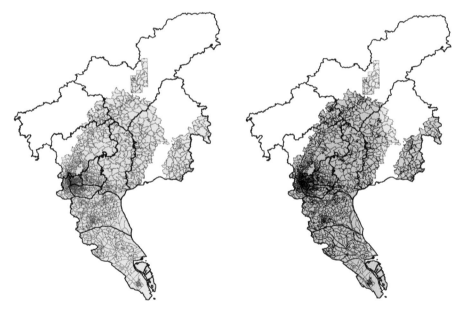

a.大气环境布局敏感重点管控区耦合村庄边界　　　b.大气环境布局敏感重点管控区边界优化识别

图 7-50　广州市大气环境布局敏感重点管控区与现有边界筛选对比

（3）广州市大气环境布局敏感重点管控区。

经校核，大气环境布局敏感重点管控区面积为 3 395.89 km^2，占广州市总面积的 46.85%。广州市各区大气环境布局敏感重点管控区面积及占比见表 7-32，广州市大气环境布局敏感重点管控区空间分布如图 7-51 所示。

表 7-32　广州市各区大气环境布局敏感重点管控区面积及占比

行政区	全区矢量面积/km²	大气环境布局敏感重点管控区面积/km²	占比/%
荔湾区	62.67	56.98	90.92
越秀区	33.67	32.25	95.78
海珠区	91.95	80.58	87.63
天河区	136.65	134.05	98.10
白云区	664.58	490.13	73.75
黄埔区	481.09	463.19	96.28
番禺区	515.12	454.87	88.30
花都区	969.14	101.60	10.48
南沙区	694.36	597.82	86.10
从化区	1 984.19	294.30	14.83
增城区	1 614.85	690.12	42.74
全市	7 248.27	3 395.89	46.85

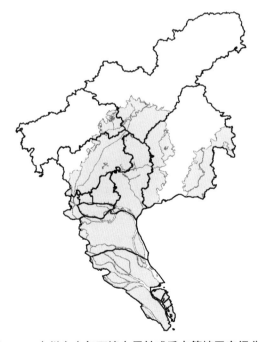

图7-51　广州市大气环境布局敏感重点管控区空间分布

4. 大气环境弱扩散重点管控区

大气环境弱扩散重点管控区是指综合考虑 $PM_{2.5}$ 与 O_3 因素，污染容易聚集的区域。大气环境弱扩散重点管控区主要使用 WRF-CMAQ 扩散模拟体系模拟所有网格均匀排放时，最终污染物浓度的空间分布形成弱扩散区，用于考虑污染物排放在空间上聚集分布和扩散能力较弱的区域。

基于广东省模型模拟网格结果，结合广州市管控需要拟合到行政区划边界内的要求，扣除大气环境优先保护区、大气环境高排放重点管控区、大气环境受体敏感重点管控区、大气环境布局敏感重点管控区、河流和水域等类型，将剩余的区域作为广州市的大气环境弱扩散重点管控区。

（1）广东省大气弱扩散网格。

假定模拟范围内每个网格排放相同的污染物（0.25 g/s），利用空气质量模型（CMAQ）模拟所有网格排放源的环境影响，依据污染物浓度的高低或聚集度，划定污染物聚集敏感区。在广东省排放一致的情况下，容易受到污染的地区主要分布在佛山、广州、肇庆、清远以及韶关局部地区、河源局部地区、梅州局部地区、惠州局部地区等。聚集敏感区呈带状或片状分布，反映了区域内空气污染的输送特征，由此可见，影响珠江三角洲地区空气质量的主要输送通道分别是河源—惠州—广州通道、韶关—清远—广州通道和肇庆—佛山—广州通道。

类似大气环境布局敏感性，大气环境弱扩散敏感性归一化处理过程中，将广东省平均值作为单位 1，最终获得各网格弱扩散敏感性的空间分布范围，识别的污染物类型包括 $PM_{2.5}$ 和 O_3 两类，其中高于 1 的值代表高于全省的平均值，低于 1 的值代表低于全省的平均值。广州市大气环境弱扩散敏感性分级见表 7-33。

根据由广东省技术组下发的广州市大气环境弱扩散敏感性空间分布图，将广州市 50%的区域纳入广州市大气环境弱扩散敏感性区域内，包括广州市中心城区、番禺区、天河区、花都区西南部、黄埔区西北部、南沙区北部。广州市大气环境弱扩散敏感性分级如图 7-52 所示。

表 7-33　广州市大气环境弱扩散敏感性分级

序号	百分比	广州市颗粒物聚集敏感性	
		数值范围	评价分级
1	0～10%	0.70～1.01	不纳入大气环境弱扩散重点管控区
2	10%～20%	1.01～1.05	

续表

序号	百分比	广州市颗粒物聚集敏感性	
		数值范围	评价分级
3	20%～30%	1.05～1.08	不纳入大气环境弱扩散重点管控区
4	30%～40%	1.08～1.11	
5	40%～50%	1.11～1.14	
6	50%～60%	1.14～1.17	大气环境弱扩散重点管控区
7	60%～70%	1.17～1.20	
8	70%～80%	1.20～1.22	
9	80%～90%	1.22～1.26	
10	90%～100%	1.26～1.43	

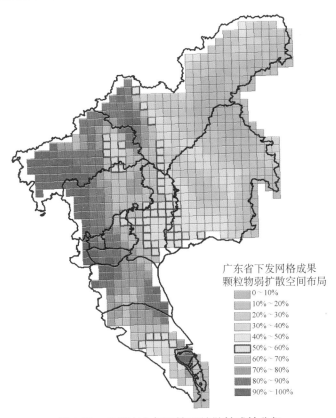

图7-52 广州市大气环境弱扩散敏感性分级

（2）细化至广州行政区划。

结合村镇行政边界，将广州市大气环境弱扩散敏感性细化至村庄行政边界内。根据广州市的实际情况，对大气环境弱扩散重点管控区的边界区域进行优化，主要包括两部分内容：① 对从化区、黄埔区、增城区、番禺区、南沙区的边界区域进行优化；② 剔除区域内的河流、水库等水域。广州市大气环境弱扩散重点管控区空间范围优化如图 7-53 所示。

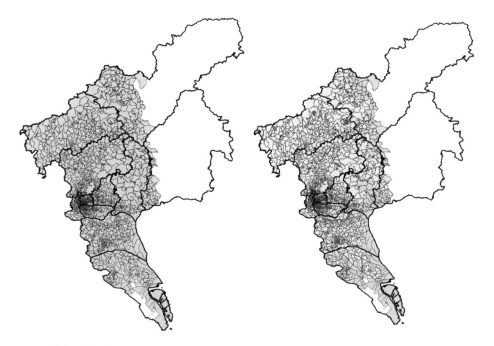

a.大气环境弱扩散重点管控区耦合村庄边界　　　b.大气环境弱扩散重点管控区扣除边界和水域

图7-53　广州市大气环境弱扩散重点管控区空间范围优化

（3）广州市大气环境弱扩散重点管控区。

经校核，大气环境弱扩散重点管控区面积为 3 201.76 km²，占广州市总面积的 44.17%。广州市各区大气环境弱扩散重点管控区面积及占比见表 7-34，广州市大气环境弱扩散重点管控区空间分布如图 7-54 所示。

表 7-34　广州市各区大气环境弱扩散重点管控区面积及占比

行政区	全区矢量面积/km²	大气环境弱扩散重点管控区面积/km²	占比/%
荔湾区	62.67	56.98	90.92

续表

行政区	全区矢量面积/km²	大气环境弱扩散重点管控区面积/km²	占比/%
越秀区	33.67	32.25	95.78
海珠区	91.95	80.17	87.19
天河区	136.65	133.90	97.99
白云区	664.58	647.69	97.46
黄埔区	481.09	315.10	65.50
番禺区	515.12	389.29	75.57
花都区	969.14	952.50	98.28
南沙区	694.36	190.76	27.47
从化区	1 984.19	386.99	19.50
增城区	1 614.85	16.13	1.00
全市	7 248.27	3 201.76	44.17

图7-54 广州市大气环境弱扩散重点管控区空间分布

5. 大气环境重点管控

广州市大气环境重点管控区面积为 4 506.45 km²，占比为 62.17%。广州市各区大气环境重点管控区面积及占比见表 7-35。

表 7-35　广州市各区大气环境重点管控区面积及占比

行政区	全区矢量面积/km²	大气环境重点管控区面积/km²	占比/%
荔湾区	62.67	57.87	92.34
越秀区	33.67	27.71	82.30
海珠区	91.95	70.75	76.94
天河区	136.65	132.67	97.09
白云区	664.58	538.94	81.10
黄埔区	481.09	463.07	96.27
番禺区	515.12	440.44	85.50
花都区	969.14	744.86	76.86
南沙区	694.36	612.77	88.25
从化区	1 984.19	629.28	31.71
增城区	1 614.85	788.09	48.80
总计	7 248.27	4 506.45	62.17

7.6.4　大气环境一般管控区的识别

将大气环境重点管控区和大气环境优先保护区之外的区域作为大气环境一般管控区，大气环境一般管控区面积为 1 114.58 km²，占广州市总面积的 15.38%。广州市各区大气环境一般管控区面积及占比见表 7-36。

表 7-36　广州市各区大气环境一般管控区面积及占比

行政区	全区矢量面积/km²	大气环境一般管控区面积/km²	占比/%
荔湾区	62.67	4.80	7.66
越秀区	33.67	1.41	4.19
海珠区	91.95	11.30	12.29
天河区	136.65	2.51	1.84
白云区	664.58	15.35	2.31

行政区	全区矢量面积/km²	大气环境一般管控区面积/km²	占比/%
黄埔区	481.09	16.74	3.48
番禺区	515.12	59.24	11.50
花都区	969.14	9.91	1.02
南沙区	694.36	81.59	11.75
从化区	1 984.19	327.28	16.49
增城区	1 614.85	584.45	36.19
总计	7 248.27	1 114.58	15.38

7.6.5　大气环境管控综合分区划定

广州市大气环境优先保护区主要为《广州市环境空气质量功能区区划》中的一类功能区，涵盖大型森林公园、自然保护区、风景名胜区等区域，面积为 1 627.27 km²，占广州市总面积的 22.45%。广州市大气环境重点管控区包括大气环境高排放重点管控区、大气环境受体敏感重点管控区、大气环境布局敏感重点管控区、大气环境弱扩散重点管控区等类型，面积为 4 506.45 km²，占广州市总面积的 62.17%。大气环境一般管控区面积为 1 114.58 km²，占广州市总面积的 15.38%。广州市大气环境管控分区情况见表 7-37，广州市大气环境分区管控如图 7-55 所示，广州市各区大气环境管控分区面积组成见表 7-38。

表 7-37　广州市大气环境管控分区情况

类别		面积/km²	占比/%
大气环境优先保护区		1 627.27	22.45
大气环境重点管控区	大气环境高排放重点管控区	900.25	12.42
	大气环境受体敏感重点管控区	1 096.03	15.12
	大气环境布局敏感重点管控区	1 729.05	23.85
	大气环境弱扩散重点管控区	781.12	10.78
	小计	4 506.45	62.17
大气环境一般管控区		1 114.58	15.38
总计		7 248.27	100

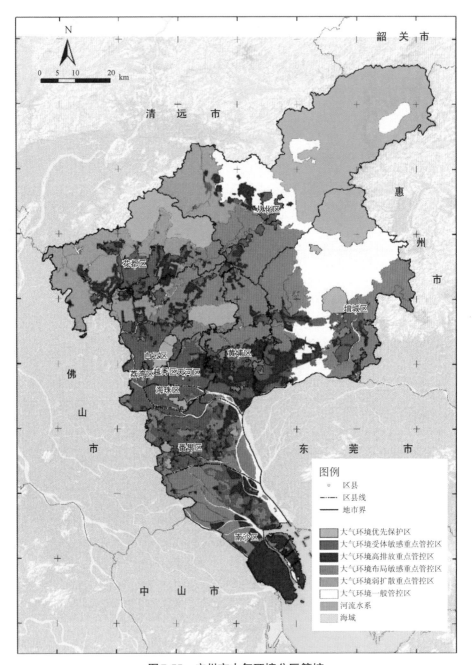

图7-55 广州市大气环境分区管控

表 7-38　广州市各区大气环境管控分区面积组成

行政区	大气环境优先保护区		大气环境重点管控区		大气环境一般管控区	
	面积/km²	占比/%	面积/km²	占比/%	面积/km²	占比/%
荔湾区	0	0	57.87	92.34	4.80	7.65
越秀区	4.54	0.06	27.71	82.29	1.41	4.19
海珠区	9.90	0.14	70.75	76.94	11.30	12.29
天河区	1.59	0.02	132.67	97.08	2.51	1.84
白云区	110.19	1.52	538.94	81.10	15.35	2.31
黄埔区	1.28	0.02	463.07	96.27	16.74	3.48
番禺区	15.44	0.21	440.44	85.50	59.24	11.50
花都区	214.37	2.96	744.86	76.42	9.91	1.02
南沙区	0	0	612.77	88.25	81.59	11.75
从化区	1 027.64	14.18	629.28	31.71	327.28	16.49
增城区	242.32	3.34	788.09	48.80	584.45	36.19
全市	1 627.27	22.45	4 506.45	62.17	1 114.58	15.38

其中，大气环境高排放重点管控区包括省级及以上工业园区、机场控制区、工业产业区块中大气污染排放量大的区域，面积为 900.25 km²，占比为 12.42%；大气环境受体敏感重点管控区是指以居住、商贸等功能为主的人口高度集聚区域，面积为 1 096.03 km²，占比为 15.12%；大气环境布局敏感重点管控区是指通过模拟技术识别出的大气污染排放对受体敏感目标影响较大的区域，面积为 1 729.05 km²，占比为 23.85%；大气环境弱扩散重点管控区是指污染容易聚集的区域，面积为 781.12 km²，占比为 10.78%。广州市各区大气环境重点管控分区组成见表 7-39。

表 7-39　广州市各区大气环境重点管控分区组成

行政区	大气环境高排放重点管控区		大气环境受体敏感重点管控区		大气环境布局敏感重点管控区		大气环境弱扩散重点管控区		合计	
	面积/km²	占比/%	面积/km²	占比/%	面积/km²	占比/%	面积/km²	占比/%	面积/km²	占比/%
荔湾区	3.38	5.40	47.22	75.35	7.27	11.60	0	0	57.87	92.34
越秀区	1.30	3.85	26.41	78.44	0	0	0	0	27.71	82.29
海珠区	2.10	2.29	63.61	69.18	5.04	5.48	0	0	70.75	76.94
天河区	28.91	21.16	87.23	63.83	16.53	12.10	0	0	132.67	97.08

续表

行政区	大气环境高排放重点管控区		大气环境受体敏感重点管控区		大气环境布局敏感重点管控区		大气环境弱扩散重点管控区		合计	
	面积/km²	占比/%	面积/km²	占比/%	面积/km²	占比/%	面积/km²	占比/%	面积/km²	占比/%
白云区	93.32	14.04	160.82	24.20	199.52	30.02	85.28	12.83	538.94	81.10
黄埔区	124.18	25.82	92.64	19.26	246.25	51.19	0	0	463.07	96.27
番禺区	80.90	15.71	195.75	38.00	163.79	31.80	0	0	440.44	85.50
花都区	118.83	12.19	121.43	12.46	66.30	6.80	438.30	6.05	744.86	76.42
南沙区	256.18	36.89	70.69	10.18	285.90	41.17	0	0	612.77	88.25
从化区	56.77	2.86	63.02	3.18	251.95	12.70	257.54	3.55	629.28	31.71
增城区	134.38	8.32	167.21	10.35	486.50	30.13	0	0	788.09	48.80
全市	900.25	12.42	1 096.03	15.12	1 729.05	23.85	781.12	10.78	4 506.45	62.17

7.6.6 大气环境管控分区的控制要求

（1）大气环境优先保护区内按照《广州市环境空气质量功能区区划》的要求，执行一级空气质量标准，禁止新建、扩建有大气污染物排放的工业项目；现有项目改建的，应当减少大气污染物排放总量；新建、扩建有大气污染物排放的非工业项目，环评文件审批时，有关部门须向市政府报告。

（2）大气环境重点管控区控制要求包括：① 大气环境受体敏感重点管控区内现有产生大气污染物的工业企业应持续开展节能减排，降低区域污染排放。禁止燃放烟花、爆竹；禁止焚烧生活垃圾、建筑垃圾、环卫清扫物等废弃物；加强餐饮业燃料烟气及餐饮油烟防治，鼓励餐饮业及居民生活能源使用天然气、液化石油气、生物酒精等洁净能源。② 大气环境高排放重点管控区应根据园区产业性质和污染排放特征实施重点监管与减排，区（县）政府应制定高排放区环境质量改善目标，引导区域内工业项目入园管理，加强重点源监管及综合治理，确保达标排放。③ 大气环境布局敏感重点管控区和大气环境弱扩散重点管控区内禁止新建、扩建燃煤电厂和企业自备发电锅炉（热电联产除外）；严禁新建、扩建石化、焦化、化工、水泥、钢铁、火电、平板玻璃、陶瓷、铸造、建材、有色金属冶炼等行业中的高污染、高能耗企业；禁止新建 20 t/h 以下的重油、渣油锅炉及直接燃用生物质锅炉；禁止新建涉及有毒有害气体排放的项目；优先淘汰区域内现存的上述禁止项目，优先实施清洁能源替代，实行大气污染物排放减量替换。

（3）大气环境一般管控区内按照国家和地方大气污染物排放标准管理，深化重点行业污染治理，强力推进国家和省确定的各项产业结构调整措施。对现有涉废气排放工业、企业加强监督管理和执法检查，定期开展清洁生产审核，在满足产业准入、总量控制、排放标准等管理制度要求的前提下，逐步实行工业项目进园、集约高效发展。

大气环境管控区环境管控要求见表 7-40。

表 7-40　大气环境管控区环境管控要求

管控维度		管控要求	参考依据
空间布局约束	禁止开发建设活动的要求	1. 禁止新建、扩建燃煤、燃油火电机组项目（含企业自备电站），禁止新建、改建、扩建以石油焦为燃料的项目。 2. 禁止新建、改建、扩建 35 t/h 以下燃煤锅炉。 3. 禁止新建、扩建国家规划外的钢铁、原油加工、乙烯生产、水泥、平板玻璃、除特种陶瓷以外的陶瓷、有色金属冶炼等大气重污染项目。 4. 禁止在市区及风景名胜区内新建、扩建水泥熟料生产线。 5. 在大气环境优先保护区内，禁止新建、扩建有大气污染物排放的工业项目；现有项目改建的，应当减少大气污染物排放总量。 6. 大气环境布局敏感重点管控区和大气环境弱扩散重点管控区内禁止新建、扩建燃煤电厂和企业自备发电锅炉（热电联产除外）；严禁新建、扩建石化、焦化、化工、水泥、钢铁、火电、平板玻璃、陶瓷、铸造、建材、有色金属冶炼等行业中的高污染、高能耗企业；禁止新建 20 t/h 以下重油、渣油锅炉及直接燃用生物质锅炉；禁止新建涉及有毒有害气体排放的项目；优先淘汰区域内现存的上述禁止项目，优先实施清洁能源替代，实行大气污染物排放减量替换	《广东省打赢蓝天保卫战实施方案（2018—2020）》《广东省大气污染防治条例》《广东省大气污染防治强化措施及分工方案》《广东省环境保护规划纲要（2006—2020 年）》《广州市环境空气质量功能区区划》《广州市环境空气质量达标规划（2016—2025 年）》《广州市城市环境总体规划（2014—2030 年）》
	限制开发建设活动的要求	1. 不得新建、改建、扩建生产和使用 VOCs 含量限值不能达到国家标准要求的涂料、油墨、胶黏剂、清洗剂等项目（共性工厂及国内现有工艺均无法使用低 VOCs 含量溶剂替代的除外）。 2. 不得新建 300 t/a 以下的油墨生产总装置（利用高新技术、无污染的除外）。 3. 不得新建含苯类溶剂型油墨生产装置。 4. 在大气环境受体敏感重点管控区内，严格限制新建、改建、扩建排放有毒有害气体及恶臭污染物的建设项目（民生工程除外）；严格限制新建 35 t/h 以下的燃煤、重油、渣油锅炉及直接燃用生物质锅炉项目；严格限制新建处于极高大气环境风险[根据《建设项目环境风险评价技术导则》（HJ 169—2018）评价风险等级]的项目。 5. 在各类大气环境重点管控区内，引导新建的大气污染物排放建设项目入园管理；大气环境高排放重点管控区全面清理淘汰集中供热范围内的高污染燃料分散供热锅炉，逐步推进集中供热范围内生物质成型燃料等其他燃料锅炉的淘汰替代。实施传统产业绿色化升级改造，对化工、建材、轻工、印染、有色等传统制造业全面实施能效提升、清洁生产、强化治污、循环利用等专项技术改造。大气环境布局敏感重点管控区和大气环境弱扩散重点管控区结合"退二进三"和"三旧"改造，按照产业结构调整指导目录，严格限制平板玻璃、皮革、印染、水泥等行业规模	《广东省打赢蓝天保卫战实施方案（2018—2020）》《产业结构调整指导目录（2019 年本）》《中华人民共和国国家标准公告》《广东省大气污染防治条例》《建设项目环境风险评价技术导则》（HJ 169—2018）、《广州市环境空气质量达标规划（2016—2025 年）》

续表

管控维度		管控要求	参考依据
空间布局约束	不符合空间布局要求的活动的退出要求	1. 现有在热电联产供热管网覆盖范围内的燃煤加热、烘干炉（窑）限期退出或关停。 2. 现有中小型煤气发生炉（炉膛直径 3 m 以下）限期退出或关停，鼓励工业炉窑使用电、天然气等清洁能源。 3. 在大气环境受体敏感重点管控区内，现有的钢铁、火电、水泥、除特种陶瓷以外的陶瓷、石化、平板玻璃、有色金属冶炼等高污染排放项目，考虑限期退出或关停。加快淘汰落后产能，推进城区产业"退二进三"，实现城区重污染企业环保搬迁改造	《工业炉窑大气污染综合治理方案》《广东省打赢蓝天保卫战实施方案（2018—2020）》
污染物排放管控	允许排放量要求	1. 相比 2017 年，2025 年全市 SO_2、NO_x、VOCs 排放量分别削减 1 886.7 t、8 618.3 t、27 008.0 t，分别下降 11.4%、7.3%、20.2%。 2. 大气环境受体敏感重点管控区内禁止城市清扫废物、园林废物、建筑废弃物等露天焚烧。削减煤炭消费总量，实行煤炭消费总量中长期控制目标管理。加强餐饮业燃料烟气及餐饮油烟防治，鼓励餐饮业及居民生活能源使用天然气、液化石油气、生物酒精等洁净能源。 3. 合理优化储油库、加油站区域布局，加快充电桩建设，积极推广清洁能源汽车，推动机动车和非道路移动机械电动化	《广州市环境空气质量达标规划（2016—2025 年）》
	新增源等量或倍量替换	1. 新建工业项目原则上实施 NO_x 等量替代，VOCs 两倍削减量替代。 2.以臭氧生成潜势较大的行业企业为重点，推进挥发性有机物源头替代，全面加强无组织排放控制，深入实施精细化治理	
	新增源排放标准限制	1. 新建燃气锅炉其 NO_x 排放应执行广东省地方标准《锅炉大气污染物排放标准》（DB 44/765—2019）的大气污染物特别排放限值标准。 2. 新建火电、钢铁行业项目，大气污染物排放应达到超低排放标准要求。 3. 新建水泥、石化、化工、有色金属冶炼行业项目，大气污染物排放应达到大气污染物特别排放限值。 4. 新建 35 t/h 及以上的燃煤锅炉项目，大气污染物排放应达到广东省地方标准《锅炉大气污染物排放标准》（DB 44/765—2019）中要求的大气污染物特别排放限值	广东省地方标准《锅炉大气污染物排放标准》（DB 44/765—2019）、《广东省生态环境厅关于化工、有色金属冶炼行业执行大气污染物特别排放限值的公告》《广东省环境保护厅关于钢铁、石化、水泥行业执行大气污染物特别排放限值的公告》
	新增源排放标准限制	1. 现有的 35 t/h 以下燃煤锅炉，应全部完成清洁能源改造或淘汰。 2. 现有有机化工、医药化工、合成材料、合成树脂、合成橡胶制造等行业载有气态、液态 VOCs 物料的设备与管线组件密封点数量大于等于 2 000 个的，应开展 LDAR 工作。 3. 现有陶瓷行业应限期开展提标升级改造，其 SO_2、NO_x、颗粒物排放浓度应达到广东省地方标准《陶瓷工业大气污染物排放标准》（DB 44/2160—2019）的要求。 4. 现有钢铁行业应加快推进超低排放改造，其大气污染物排放需达到《关于推进实施钢铁行业超低排放的意见》的要求。 5. 现有化工企业执行 SO_2、NO_x 和非甲烷总烃的大气污染物特别排放限值；现有金属冶炼行业执行颗粒物、SO_2、NO_x 的大气污染物特别排放限值。 6. 现有水泥行业项目，其 SO_2、NO_x、颗粒物排放应达到大气污染物特别排放限值；现有石化、化工项目，其 SO_2、NO_x、颗粒物和 VOCs 排放应达到大气污染物特别排放限值。 7. 现有平板玻璃、电子玻璃行业应完成提标改造，其 SO_2、NO_x、颗粒物排放浓度应达到广东省地方标准《玻璃工业大气污染物排放标准》（DB 44/2159—2019）的要求。 8. 现有生物质锅炉项目应完成提标改造，其 SO_2、NO_x、颗粒物排放应达到广东省地方标准《锅炉大气污染物排放标准》（DB 44/765—2019）的要求。	《广东省打赢蓝天保卫战实施方案（2018—2020）》《重点行业挥发性有机物综合治理方案》《广东省环境保护厅关于钢铁、石化、水泥行业执行大气污染物特别排放限值的公告》《关于推进实施钢铁行业超低排放的意见》、广东省地方标准《锅炉大

管控维度		管控要求	参考依据
污染物排放管控	现有源提标升级改造	9. 现有 35 t/h 及以上燃煤锅炉项目应完成提标改造,其大气污染物排放应达到广东省地方标准《锅炉大气污染物排放标准》(DB 44/765—2019)要求的大气污染物特别排放限值。 10. 现有 VOCs 重点排放源实施排放浓度与去除效率双重控制。收集的废气中 NMHC 初始排放速率≥3kg/h 的,应配置去除效率不低于 80%的 VOCs 处理设施,并确保稳定达标。 11. 现有 VOCs 排放企业应提标改造,厂区内 VOCs 无组织排放监控点浓度应达到《挥发性有机物无组织排放控制标准》(GB 37822—2019)的要求。 12. 现有使用 VOCs 含量限值不能达到国家标准要求的涂料、油墨、胶黏剂、清洗剂等项目鼓励进行低 VOCs 含量原辅材料的源头替代(共性工厂及国内外现有工艺均无法使用低 VOCs 含量溶剂替代的除外)	气污染物排放标准》(DB 44/765—2019)、广东省地方标准《陶瓷工业大气污染物排放标准》(DB 44/2160—2019)、广东省地方标准《玻璃工业大气污染物排放标准》(DB 44/2159—2019)、《重点行业挥发性有机物综合治理方案》《挥发性有机物无组织排放控制标准》(GB 37822—2019)
环境风险防控	企业风险防控	1. 石油、化工企业需编制环境风险应急预案,并定期做突发事故演练。 2. 生产、储存和输送含 VOCs 物料(VOCs 含量≥10%)的企业,在贮存、转移、利用、处置过程需保持密闭。 3. 生产、储存和使用有毒有害气体的企业,需建立环境风险预警体系	《石油化工企业环境应急预案编制指南》《有毒有害气体环境风险预警体系建设技术导则(征求意见稿)》《企业突发环境事件风险分级方法》(HJ 941—2018)
	园区风险防控	化工园区应建立环境风险评估和环境风险预警体系	《有毒有害气体环境风险预警体系建设技术导则(征求意见稿)》
	联防联控要求	1. 制订以臭氧污染防治为主要对象的污染天气应对方案及配套联防联控响应体系。 2. 生态环境主管部门应当会同气象等有关部门建立重污染天气监测预警机制,对大气环境质量和重污染天气进行监测和预报	《广东省大气污染防治条例》
资源利用效率要求	能源利用总量及效率要求	1. 实施煤炭消费总量削减,煤炭减量任务应分解到县(市、区)、重点煤耗企业。 2. 到 2025 年不得超过国家、省能源及煤炭消费总量指标要求。 3. 实现年耗能 5 000 t 标准煤以上重点用能单位能耗在线实时动态监测,实施能源消费总量和单位 GDP 综合能耗双控,力争 2025 年能源消费总量不出现大幅增长,2025 年单位 GDP 能耗水平达到国家下达的目标要求。 4. 鼓励新建耗煤项目实施煤炭减量替代	《广东省环境保护规划纲要(2006—2020 年)》《广东省节能减排"十三五"规划》《广东省"十三五"能源结构调整实施方案》

第 8 章 土壤环境风险防控底线及分区管控

8.1 技术路线

土壤环境风险管控底线是根据《土壤环境质量标准》（GB 15618—1955）及土壤污染防治相关规划、行动计划要求，对受污染耕地及污染地块安全利用目标、空间管控提出的明确要求。

基于生态环境、规划和自然资源、农业农村等多部门的土壤污染调查成果，评价广州市农用地土壤环境质量类别、建设用地土壤污染风险，结合各地市最新土地利用现状、土地利用规划、产业布局规划等，划分土壤环境管控分区。土壤环境风险管控底线划定技术路线如图 8-1 所示。

8.2 土壤污染现状及原因

8.2.1 土壤污染现状

根据 2011—2015 年广州市环境质量报告书，"十二五"期间，广州市开展了城市土壤环境质量监测，选取广州市中心区、东区、南区、西区和北区 5 个区域内的菜地、果园、公园绿地、居民小区绿地、道路绿化带 5 种土地利用类型。监测结果表明，监测区域内有 8 项重金属超标，主要超标污染物为铅（Pb）、镉（Cd）、汞（Hg）。

"十二五"期间，广州市也开展了部分农田土壤重金属污染监测，结果显示部分农田土壤存在不同程度的重金属污染，主要污染物为汞、镉、铜（Cu）、砷（As）和镍（Ni）。污染农田主要位于增城区、白云区、花都区、海珠区等区域。总体来看，广州市城郊菜地局部区域出现重金属轻度污染，农产品安全存在一定风险。

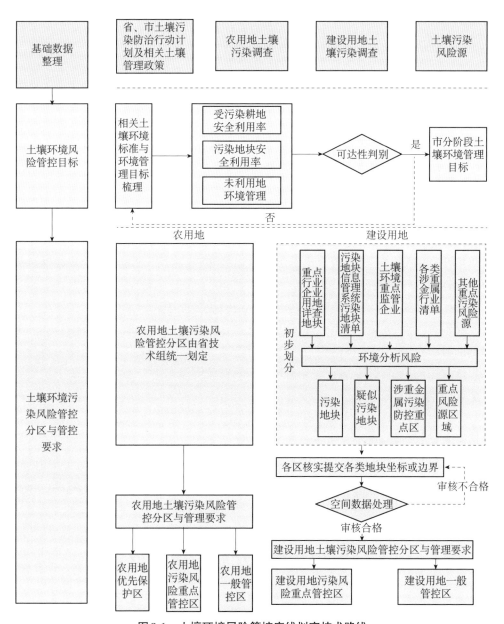

图8-1 土壤环境风险管控底线划定技术路线

2017 年以来，广州市逐步开展农用地土壤环境质量详细调查和重点行业企业用地土壤污染状况调查。目前，农用地土壤环境质量详细调查工作已完成，重点行业企业用地土壤污染状况调查工作正在开展中。

8.2.2　土壤污染原因分析

土壤污染具有长期性和累积性。广州市的土壤污染与国内许多经济较发达城市一样，是在经济社会发展过程中长期累积形成的。广州市土壤污染的主要原因如下：

（1）工矿企业生产经营活动中排放的废气、废水、废渣是造成其周边土壤污染的主要原因。尾矿渣、危险废物等各类固体废物堆放导致其周边土壤污染。汽车尾气排放导致交通干线两侧土壤铅、锌（Zn）等重金属和多环芳烃污染。尤其是改革开放初期，小电镀等"十五小"企业分布较广，对土壤造成的重金属污染影响短时间内难以消除。

（2）农业生产活动是造成耕地土壤污染的重要原因。污水灌溉以及化肥、农药、农膜等农业投入品的不合理使用和畜禽养殖等，导致耕地土壤污染。部分无牌无证村镇企业造成水体污染后重金属污染物沉积，而农民长期习惯使用河涌底泥，以农田周围的灌渠、河涌或地下水作为农业灌溉水源，易导致农田土壤受到重金属污染。

（3）生活垃圾、废旧家用电器、废旧电池、废旧灯管等随意丢弃，以及日常生活污水排放，造成土壤污染。

（4）自然背景值高是一些地区土壤重金属超标的原因。由于自然气候和成土母质的原因，广东省部分地区土壤重金属背景值高、活性强、潜在威胁大，是土壤重金属污染的敏感区域。

8.3　土壤污染防治工作开展情况及成效

8.3.1　加强开发利用工业企业场地环境管理及土壤修复

2016 年，广州市对开发利用工业企业场地的土壤环境调查评估报告、污染场地土壤环境治理修复实施方案及治理修复验收报告等进行备案管理，开展了 43 个重点地块场地环境调查和风险评估工作，梳理了 17 个需治理修复的污染地块，并开展治理修复工作。

2017 年出台《广州市土壤污染防治行动计划工作方案》《广州市土壤污染治理与修复规划（2017—2020 年）》。此外，严格管控工业企业再开发利用污染地块风险，开展 51 个重点地块场地环境调查和风险评估，并对部分地块开展治理修复工作。

2018 年印发实施《广州市污染地块再开发利用环境管理实施方案（试行）》，率先在广东省建立部门联动管理机制。此外，签订土壤污染防治目标责任书，实施重点监管企业名录制度。同时，严格土壤污染治理与修复，共开展 118 个地块土壤环境质量调查评估。

2016—2019 年，广州市共完成 19 个地块的治理修复工作。

8.3.2 强化重金属污染防治

2016 年印发实施《广州市重金属污染综合防治 2016 年度实施方案》，完成广州市重金属污染综合防治"十二五"规划全面考核工作，并超额完成国家和省下达的重金属污染减排考核任务。

2017 年印发实施《广州市重金属污染综合防治 2017 年度实施方案》，制定广州市重金属污染防治"十三五"规划。每季度开展国控重金属重点企业废水、废气监督性监测，更新广州市 2016 年度汞污染排放源企业名单。2018 年印发《关于加强涉重金属行业污染防控的意见》，强化涉重金属行业的污染防控。

8.3.3 加强固体废物环境管理

2016 年，广州市进一步深化危险废物规范化管理，推进固体废物管理信息系统建设，并组织开展危险废物专项执法检查，完成广州市环境激素类化学品生产使用情况调查。广州市固体废物地理信息系统（GIS）管理信息系统注册企业 7 532 家，比 2015 年增加了 44.85%；全市 280 家床位医院、1 233 家非床位医院、48 家生活污水处理厂全部实现信息化系统管理。全年完成工业危险废物、医疗废物、生活污泥电子联单共 131 955 份，比 2015 年增加了 55.24%，共转移工业危险废物

43.35 万 t。

2018 年印发实施《广州市贯彻落实广东省固体废物污染防治三年行动计划实施方案（2018—2020 年)》，全面排查危险废物经营单位、污泥处置单位，重点打击固体废物非法转移、倾倒处置行为。

8.3.4 推进土壤污染状况详查

广州市出台了《广州市土壤污染防治行动计划工作方案》《广州市土壤污染治理与修复规划（2017—2020 年)》，并开展农用地土壤环境质量详细调查和重点行业用地土壤环境质量调查。广州市按照国家、广东省的统一部署和要求，① 以耕地为重点，兼顾园地、林地和草地，围绕已有调查发现的重点土壤污染区域和潜在重点土壤污染区域，开展农用地土壤环境质量详细调查，并协同开展食用农产品质量调查。目前已完成农用地详查工作。② 以石油加工、化工、电镀、制革、造纸、印染、汽车拆解、医药制造、铅酸蓄电池制造、有色金属冶炼、焦化、危险废物处理处置和其他涉及危险化学品生产、储存、使用等行业在产企业用地及重点污水处理厂、垃圾填埋场、垃圾焚烧厂、污泥处理处置设施等公用设施用地为重点，开展土壤环境调查。根据《广州市重点行业企业用地土壤污染状况调查实施方案》，列入名单中的广州市重点行业企业地块总数量为 1 298 个，目前已基本完成上述地块的基础信息调查、空间信息整合工作。

8.4 建设用地土壤污染风险分析

一方面，广州市开展调查，进行资料收集，识别污染地块、疑似污染地块及其他重点风险源等区域。另一方面，各区上报、补充相关资料信息，采取点面结合的方式确定建设用地污染风险重点管控区，并建立动态更新制度，根据全市重点行业企业用地调查结果做相应调整。

根据广州市实际情况，广州市建设用地存在污染风险的地块主要包括重点行业企业调查地块及其他重点管控地块（包括广州市国家、省、市重点管控企业，广州市全口径涉重金属重点行业企业，广州市涉镉等重金属重点行业企业及广州市市政基础设施用地），具体如下：

8.4.1 土壤污染风险源

1. 重点行业企业调查地块

根据《广州市重点行业企业用地土壤污染状况调查实施方案》规定，列入名单中的重点行业企业调查地块共 1 298 个，增城区和黄埔区的重点行业企业地块数量较多，均超过 300 个，分别为 314 个和 306 个，天河区、海珠区和荔湾区分布数量较少。广州市重点行业企业的分布情况如图 8-2 所示。

2. 其他重点管控地块

（1）广州市国家、省、市重点管控企业。根据广州市土壤污染重点监管单位名单，列入名单的企业总数量为 43 家，其中 2017 年纳入的企业数量为 35 家，2018 年纳入的企业数量为 8 家。广州市国家、省、市重点管控企业主要分布在 8 个区，其中白云区、从化区和黄埔区分布数量较多，3 个区的重点管控企业数量均为 8 家。其中，海珠区的土壤污染重点监管企业（广州珠江管业科技有限公司）已于 2020 年 6 月 30 日永久停产。广州市国家、省、市重点管控企业分布如图 8-3 所示。

（2）广州市全口径涉重金属重点行业企业。2019 年，广州市全口径涉重金属重点行业企业共 159 家，主要分布在南沙区、白云区和番禺区等 9 个区，其中南沙区数量为 42 家，白云区数量为 33 家，番禺区数量为 28 家，其他区数量较少。广州市全口径涉重金属重点行业企业分布情况如图 8-4 所示。

（3）广州市涉镉等重金属重点行业企业。2019 年，广州市涉镉等重金属重点行业企业共 103 家，主要分布在白云区、番禺区、南沙区、黄埔区、增城区、从化区和花都区，其中白云区和番禺区分布数量较多，分别为 31 家和 21 家，其他区分布数量较少。广州市涉镉等重金属重点行业企业分布如图 8-5 所示。

（4）广州市市政基础设施用地。广州市市政基础设施用地包括垃圾填埋场、垃圾焚烧厂、污水处理厂及其污泥堆场，根据广州市生态环境局关于全面梳理细化广州市固体废物处理设施建设情况的报告及各区提供的数据，属于广州市市政基础设施用地的地块总数为 81 个，其中垃圾填埋场地块 11 个，污水处理厂地块 61 个，垃圾焚烧厂地块 8 个（位于从化区的广州市第七资源热力电厂分一期和二期两个地块），污泥堆场地块 34 个，其中 33 个污泥堆场位于污水处理厂地块范围内（不计入地块数量统计）。广州市市政基础设施用地主要分布在白云区、从化区、花都区、南沙区、增城区等 10 个区，其中增城区和白云区地块分布较多，分别为 16 个和 13 个，其他区分布较少，越秀区无以上各类型市政基础设施地块。广州市市政基础设施用地分布情况如 8-6 所示。

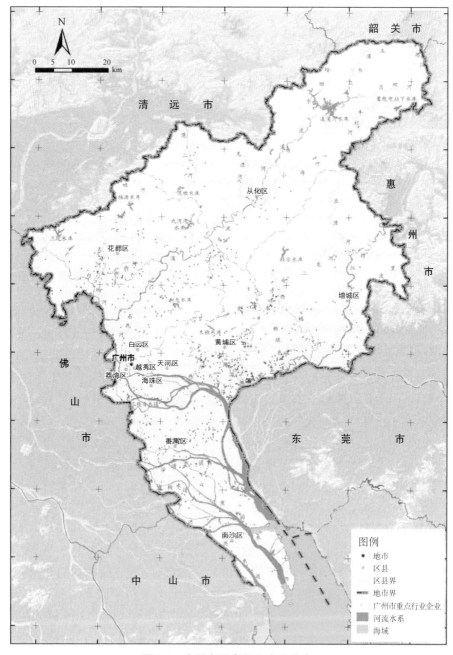

图8-2 广州市重点行业企业分布

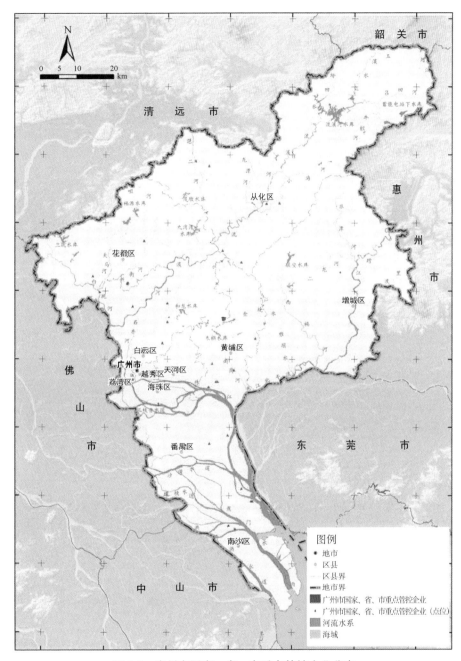

图8-3 广州市国家、省、市重点管控企业分布

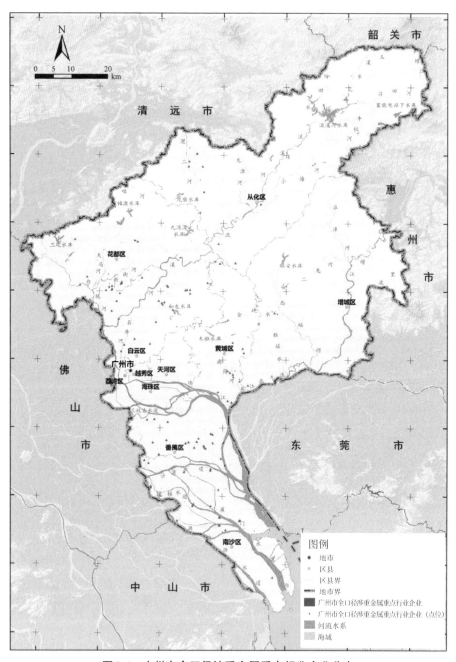

图8-4 广州市全口径涉重金属重点行业企业分布

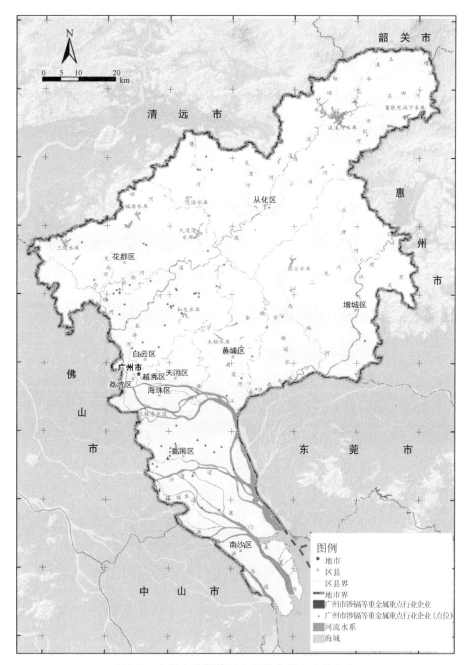

图8-5 广州市涉镉等重金属重点行业企业分布

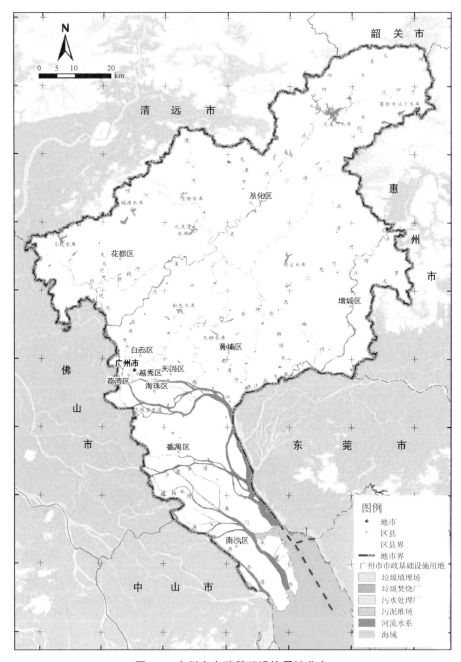

图8-6 广州市市政基础设施用地分布

目前，广州市存在土壤环境风险的地块主要包括广州市国家、省、市重点管控企业，广州市全口径涉重金属重点行业企业，广州市涉镉等重金属重点行业企业及广州市市政基础设施用地。其中广州市国家、省、市重点管控企业 43 家，广州市全口径涉重金属重点行业企业 159 家，广州市涉镉等重金属重点行业企业103 家，广州市市政基础设施用地 81 个。除去以上四大类企业地块中的重复地块后，广州市存在土壤环境风险的地块共 280 个。

8.4.2　行业及分布情况分析

广州市存在土壤环境风险的 280 个地块涉及的行业类别主要为金属表面处理及热处理加工、污水处理及其再生利用、电子电路制造、环境卫生管理、皮革鞣制加工、汽车零部件及配件制造等。广州市存在土壤环境风险的地块各区分布情况见表 8-1。

表 8-1　广州市存在土壤环境风险的地块各区分布情况　　单位：个

序号	主要污染风险源	荔湾区	海珠区	天河区	白云区	黄埔区	番禺区	花都区	南沙区	从化区	增城区
1	广州市国家、省、市重点管控企业	4	1	—	8	8	2	5	5	8	2
2	广州市全口径涉重金属重点行业企业	1	—	1	33	19	28	12	42	13	10
3	广州市涉镉等重金属重点行业企业	—	—	—	31	12	21	5	15	9	10
4	广州市市政基础设施用地	2	1	2	13	9	7	11	10	10	16
	合计（删除重复及已修复地块后）	7	2	3	52	35	44	24	57	29	27

广州市 280 个存在土壤环境风险的企业地块主要分布在南沙、白云区、番禺区、黄埔区及从化区，其中南沙区、白云区及番禺区分布数量较多，地块数量分别为 57 个、52 个及 44 个，3 个区的地块总数量接近全市存在土壤环境风险的企业地块数量的一半；天河区、海珠区、荔湾区等中心城区地块分布数量较少，均未超过 10 个；越秀区无土壤环境风险的企业地块。各区存在土壤环境风险的企业地块数量占比情况如图 8-7 所示。

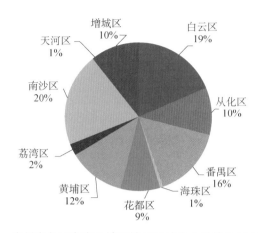

图8-7 广州市各区存在土壤环境风险的企业地块数量占比情况

8.5 土壤环境风险控制底线的确定

根据《土壤环境质量标准》(GB 15618—1995)及土壤污染防治相关规划、行动计划要求,在广东省分阶段受污染耕地及污染地块安全利用目标值的基础上,结合土壤环境污染风险环境分析结果,结合种植结构、土壤污染防治规划、土地利用规划等因素,分析底线目标管控值的可行性,确定不同阶段的土壤环境风险管控目标。此外,各市土壤环境风险目标值不得低于广东省目标值。

8.5.1 土壤环境风险控制底线指标

土壤环境风险控制底线指标采用《土壤污染防治行动计划》中的指标,即受污染耕地安全利用率和污染地块安全利用率两个指标。根据《关于印发〈土壤污染防治行动计划实施情况评估考核规定(试行)〉的通知》,受污染耕地安全利用率和污染地块安全利用率指标解释和计算方法如下:

1. 受污染耕地安全利用率

(1)受污染耕地安全利用率是指实现安全利用的受污染耕地面积,占行政区受污染耕地总面积的比例。

(2)受污染耕地安全利用率计算公式为

$$A = \frac{B}{C} \times 100\% \qquad (8\text{-}1)$$

式中，A——某区域受污染耕地安全利用率；

B——某区域实现安全利用后受污染耕地面积，hm^2；

C——某区域受污染耕地的总面积，hm^2。

实现安全利用受污染耕地面积的评价方法另行制定。

2. 污染地块安全利用率

（1）污染地块安全利用率是指符合规划用地土壤环境质量要求的再开发利用污染地块面积，占行政区域内全部再开发利用污染地块面积的比例。

（2）污染地块安全利用率计算公式为

$$G = \frac{H}{K} \times 100\% \qquad (8\text{-}2)$$

式中，G——某行政区污染地块安全利用率；

H——某行政区符合规划用地土壤环境质量要求的再开发利用污染地块面积，hm^2；

K——某行政区再开发利用污染地块总面积，hm^2。

3. 考核面积认定具体如下：

（1）2017 年 7 月 1 日—2020 年 12 月 31 日，将获取建设工程规划许可证的再开发利用污染地块总面积作为污染地块安全利用率考核基数。

（2）获取建设工程规划许可证的再开发利用污染地块，将其中土壤环境质量符合相应规划用地要求的地块面积计入安全利用的再开发利用污染地块面积。

（3）再开发利用的疑似污染地块、污染地块，未按照《污染地块土壤环境管理办法（试行）》有关规定开展环境调查、风险评估、风险管控、治理与修复及其效果评估，以及未将相关报告（方案）上传全国污染地块土壤环境管理信息系统并向社会公开的，其面积按不符合规划用地土壤环境质量要求的再开发利用污染地块面积计。

8.5.2 土壤环境风险控制底线设置过程及结果

根据《广州市土壤污染防治行动计划工作方案》要求，广州市土壤环境风险管控目标为：2020 年年底，受污染耕地安全利用率要求达到 90% 左右，污染地块安全利用率达到 90% 以上；到 2030 年，受污染耕地安全利用率达到 95% 以上，污染地块安全利用率达到 95%以上。

《广州市土壤污染防治行动计划工作方案》中未设定 2025 年和 2035 年土壤环境风险控制底线目标,综合考虑广州市实际情况,将 2025 年底线目标与 2035 年底线目标设定为:到 2025 年,土壤环境质量稳中向好,受污染耕地安全利用率达到 90%左右,污染地块安全利用率达到 90%以上;到 2035 年,土壤环境质量显著改善,受污染耕地安全利用率持续保持在 95%以上,污染地块安全利用率持续保持在 95%以上。广州市土壤环境风险管控目标见表 8-2。

表 8-2　广州市土壤环境风险管控目标

目标	2025 年	2030 年	2035 年
受污染耕地安全利用率	达到 90%左右	达到 95%以上	持续保持在 95%以上
污染地块安全利用率	达到 90%以上	达到 95%以上	持续保持在 95%以上

8.5.3　土壤环境风险控制底线目标设置合理性分析

本书将广州市 2025 年及 2035 年污染地块安全利用率目标分别设置为 90%以上及 95%以上,这符合广州市土壤污染防治工作实际情况,主要原因如下:

1. 建设用地存在供应缺口,对污染地块开发利用需求强烈

由于广州市经济社会发展迅速,建设用地需求强烈。与其他地市不同,广州市建设用地存在较大供应缺口,对污染地块开发利用需求强烈。"十三五"期间,广州市新增建设用地总需求约 240 km²,新增建设用地供给总量为 200~220 km²,新增建设用地需求满足比例为 83.33%~91.67%,新增建设用地供给缺口为 20~40 km²。为了满足建设用地需求,绝大部分污染地块将被开发利用,这将使污染地块修复、环境管理工作难度大幅提升,因此,广州市 2025 年及 2035 年污染地块安全利用率目标设置符合广州市的实际发展需求。

2. 符合国家土壤污染防治工作要求

土壤污染具有长期性、累积性,顺应土壤污染防治客观规律,土壤污染防治坚持预防为主、保护优先、分类管理、风险管控、污染担责、公众参与的原则。地方各级人民政府应当对本行政区域土壤污染防治和安全利用负责。与水污染防治、大气污染防治不同,土壤污染防治没有明确类似的年度质量类目标,但是从土壤污染风险管控和安全利用的角度来看,《土壤污染防治行动计划》明

确设置了受污染耕地安全利用率要达到 90%左右，污染地块安全利用率达到 90%以上的阶段性目标指标。

土壤污染防治应坚持风险管控的总体思路。对于建设用地，应以保障人居环境安全为出发点，重点针对拟开发为居住用地和商业、学校、医疗、养老机构等公共设施与公共服务用地的污染地块，因地制宜采取风险管控和修复措施。因此，广州市 2025 年及 2035 年污染地块安全利用率目标符合国家对土壤污染防治的要求。

8.6　土壤环境风险管控分区及管控要求

8.6.1　分区原则

（1）根据农用地详查成果，收集农用地分类管理方案和数据成果（优先保护类、安全利用类、严格管控类），结合实际核实的各类管控区划定农用地优先保护区、农用地污染风险重点管控区和农用地污染风险一般管控区。

（2）收集重点行业企业用地调查名单和结果，收集已有污染地块场地环境调查、修复效果评估等报告、重点污染源土壤环境监测等数据成果，结合各区实际情况识别划分建设用地污染风险重点管控区、建设用地污染风险一般管控区。

（3）根据农用地、建设用地土壤环境污染风险分析结果，综合土地利用变更、种植结构、产业布局规划，识别划定土壤环境风险管控分区，制定各分区管制要求。

（4）基于土壤环境污染风险分析结果，依据相关技术要求，划分土壤环境风险管控分区，土壤环境风险管控分区原则如图 8-8 所示。

8.6.2　农用地污染风险管控分区及管控要求

农用地污染风险管控分区工作由广东省技术组统一划定。

1. 农用地优先保护区

该区域主要为土壤重金属含量未超筛选值的永久基本农田，为土壤环境质量较好、农产品供给安全最重要区域，实施严格保护，禁止非法占用和排放重金属或者其他有毒有害物质。

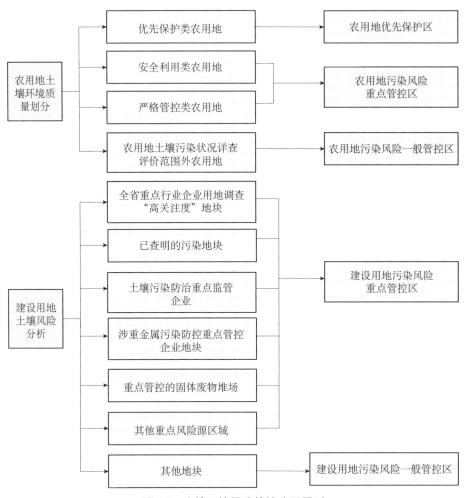

图8-8 土壤环境风险管控分区原则

2. 农用地污染风险重点管控区

依据土壤重金属超筛选值情况,该区域分为安全利用类农用地和严格管控类农用地,实施分类管控。安全利用类农用地结合主要作物品种和种植习惯等情况,制订并实施安全利用方案。严格管控类农用地的特定农产品禁止生产区内,不得种植特定农产品。

8.6.3　建设用地污染风险重点管控区及管控要求

根据广州市实际情况，将广州市重点管控地块（包括广州市国家、省、市重点管控企业，广州市全口径涉重金属重点行业企业，广州市涉镉等重金属重点行业企业及广州市市政基础设施用地）纳入广州市建设用地污染风险重点管控区。

1. 分区结果

根据广州市实际情况，将广州市 43 家国家、省、市重点管控企业，159 家广州市全口径涉重金属重点行业企业，103 家广州市涉镉等重金属重点行业企业，81 个广州市市政基础设施用地地块（包括 11 个垃圾填埋场地块、61 个污水处理厂地块、8 个垃圾焚烧厂地块及 1 个位于污水处理厂外部污泥堆场地块）纳入建设用地污染风险重点管控区。各类企业地块去除重复和已修复地块后，实际纳入地块共 280 个。

将以上地块点位坐标及边界矢量叠加合并后形成广州市建设用地污染风险重点管控区，总面积约 8.57 km² （包含建设用地污染风险重点管控区中 142 个有边界的地块总面积，不包括无法核实用地边界的另外 138 个地块），占广州市国土面积的 1.18‰。广州市建设用地污染风险重点管控区如图 8-9 所示。

此外，根据《广东省重金属污染综合防治"十三五"规划》，广州市番禺区石基镇、榄核镇、沙头街道、大龙街道等属于重金属污染重点防控区，重金属污染重点防控区内禁止新建、扩建增加重金属污染物排放的建设项目，现有技术改造项目应通过实施区域削减，实现增产减污。对重金属污染重点防控区定期开展水体、土壤、农作物环境样品布点，样品采集与检测分析，建立动态化的重金属污染数据库。

2. 管控要求

广州市建设用地土壤环境管控应以确保人居土壤环境安全为前提，对存在土壤环境风险的各类地块分类从空间布局约束、污染物排放管控及环境风险防控等维度提出土壤环境总体管控要求。建设用地污染风险重点管控区应：①加强重金属和其他有毒有害物质排放的风险管控。②现有企业应加快提标改造，强化安全监管。③污染地块进入再开发前应完成土壤修复，达到地块规划用途的土壤环境质量要求。④规范受污染地块再开发，不符合规划用地土壤环境质量要求的污染地块，不得建设任何与风险管控、修复无关的项目。⑤加强有机废物风险防控，提高有机废物高效热解及能源化利用水平。广州市建设用地污染风险重点管控区总体管控要求见表 8-3。

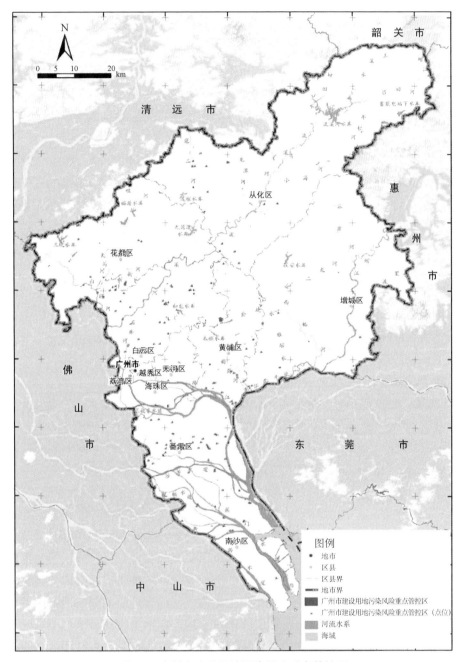

图8-9　广州市建设用地污染风险重点管控区

表 8-3　广州市建设用地污染风险重点管控区总体管控要求

管控纬度	管控要求	参考依据
空间布局约束	禁止新建重金属污染物产生和排放强度超过行业平均水平的项目；依法关停一批缺少治污设施、不能稳定达标排放的重污染企业	《广州市重金属污染综合防治"十三五"规划》《广州市土壤污染防治行动计划工作方案》
	严格落实建设项目周边安全防控距离，处于环境敏感区和城市建成区内的重金属污染企业逐步关闭或搬迁	《广州市重金属污染综合防治"十三五"规划》
	结合产业结构调整淘汰涉重金属和持久性有机污染物落后产能	《广州市土壤污染防治行动计划工作方案》
	禁止将重金属或者其他有毒有害物质含量超标的工业固体废物、生活垃圾或者污染土壤用于土地复垦	《中华人民共和国土壤污染防治法》
	列入建设用地土壤污染风险管控和修复名录的地块，不得作为住宅、公共管理与公共服务用地	《中华人民共和国土壤污染防治法》
	重金属污染重点防控区内禁止新建、扩建增加重金属污染物排放的建设项目	《广东省重金属污染综合防治"十三五"规划》
污染物排放管控	重点行业企业、污水处理厂、垃圾填埋场、垃圾焚烧厂、污泥处理处置设施等公用设施等现有相关行业企业要采用新技术、新工艺，加快提标升级改造步伐	《广州市土壤污染防治行动计划工作方案》
	对现有重金属排放企业，要全部通过清洁生产审核（淘汰和搬迁的除外），强化安全监管和达标治理	《广州市重金属污染综合防治"十三五"规划》
环境风险防控	禁止原生污泥简易填埋等不符合环保要求处置方式，避免污泥处置过程造成土壤污染	《广州市土壤污染防治行动计划工作方案》
	未达到土壤污染风险评估报告确定的风险管控、修复目标的建设用地地块，禁止开工建设任何与风险管控、修复无关的项目	《中华人民共和国土壤污染防治法》
	建立本行政区域疑似污染地块名单并进行动态更新	《污染地块土壤环境管理办法（试行）》
	逐步建立污染地块名录及其开发利用的负面清单，并进行动态更新。符合相应规划用地土壤环境质量要求的地块，可进入用地程序；不符合相应规划用地土壤环境质量要求的地块，可通过调整规划或进行治理修复，确保达标后再进入用地程序	《广州市土壤污染防治行动计划工作方案》

续表

管控 纬度	管控要求	参考依据
环境 风险 防控	暂不开发利用或现阶段不具备治理修复条件的污染地块，由所在区政府组织划定管控区域，设立标识，发布公告，开展土壤、地表水、地下水、空气环境监测；发现污染扩散的，有关责任主体要及时采取污染物隔离、阻断等环境风险管控措施	《广州市土壤污染防治行动计划工作方案》
	涉及污染地块再开发利用的规划和建设项目，未按照规定进行土壤环境调查评估的，或认定为污染地块未按照规定制订修复方案的，不得批准其涉及修复部分的再开发利用建设项目环境影响评价文件；不得办理其用途改变或土地使用权流转等相关手续。未经治理与修复效果评估或效果评估不符合要求的污染地块，不得审批其开工建设与治理修复无关的任何项目	《广州市土壤污染防治行动计划工作方案》
	加强持久性有机污染物污染防控。采取有效措施控制持久性有机污染物（POPs）排放，实施POPs污染地块的风险管控	《广州市土壤污染防治行动计划工作方案》
	责任主体应当委托有关单位对污染土壤修复工程进行环境监理。受委托的机构应当对修复工程内容的落实、环保设施的建设和运行、污染物排放及其环境影响、风险防范措施的落实等情况进行全过程监理，在修复完工时出具环境监理报告，并对报告负责	《广东省实施〈中华人民共和国土壤污染防治法〉办法》
	土壤污染重点监管单位应当按照相关法律法规和标准规范的要求，开展突发土壤污染事件风险评估、完善防控措施、排查健康和安全隐患，制定应急预案并定期演练，加强土壤污染突发事件应急保障建设；发生或者可能发生土壤污染突发事件时，企事业单位应当依法进行处理，并对所造成的损害承担责任	《广东省实施〈中华人民共和国土壤污染防治法〉办法》

8.6.4 土壤环境一般管控区（不含农用地）及管控要求

1. 分区结果

将建设用地污染风险重点管控区以外的建设用地及未利用地纳入土壤环境一般管控区（不含农用地）。根据 2017 年广州市土地利用现状数据，2017 年广州市农用地面积为 5 111.60 km²，剔除建设用地污染风险重点管控区与农用地后，形成广州市土壤环境一般管控区（不含农用地），面积约 2 129.06 km²，占广州市陆域面积的 29.37%。广州市土壤环境一般管控区（不含农用地）如图 8-10 所示，广州市土壤环境一般管控区分区情况见表 8-4。

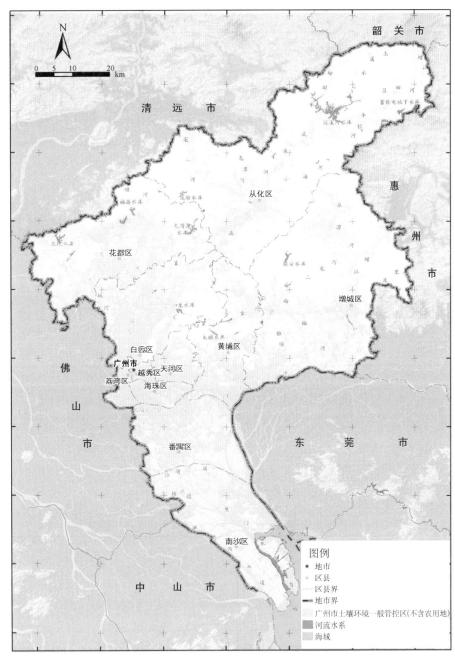

图8-10 广州市土壤环境一般管控区（不含农用地）

表 8-4　广州市土壤环境一般管控区汇总

序号	行政区	辖区面积/km²	建设用地污染风险重点管控区			土壤环境一般管控区（不含农用地）	
			地块数/个	面积/km²	占辖区面积比例/‰	面积/km²	占辖区面积比例/%
1	荔湾区	62.67	7	0.09	0.14	52.63	83.98
2	越秀区	33.67	0	0.00	0.00	32.72	97.18
3	海珠区	91.95	2	0.30	0.33	78.76	85.66
4	天河区	136.65	3	0.30	0.22	101.12	74.00
5	白云区	664.58	52	2.35	0.35	296.56	44.62
6	黄埔区	481.09	35	0.75	0.16	199.36	41.44
7	番禺区	515.12	44	0.70	0.14	316.92	61.52
8	花都区	969.14	24	1.20	0.12	268.03	27.66
9	南沙区	694.36	57	0.83	0.12	331.86	47.79
10	从化区	1 984.20	29	0.80	0.04	168.19	8.48
11	增城区	1 614.86	27	1.24	0.08	282.91	17.52
12	广州市	7 248.27	280	8.56	0.12	2 129.06	29.37

注：辖区建设用地、农用地、未利用地面积数据来源于2017年广州市土地利用现状矢量数据。

2. 管控要求

土壤环境一般管控区（不含农用地）应重点保护人居环境安全，保持土壤环境质量稳定，严格控制新增重金属和其他有毒有害物质排放项目。广州市土壤环境一般管控区（不含农用地）总体管控要求见表 8-5。

表 8-5　广州市土壤环境一般管控区（不含农用地）总体管控要求

管控纬度	管控要求	参考依据
空间布局约束	禁止在居民区和学校、医院、疗养院、养老院等单位周边新建、改建、扩建可能造成土壤污染的建设项目	《中华人民共和国土壤污染防治法》
	重点保护区内禁止新建、扩建新增重金属污染物排放的建设项目	《广州市重金属污染综合防治"十三五"规划》

管控 纬度	管控要求	参考依据
空间 布局 约束	严格控制在优先保护类耕地集中区域及周边新建重点行业企业，以及污水处理厂、垃圾填埋场、垃圾焚烧厂、污泥处理处置设施等公用设施	《广州市土壤污染防治行动计划工作方案》
	关闭、淘汰、搬迁一批处于环境敏感区内的重金属污染企业	《广州市重金属污染综合防治"十三五"规划》
	全市建成区内不再新建危险化学品生产储存企业，中心城区现有相关企业全部搬出	《广州市土壤污染治理与修复规划（2017—2020年)》

第9章 资源利用上线及自然资源开发分区管控

9.1 水资源利用上线及分区管控

9.1.1 水资源开发利用现状分析

根据 2017 年广州市水资源公报，分析广州市现状经济社会发展对水资源的压力。结合水资源承载状况分析评价标准，广州市水资源承载状况分析评价见表 9-1。

表 9-1 广州市水资源承载状况分析评价（2017 年）　　　单位：亿 m^3

行政区	总用水量	控制指标	承载状况评价
荔湾区	2.02	2.16	临界超载
越秀区	2.08	2.20	临界超载
海珠区	2.64	2.80	临界超载
天河区	2.69	3.25	不超载
白云区	4.25	4.37	临界超载
黄埔区	5.47	6.50	不超载
番禺区	4.52	5.00	临界超载
花都区	5.10	5.50	临界超载
南沙区	5.85	7.00	不超载
从化区	2.53	3.00	不超载
增城区	5.97	6.69	不超载
全市	43.12	48.47	不超载

广州市 2017 年总用水量为 43.12 亿 m^3，控制指标为 48.47 亿 m^3，属于不超载

状态。各区的用水情况差异较大，用水最多的是增城区，用水总量为 5.97 亿 m³，用水最少的是荔湾区，用水总量为 2.02 亿 m³。根据水资源承载状况分析评价标准要求，全市各区均没有出现用水超载情况，而荔湾区、越秀区、海珠区、白云区、番禺区和花都区处于临界超载状态，需要关注，其他各区都属于不超载状态。广州市各区水资源承载状况评价如图 9-1 所示。

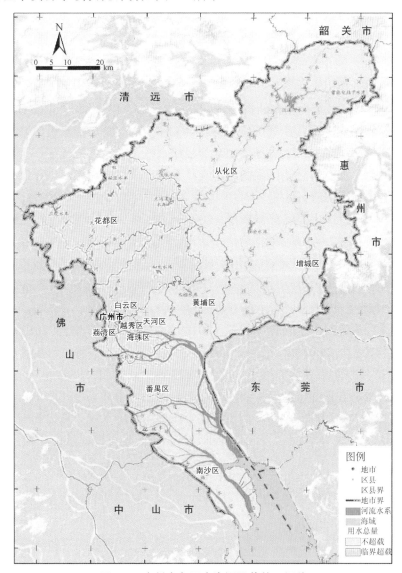

图 9-1　广州市各区水资源承载状况评价

2017 年广州市地下水用水总量为 4 700 万 m³，地下水类型为浅层地下水，主要用途有工业用水、生活用水、自来水和其他 4 类。广州市用地下水的地方有天河区、白云区、黄埔区、花都区、从化区和增城区，均未超采，总体评价为不超载。

9.1.2　水资源利用上线

2013 年起广州市实施最严格的水资源管理制度，并连续 5 年省考核为优秀，广州市用水总量和用水效率控制成效明显。2018 年 1 月，广州市人民政府办公厅印发了《广州市实行最严格水资源管理制度考核办法》《广州市"十三五"水资源消耗总量和强度双控行动计划工作方案》等文件，进一步加强水资源开发利用控制红线管理、严格实行用水总量控制，加强用水效率控制红线管理、全面推进节水型社会建设，加强水功能区限制纳污红线管理、严格控制入河湖排污总量，水资源利用水平稳步提升。

依据《广州市国土空间总体规划（2018—2035 年）》（草案），到 2025 年，用水总量控制在 49.52 亿 m³。依据《广州市国土空间总体规划（2018—2035 年）》（草案），2025 年，全市万元 GDP 用水量控制在 17.0 m³，根据《广州市实行最严格水资源管理制度考核办法》，2020 年万元 GDP 用水量目标为 19.17 m³，据此计算，相比 2020 年，2025 年万元 GDP 用水量下降比例应控制在 11.3%。

依据《广州市国土空间总体规划（2018—2035 年）》（草案），2017 年万元工业增加值用水量为 26.03 m³，根据《广州市实行最严格水资源管理制度考核办法》，广州市 2020 年万元工业增加值用水量为 22.33 m³，计算出"十三五"时期，万元工业增加值用水量下降比例为 14.2%。从全国来说，"十四五"时期万元工业增加值用水量较 2020 年下降 16%。广州市万元工业增加值用水量下降比例维持现有控制力度，相比 2020 年，2025 年万元工业增加值用水量下降比例应控制在 14%。

9.1.3　水资源利用管控分区及管控要求

1. 水资源管控分区方法

根据《广州市实行最严格水资源管理制度考核办法》，综合分析评价水资源承载力、水资源开发利用效率等有关指标，合理划定水资源利用上线管控分区，明确管控要求。水资源利用上线管控分区划分技术路线如图9-2所示。

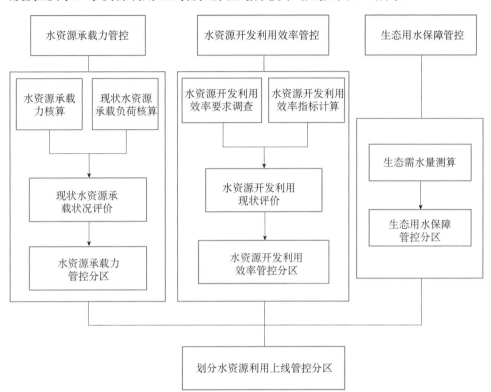

图 9-2 水资源利用上线管控分区划分技术路线

（1）水资源承载力管控。

① 核算水资源承载力：根据广东省水资源综合规划、最严格水资源管理制度"三条红线"、主要江河流域水量分配方案、水资源保护规划等已有成果，以流域和区域水资源开发利用与保护控制指标为基础，分解协调和确定县域水资源相关成果，核算县域水资源承载力。

② 核算现状水资源承载负荷：根据各级统计年鉴、水利统计年鉴、水资源公报、水资源质量状况通报（年报）水利普查、水资源保护规划等有关资料，分析现状经济社会发展对水资源与水环境的压力，从水资源开发利用与水环境容量占用情况等方面核算现状水资源承载负荷。

③ 评价现状水资源承载状况：根据水资源承载力和现状承载负荷，开展县域现状水资源承载状况与程度评价，划分水资源承载负荷等级。水资源承载状况分

析评价标准见表 9-2。

表 9-2 水资源承载状况分析评价标准

要素	评价指标	承载力基线	承载状况评价			
			严重超载	超载	临界状态	不超载
水量	用水总量 W	用水总量指标 W_0	$W \geqslant 1.2 \times W_0$	$W_0 \leqslant W < 1.2 \times W_0$	$0.9 \times W_0 \leqslant W < W_0$	$W < 0.9 \times W_0$
	平原区地下水开采量 G	平原区地下水开采量指标 G_0	$G \geqslant 1.2 \times G_0$ 或超采区浅层地下水超采系数 $\geqslant 0.3$	$G_0 \leqslant G < 1.2 \times G_0$ 或超采区浅层地下水超采系数介于（0～0.3）	$0.9 \times G_0 \leqslant G < G_0$	$G < 0.9 \times G_0$

④ 水资源承载力管控分区：根据现状水资源承载状况得到分析结果，依据水资源承载负荷等级，对水资源承载力管控分区进行划定，并分析超载原因，研究提出水资源管控措施建议。

（2）生态用水保障管控（重要河段及生态功能区）。

① 生态需水量测算：采用水文学法、水力学法、组合法、生境模拟法、综合法等方法估算河道生态环境需水量。本书根据资料收集情况，拟采用蒙大拿法、最小月平均径流法、基于水文分析的径流时段曲线分析法 3 类方法计算各河段生态需水量。

② 生态用水保障管控分区：基于重要河段生态需水量的计算结果和各河段现状径流观测数据，开展对比分析，以现状径流数据与生态需水量的比例来表征重要河段生态用水保障状态，以此为依据对生态用水保障管控分区进行划定，分析引起各河段生态需水缺乏的主要因素，研究提出重要河段生态用水保障的措施建议。生态用水保障评价标准见表 9-3。

表 9-3 生态用水保障评价标准

要素	评价指标	要求	承载状况评价		
			不足	临界	良好
生态需水	现状水文流量 Q	生态需水量计算结果 $Q_{需}$	$Q < Q_{需}$	$Q_{需} \leqslant Q < 1.1 \times Q_{需}$	$Q \geqslant 1.1 \times Q_{需}$

（3）管控分区划定。

将水资源承载力超载、生态用水保障不足的区域确定为水资源利用上线重点管控区，其他区域划为一般管控区。水资源利用上线管控分区标准见表 9-4。

表 9-4　水资源利用上线管控分区标准

评价指标	重点管控区	一般管控区
水资源承载状况	超载	临界超载、不超载
水资源开发利用效率	未达标	临界达标、达标
生态需水	不足	临界、良好

2. 水资源利用上线管控分区结果

基于水资源利用总量，将水资源超载或地下水超采的区列入水资源利用上线重点管控区，根据广州市用水现状，各区用水总量均未超过控制目标且不存在地下水超采，因此，广州市各区均划定为水资源利用上线一般管控区，执行一般性管控要求。

3. 管控要求

水资源利用上线一般管控区应：① 推动工业节水减排，对采用列入淘汰目录工艺、技术和装备的项目，不予批准取水许可；对超过用水定额标准的企业分类分步限期实施节水改造，在高耗水行业开展节水型企业建设。② 推进城镇供水管网分区计量管理，新建公共建筑必须安装节水器具，降低城镇用水损耗。③ 实施灌区和规模养殖场节水改造和建设，大力挖掘农业节水潜力。

9.2　土地资源利用上线及分区管控

9.2.1　土地资源利用现状分析

1. 广州市土地利用现状

2017 年，广州市总面积为 7 249.27 km²，其中农用地面积为 500 141.46 hm²，占全市土地面积的比例为 69%；建设用地面积为 186 662.67 hm²，占全市土地面积的比例为 26%；未利用地面积为 38 123.09 hm²，占全市土地面积的比例为 5%。2009—2016 年广州市土地利用现状见表 9-5，广州市 2017 年土地利用现状类型分布如图 9-3 所示。

表 9-5　2009—2017 年广州市土地利用现状　　　　单位：hm²

年份	农用地	建设用地	未利用地
2009	522 196.05	160 453.63	42 010.71
2010	518 735.35	164 923.86	41 001.11
2011	516 257.39	168 184.32	40 444.25
2012	513 994.81	170 763.48	40 127.67
2013	511 601.63	173 801.76	39 482.57
2014	508 771.79	177 032.30	39 081.87
2015	506 320.29	179 834.26	38 731.41
2016	503 026.05	183 516.39	38 380.94
2017	500 141.46	186 662.67	38 123.09

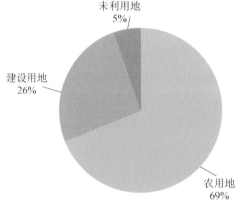

图 9-3　广州市 2017 年土地利用现状类型分布

2. 广州市历年土地利用面积变化情况

与 2009 年相比，2017 年广州市农用地面积减少 22 054.59 hm²，减少了 4.22%；建设用地面积增加 26 209.04 hm²，增长了 16.33%；未利用地面积减少 3 887.62 hm²，减少了 9.25%。2009—2017 年广州市各类土地面积变化情况如图 9-4 所示。

3. 土地资源供需形势评估

（1）建设用地需求。

通过经济相关、趋势外推（总量外推、增量外推）、人均用地等理论方法，预测广州市 2020 年建设用地总规模将达到 2 000 km²，2015 年年底全市现状建设用

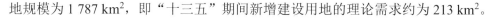

地规模为 1 787 km^2，即"十三五"期间新增建设用地的理论需求约为 213 km^2。

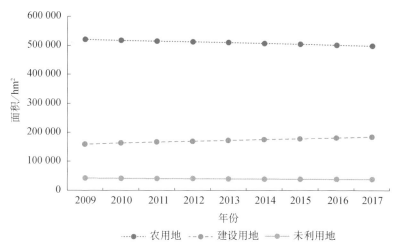

图 9-4　2009—2017 年广州市各类土地面积变化情况

从项目的角度统计，"十三五"期间，全市重点发展区域和重大建设项目用地总规模约为 630 km^2，2015 年实际现状建设用地约为 390 km^2，即"十三五"期间新增建设用地实际需求约为 240 km^2，与理论预测基本相符。

　　参考历年土地供应数据，广州市"十三五"期间产业、居住、商服、科教文卫、一般性市政基础设施、交通水利及其他六大类新增建设用地需求结构比例分别约为 28%、24%、3%、3%、8% 和 34%，即"十三五"期间产业、居住、商服、科教文卫、一般性市政基础设施、交通水利及其他六大类新增建设用地需求规模分别约为 67 km^2、57 km^2、6 km^2、8 km^2、20 km^2 和 82 km^2。

　　（2）建设用地供给。

　　根据规划指标，2020 年广州市建设用地总规模控制在 1 949 km^2 以内，2015 年年底全市建设用地规模为 1 787.14 km^2，则指标剩余规模为 161.86 km^2（含定向供给南沙区的建设用地规模 60 km^2），即"十三五"期间净新增建设用地规模为 161.86 km^2；此外，全市按照土地利用总体规划完成建设用地复垦任务后可腾挪的建设用地总规模为 204.7 km^2，规划安排"十三五"期间完成 20%～30%，可腾挪作为新增建设用地规模为 40～60 km^2，即"十三五"期间，全市新增建设用地供给总量为 200～220 km^2。

　　（3）建设用地供需平衡。

　　"十三五"期间，广州市新增建设用地总需求约为 240 km^2，新增建设用地供给总量为 200～220 km²，新增建设用地需求满足比例为 83.33%～91.67%，新增建设用地供给缺口为 20～40 km²。按照《广东省土地利用总体规划（2006—2020 年）调整方案》将新增建设用地规模优先用于回填建设用地复垦难度较大的地块、解决历史遗留等问题；同时，按照土地利用总体规划完成建设用地复垦任务后可腾挪的建设用地规模有较大难度，因此供需矛盾仍然存在。

（4）广州市土地资源开发量与开发强度。

土地资源开发强度用土地资源开发利用总量及强度的管控要求来测算。计算公式如下：

$$D=(P-T)/T \tag{9-1}$$

式中，D——土地资源开发强度；

P——现状土地资源开发利用量，hm²；

T——土地资源开发利用控制总量，hm²。

2017 年，广州市建设用地面积为 186 662.67 hm²，根据《广东省土地利用总体规划（2006—2020 年）调整方案》，调整后广州市 2020 年年底规划建设用地总规模为 194 903 hm²。因此，广州市土地资源开发强度为-0.04。

4. 土地资源开发利用效率

土地资源开发利用效率主要通过建设用地和国内生产总值（GDP）来表征。计算公式如下：

$$L_e = \sqrt[\Delta t]{\frac{\dfrac{L_{t_0+\Delta t}}{GDP_{t_0+\Delta t}}}{\dfrac{L_{t_0}}{GDP_{t_0}}}} - 1 \tag{9-2}$$

式中，L_e——单位 GDP 建设用地使用面积年均变化率，用来衡量土地资源开发利用效率；

t_0——基准年；

L_{t_0}——基准年行政区域内建设用地面积，hm²；

GDP_{t_0}——基准年 GDP，亿元；

$L_{t_0+\Delta t}$——基准年后第 Δt 年行政区域内建设用地面积，hm²；

$GDP_{t_0+\Delta t}$——基准年后第 Δt 年 GDP，亿元。

根据 2009 年和 2017 年广州市国民经济和社会发展统计公报，2009 年和 2017 年广州市地区生产总值分别为 9 112.76 亿元及 21 503.15 亿元。2009 年和 2017

年，广州市建设用地总面积分别为 160 453.63 hm² 和 186 662.67 hm²，根据以上公式计算得出，2009—2017 年，广州市单位 GDP 建设用地使用面积年均下降率为8.46%，说明广州市土地资源开发利用效率在稳步提升。

9.2.2　土地资源利用上线

衔接国土资源、规划、建设等部门对土地资源开发利用总量及强度的管控要求，包括耕地保有量、基本农田保护面积、建设用地总规模、新增建设用地规模、人均城镇工矿用地及单位 GDP 建设用地下降率（%）等因素，作为土地资源利用上线。坚持底线思维，严控总量、盘活存量，确保国土空间开发强度控制在 30%以内。促进建设用地结构和布局优化，提高土地集约利用水平。2025 年、2035 年耕地保有量控制在 685 km² 以上（以上级下达任务为准），永久基本农田面积控制在 555 km² 以上（以上级下达任务为准）。严控城乡建设用地新增规模，积极盘活存量，推进"三旧"改造、土地整治和建设用地增减挂钩。到 2035 年，城乡建设用地规模控制在 1 840 km² 以内，其中城镇建设用地面积不超过 1 610 km²，村庄建设用地面积控制在 230 km² 以内。新村规划人均建设用地指标不超过 100 m²。

9.2.3　土地资源管控分区及管控要求

1. 土地资源管控分区方法

土地资源管控分区分为土地资源优先保护区、土地资源重点管控区和土地资源一般管控区 3 类。其中，将陆域生态保护红线和永久基本农田划分为土地资源优先保护区；将建设用地污染风险重点管控区作为土地资源重点管控区；其他区域划分为土地资源一般管控区。

2. 土地资源管控分区结果

（1）土地资源优先保护区。

根据广州市生态保护红线评估调整方案，广州市陆域生态保护红线面积为1 329.94 km²，陆域生态保护红线分布如图 9-5 所示。目前，广州市永久基本农田面积为 917.72 km²[①]，如图 9-6 所示。

将广州市陆域生态保护红线和广州市永久基本农田纳入广州市土地资源优先

---

① 永久基本农田以上级下达任务为准。

保护区，面积为 2 247.66 km²，占国土面积的 31.01%，如图 9-7 所示。

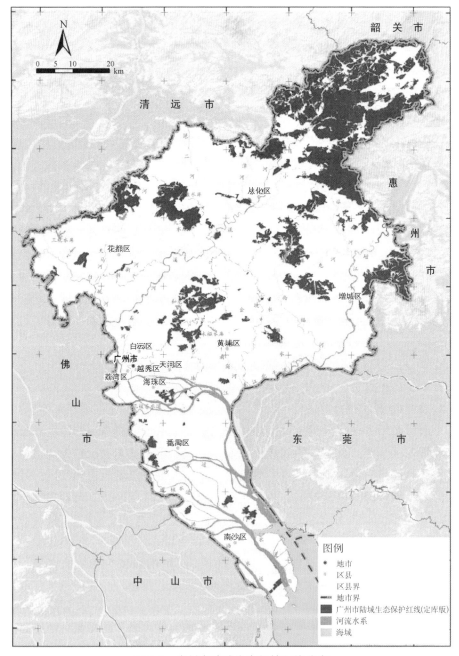

图 9-5　广州市陆域生态保护红线分布

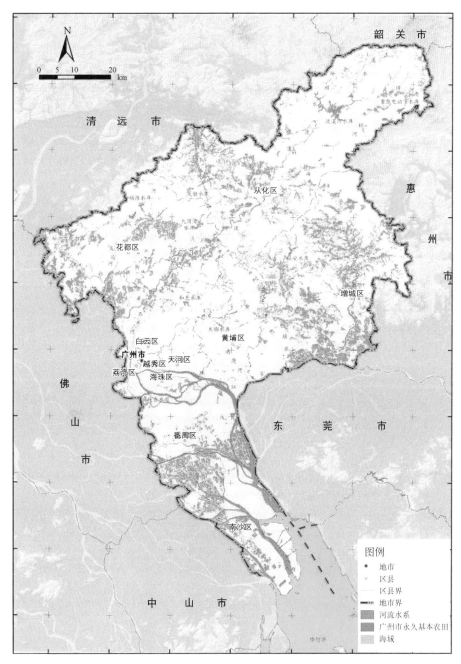

图 9-6　广州市永久基本农田分布

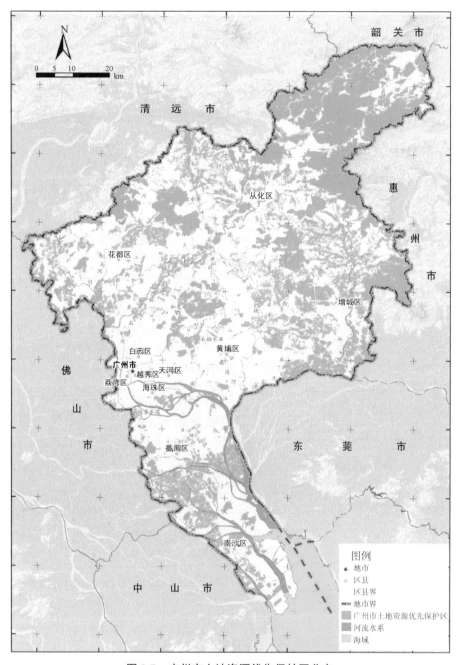

图 9-7 广州市土地资源优先保护区分布

（2）土地资源重点管控区。

根据广东省"三线一单"技术要求，将建设用地污染风险重点管控区作为土地资源重点管控区，因此广州市土地资源重点管控区即建设用地污染风险重点管控区，总面积约为 8.57 km^2，占广州市陆域面积的 1.18‰，如图 9-8 所示。

（3）土地资源一般管控区。

将生态保护红线、永久基本农田及土地资源重点管控区之外的区域共 4 992.04 km^2 划为土地资源一般管控区，占广州市陆域面积的 68.87%，如图 9-9 所示。

（4）土地资源管控分区结果。

将广州市陆域生态保护红线和广州市永久基本农田共 2 247.66 km^2 划分为广州市土地资源优先保护区，占广州市陆域面积的 31.01%；将广州市建设用地污染风险重点管控区作为土地资源重点管控区，总面积为 8.57 km^2，占广州市陆域面积的 1.18‰；将生态保护红线、永久基本农田及土地资源重点管控区之外的区域共 4 992.04 km^2 划分为土地资源一般管控区，占广州市陆域面积的 68.87%。广州市土地资源管控分区如图 9-10 所示。

3. 土地资源分区管控要求

土地资源优先保护区分别按照生态保护红线和永久基本农田相关管理要求执行，属于禁止建设区域，经依法划定后，任何单位和个人不得擅自占用或者改变其用途。土地资源重点管控区应严格按照污染地块开发利用和流转审批，土地开发利用必须符合土壤环境质量要求。暂不开发利用或现阶段不具备治理修复条件的污染地块，应采取环境风险管控措施隔离、阻断污染扩散。土地资源一般管控区应提高土地利用节约集约水平，落实建设用地总量和强度"双控"要求，控制新增建设用地规模和人均城镇工矿用地面积，健全建设用地准入标准，提高产业用地资源利用效益。

对广州市土地资源优先保护区、土地资源重点管控区和土地资源一般管控区应从空间布局约束、污染物排放管控及资源利用效率要求维度提出总体管控要求，总体管控要求见表 9-6。

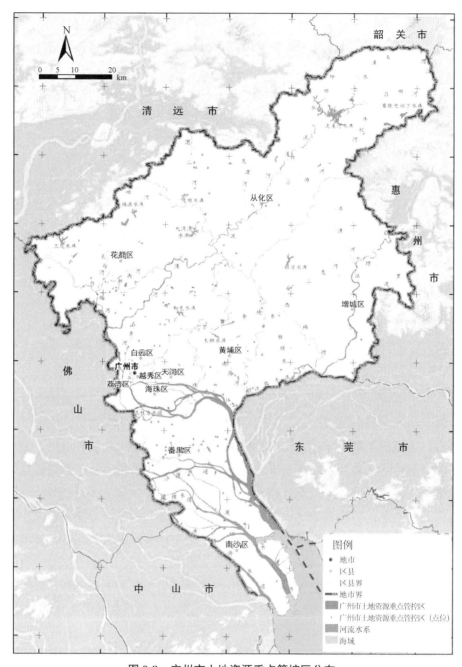

图 9-8 广州市土地资源重点管控区分布

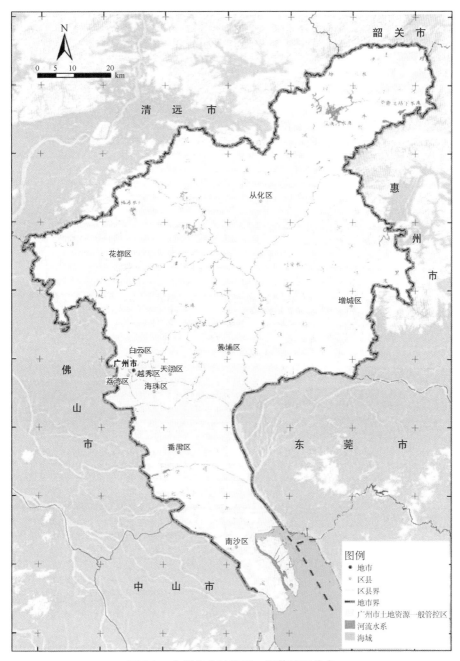

图 9-9　广州市土地资源一般管控区分布

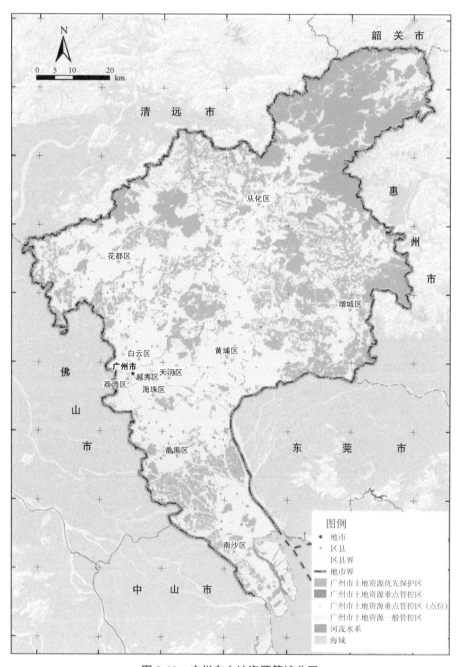

图 9-10 广州市土地资源管控分区

表 9-6 广州市土地资源总体管控要求

管控区分类	要素细类	管控要求	编制依据
土地资源分区管控	土地资源优先保护区	1.（空间布局约束）禁止在永久基本农田内取土、挖沙、采矿、采石、建房、建窑、建坟、堆放固体废物或者进行其他破坏永久基本农田的活动。禁止占用永久基本农田发展林果业和挖塘养鱼。 2.（空间布局约束）永久基本农田经依法划定后，任何单位和个人不得擅自占用或者改变其用途。国家能源、交通、水利、军事设施等重点建设项目选址确实难以避让永久基本农田，涉及农用地转用或者土地征收的，必须经国务院批准。禁止通过擅自调整县级土地利用总体规划、乡（镇）土地利用总体规划等方式规避永久基本农田农用地转用或者土地征收的审批。 3.（空间布局约束）生态保护红线管控要求同生态空间中生态保护红线管控要求。 4.（污染物排放管控）禁止向永久基本农田内排放不符合标准的废水、废物、废气	《中华人民共和国土地管理法》
	土地资源重点管控区	土地资源重点管控区管控要求与建设用地污染风险重点管控区管控要求相同	
	土地资源一般管控区	1.（资源利用效率要求）坚持最严格的节约集约用地制度，控制新增建设用地规模和人均城镇工矿用地面积。 2.（资源利用效率要求）提高土地配置和利用效率，对建设用地总规模进行控制。 3.（资源利用效率要求）提高产业用地资源利用效益，投资强度、容积率、土地产出率、产值能耗等指标应满足相关管理要求	《广东省土地利用总体规划（2006—2020 年）调整方案》《广州市土地利用第十三个五年规划（2016—2020年）》《广州市产业用地指南（2018年版）》

9.3 能源利用上线及分区管控

9.3.1 能源（煤炭）利用现状分析

广州市能源资源总体匮乏，能源自给率低，属于典型的能源输入型地区。煤

炭、石油、天然气等化石能源依靠外地调入和进口。广州市本地可利用的能源资
源主要为水能、太阳能、风能等可再生能源。其中,水能资源主要蕴藏在北部的
流溪河和东部的增江,开发程度基本饱和;太阳能资源主要分布在三类地区,全
年可利用时间约为 1 000 小时;风能资源主要是陆上风电,分布在东北部高山脊地
区,南部珠江口沿江、沿海地区。此外,生物质能利用领域主要是城市生活垃圾
处理和农林生物质利用方面。

2011—2015 年,广州市年能源消费总量分别为 5 013.40 万 t 标准煤、5 163.45
万 t 标准煤、5 333.57 万 t 标准煤、5 496.46 万 t 标准煤、5 688.89 万 t 标准煤,增
速分别为 5.0%、3.0%、3.3%、3.1%、3.5%,年均增速为 3.56%,同期 GDP 年均
增长 10.1%,较同期 GDP 年均增速低 6.54 个百分点。2011—2015 年,广州市万元
GDP 能耗累计下降 21.01%,完成了广东省下达的 19.5%目标;广州市煤炭消费量
减少 425 万 t 标准煤,天然气消费量增长超过八成;电力、热力、燃气生产供应业
产值超过 1 700 亿元。

1. 能源生产和来源

广州市的原油用于炼油加工和石化工业,2015 年生产汽油 249.02 万 t、柴油
372.77 万 t、液化石油气 59.07 万 t;成品油既有本地供应也有外地调入和进口,同
时供往珠江三角洲地区;煤炭主要用于本地发电(含供热),成功实现了以电煤为
主的集中化利用方式;外地电力调入占能源消费总量的比重超过两成,主要包括
西部地区水电、广东其他地区电力;天然气依赖外地调入,包括大鹏气、西气东
输二线和现货液化天然气(LNG),通过天然气热电联产和分布式能源项目生产电
力热力等直接用于居民用户和工商业用户的生产生活。水能、太阳能、生物质能
等主要通过发电形式进入居民用户和工商业用户的生产生活。

2. 一次能源(含外地电力调入)消费结构

广州市煤炭消费逐步降低,油品和天然气消费、外地电力调入占比均有所增
加,本地成品油消费主要是汽油、柴油、航空煤油以及燃料油。

3. 终端能源消费结构

广州市终端能源消费主要是油品、电力。具体到领域,交通领域能源消费
占比最大,其次是工业、建筑领域。受制于本地发电机组调度排序以及西电东
送布局等因素,电力消费中来自外地电力调入比重持续增加,2015 年广州市电
网购本地各类发电机组电量为 247.3 亿 kW·h,本地所产电力仅占电力消费量
约三成多。

9.3.2　能源（煤炭）利用上线

根据《广州市国土空间总体规划（2018—2035 年）》（草案）要求，广州市深入推进能源结构优化调整，实施能源消费总量控制和煤炭消费减量替代管理，加快清洁能源、新能源和可再生能源推广利用，天然气消费量占能源消费总量比重力争到 2025 年提高到 15%，到 2035 年进一步提高到 20%。

考虑未来一定时期内，伴随着产业结构优化升级和技术水平的发展，能源消费增速进一步放缓，从全省来看，预计广东省能源消费总量在 2030 年以后达到峰值，预计 2035 年能源消费总量达到 4.5 亿 t 标准煤，年均增长 1.4%。广州市预计 2030 年能源消费达到峰值，煤炭消费量出现下行拐点。

因此，在能源利用方面，广州市采取以下措施：① 综合确定广州市能源利用上线，未来重点优化调整能源结构，推动能源领域供给侧结构性改革。② 实施能源消费总量控制和煤炭消费减量替代，2025 年能源消费总量完成广东省下达任务，煤炭消费量实现负增长。③ 一次能源消费结构中，煤炭消费比重降低至 20%以下，进一步降低单位 GDP 能耗。④ 加快清洁能源、新能源和可再生能源的推广利用，提高清洁能源、新能源和可再生能源在能源消费结构中的比重，天然气消费量占能源消费总量比重力争到 2025 年提高到 15%，到 2035 年进一步提高到 20%。

（1）能源消耗总量控制指标：依据广州市发展改革委发布的《广州市能源发展第十四个五年规划环境影响评价第一次公示》，广州市"十四五"期间能源消费总量控制在 7 500 万 t 标准煤以内，年均增长 3.1%。

（2）煤炭消费控制指标：依据《广州市能源发展第十四个五年规划环境影响评价第一次公示》，广州市"十四五"期间煤炭消费量控制在 820 万 t 以内，其中电煤占煤炭消费比重不低于 90%。

（3）单位 GDP 能耗下降比例：依据《广州市生态环境保护"十四五"规划（征求意见稿）》，将单位 GDP 能耗下降比例作为约束性指标，2025 年相比于 2020 年单位 GDP 能耗需累计下降 15%；依据《广州市能源发展第十四个五年规划环境影响评价第一次公示》，广州市"十四五"期间万元 GDP 能耗累计下降 11.4%。

9.3.3　能源（煤炭）利用管控分区及管控要求

广州市以改善生态环境质量、保障生态安全为目的，为实现能源利用上线管控要求,梳理能源利用总量、结构和利用效率,划定能源重点管控区,以此落实城市煤炭消费总量控制目标。

1. 能源(煤炭)管控分区方法

(1)各地根据本地区大气环境质量改善要求逐步扩大高污染燃料禁燃区范围,将县级市的城市建成区及城市近郊划定为高污染燃料禁燃区,并根据能源消费结构、经济承受能力等实施分类管理,因地制宜选择《高污染燃料目录》的相应类别。

(2)禁燃区的划定应优先考虑人口密集区、高污染排放区,以规划污染源的地理空间属性与高污染燃料使用特征为重点,在符合城市规划要求的前提下,进行综合划定。重点考虑改善大气环境质量的要求,根据广州市最新的高污染燃料禁燃区划定成果和现有的高污染燃料禁燃区成果,将高污染燃料禁燃区作为重点管控区。能源利用上线技术流程如图9-11所示。

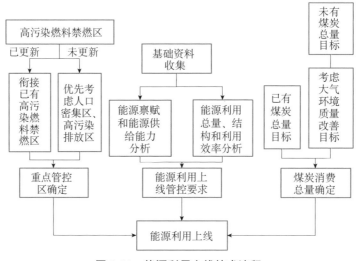

图 9-11 能源利用上线技术流程

2. 能源(煤炭)管控分区结果

参考《广州市人民政府关于加强高污染燃料禁燃区环境管理的通告》,将广州市全域划为高污染燃料禁燃区,全市域范围作为能源(煤炭)重点管控区。

3. 能源(煤炭)重点管控区管控要求

(1)能源(煤炭)重点管控区内,禁止使用《高污染燃料目录》中的第Ⅲ类燃料。

（2）能源（煤炭）重点管控区内，除纳入省（市）能源规划外的环保综合升级改造项目外，禁止新建、扩建燃用高污染燃料的设施，已建成的未符合环保要求的高污染燃料设施应当改用天然气、页岩气、液化石油气、生物质成型燃料、电等清洁能源。

（3）能源（煤炭）重点管控区内，禁止新增高污染燃料销售点。现有的高污染燃料销售点，除特殊要求外，不得销售高污染燃料。

（4）广州市已建成集中供热管网覆盖范围内的分散燃烧设施，要求在 2019 年年底前全部淘汰拆除，并改用集中供热；此后新建成的集中供热管网，其覆盖范围内的分散燃烧设施应在集中供热管网建成后 3 个月内淘汰拆除，并改用集中供热。

（5）在高污染燃料禁燃区内，生物质成型燃料及生物质燃气燃烧设施按生物质成型燃料锅炉及生物质燃气锅炉大气污染物排放限值，执行广东省锅炉大气污染物排放标准中的燃气锅炉排放限值。国家或广东省发布生物质成型燃料专用锅炉强制性排放标准后，从其新标准。

（6）在高污染燃料禁燃区内，已建成的高污染燃料及其燃烧设施按以下规定逐步强化管理：

① 单台出力 65 t/h 以上的高污染燃料锅炉，2020 年前完成拆除、改燃清洁能源或完成超低排放改造。完成超低排放改造的，应在改造工程竣工后 3 个月内书面告知辖管生态环境部门，承诺大气污染物排放稳定达到燃气机组排放水平。

② 2004 年后启用的单台出力 20 t/h 及以上的高污染燃料锅炉，应采用节能环保燃烧方式，配备高效脱硫、降氮脱硝、除尘设施，安装烟气排放在线连续监测仪器并与生态环境保护部门联网或燃用清洁能源。

③ 纳入"退二"或集中供热规划、符合《广州市人民政府关于整治高污染燃料锅炉的通告》有关规定可暂缓拆除或改用清洁能源的锅炉，应经辖管相关部门批准。经批准延后"退二"或纳入集中供热时间在 2019 年以后的锅炉，要求在 2019 年前拆除或改燃清洁能源；经批准延后"退二"或纳入集中供热时间在 2019 年 6 月 30 日前的，暂缓期限可延长至其批准延后时限。

④ 水泥厂窑炉应配置高效治理设施，脱硫、脱硝、除尘效率分别达到 85%、60%、99%以上。

⑤ 农村地区生活用高污染燃料设施逐步推动改燃清洁能源，其他民用高污染燃料设施要求在 2019 年前拆除或改燃清洁能源。

⑥ 直接燃用的生物质燃料以及工业废弃物、垃圾等产生有毒有害烟尘、恶臭气体的物质，按照高污染燃料有关管理规定执行。

⑦ 锅炉煤炭含硫量应在 0.60%以内，灰分应不超过 15%，油品含硫量应在 0.8%以下。

9.4 矿产资源利用上线及分区管控

9.4.1 矿产资源利用现状分析

广州市已发现矿产 47 种（含亚种），矿产地 820 处；已查明资源储量的矿产 29 种，矿产地 70 处，其中大型矿区 10 处、中型矿区 18 处、小型矿区 42 处。主要矿产有建筑用花岗岩、水泥用灰岩、盐矿、煤、矿泉水和地热等。矿产资源特点是：建筑用花岗岩和水泥用灰岩较为丰富，其分布面积广、质量好、强度大，为优质的建筑石料。矿泉水为偏硅酸低矿化度矿泉水，水质优良，具备一定资源储量，有较好的开发潜力。从化区温泉村地热开发历史悠久。

根据广州市矿产资源规划，2015 年年末全市登记采矿权 32 个（包含有效采矿权 28 个），其中固体采矿证 14 个、地热采矿证 1 个、矿泉水采矿证 17 个。登记矿山企业 32 个，从业人数 1 097 人。其中大型矿山 16 个，中型矿山 6 个，小型矿山 10 个。开采矿种主要为建筑用花岗岩、水泥用灰岩、水泥配料用页岩、地热、矿泉水和盐矿等。水泥用灰岩年开采量为 447.43 万 t、建筑用花岗岩年开采量为 676.37 万 m^3、矿泉水年开采量为 53.72 万 t、地热年开采量为 114.97 万 m^3，2015 年矿业产值为 14.56 亿元。

9.4.2 广州市矿产资源利用特征

广州市矿产资源开发思路为：优先开展矿泉水、地热勘查，严格限制建筑用花岗岩和水泥用灰岩的开采，适度开发利用矿泉水和地热，禁止开采金属矿产。加强矿山地质环境恢复治理与生态环境保护。根据《广州市矿产资源总体规划（2016—2020 年）》，广州市陆域生态严格控制区、生态保护红线区、生态公益林、饮用水水源保护区、永久基本农田、各级自然保护区、森林公园、风景名胜区、地质公园、湿地公园划定为禁止开采区，总面积为 1 997.19 km^2；越秀区、荔湾区、天河区、海珠区、白云区和黄埔区（原萝岗区除外）、南沙区、增城区划定为固体矿产禁止开采区，总面积为 3 482.26 km^2。

（1）北部地区：主要包括从化区、增城区、花都区、黄埔区北部地区，属广州市生态屏障及饮用水水源保护区，优先保护生态环境，适度开采地热、矿泉水；增城区禁止开采固体矿产；从化区、花都区、黄埔区北部地区限制开采水泥用灰岩、水泥配料用页岩、建筑用石料，严格控制开采总量。

（2）中部地区：主要包括荔湾区、越秀区、天河区、海珠区、白云区、黄埔区南部地区（除中新广州知识城和九龙镇区），为广州市城市发展中心区。实行生态优先，加强环境保护，禁止开采固体矿产，限制开采矿泉水和地热，严格控制开采总量。重点保护战略水源地。

（3）南部地区：包括番禺区和南沙区，分为珠江口番禺生态调节区和珠江口南沙生态调节区，总体战略为高效绿色、可持续发展。南沙区禁止对生态环境产生破坏的一切矿业活动，严格限制开采矿泉水，严格实行生态环境保护。番禺区限制开采建筑用石料、矿泉水，严格控制开采总量。

9.4.3 矿产资源利用上线

广州市各区矿产资源利用上线包括采石场总量控制数、保护性开采特定矿种开采总量控制数、大中型矿山比例、矿山"三率"①水平等指标。

根据国家和广东省相关产业政策、矿产资源供需关系以及资源环境承载力等要求，衔接矿产资源勘查及开发利用规划目标，确定矿产资源的开发利用上线。

到 2025 年，广州市矿产开发利用布局进一步优化，采石场总量控制在 15 个以内；矿山规模化集约化程度明显提高，大中型矿山比例达到 70%；节约与综合利用水平显著提升，矿山"三率"水平达标率达到 95% 以上；保护性开采特定矿种开采总量得到有效控制，保护性开采特定矿种开采总量控制在 30 处以内，广州市涉及保护性开采特定矿种为矿泉水和地热。

9.4.4 矿产资源利用管控分区及管控要求

1. 矿产资源管控分区方法

对于矿产资源管控分区，衔接《广州市矿产资源总体规划（2016—2020 年）》中勘查及开发规划分区，结合广州市生态保护红线、环境敏感区分布，划分为矿

---

① 矿山"三率"指矿山开采回收率、采矿贫化率以及选矿回收率。

产资源优先保护区、矿产资源重点管控区和矿产资源一般管控区 3 类分区。其中，将生态保护红线和县级以上禁止开发区域叠加形成的矿产资源开采敏感区作为矿产资源优先保护区；将重点勘查区中的连片山区和重点矿区作为矿产资源重点管控区；其他区域为矿产资源一般管控区。

2. 矿产资源管控分区结果

（1）矿产资源优先保护区。县级以上禁止开发区主要包括自然保护区、森林公园、风景名胜区、地质公园、世界自然遗产、湿地公园、饮用水水源地（不包括准保护区）、水产种质资源保护区等。将生态保护红线和县级以上禁止开发区域叠加形成的矿产资源开采敏感区作为矿产资源优先保护区，面积为 1 597.6 km²，占广州市陆域面积的 22.0%。

（2）矿产资源重点管控区。将重点勘查区中的连片山区（结合地类斑块进行边界落地）和重点矿区作为矿产资源重点管控区，面积为 40.8 km²，占广州市陆域面积的 0.6%。

（3）矿产资源一般管控区。其他区域为矿产资源一般管控区，面积为 5 609.9 km²，占广州市陆域面积的 77.4%。

广州市矿产资源管控分区如图 9-12 所示。

3. 矿产资源分区管控要求

（1）矿产资源优先保护区管控要求。

除在不影响禁止开采区主体功能并征得相关部门同意的前提下，可适度开发地热、矿泉水等矿产外，禁止新设其他矿种开发利用项目。区内已有其他矿种开发活动的应在保护采矿权人权益前提下，依法有序退出，并适时对退出区域开展矿山地质环境恢复治理和土地复垦工作。

铁路、公路、高压输电线路、天然气管道和重要流域、水库、地质遗迹、历史文物、居民地等附近的矿产资源开发项目，应符合相关规定，保留足够的安全距离，并通过相关部门审查。

（2）矿产资源重点管控区管控要求。

严格控制采石场数量，对矿山最低生产规模实行限制，严格限制开采建筑用石料、水泥用灰岩和水泥配料用砂页岩，适度开采矿泉水和地热；依靠科技进步和技术创新，改进和优化开采工艺；强化资源综合利用，提高资源利用效率，确保矿产资源的可持续发展；坚持低碳绿色发展，创建一批高效、清洁的绿色矿山，逐步实现矿业经济增长方式的转型升级。

　　地热、矿泉水应根据资源条件合理开采。依据生产规模与储量规模相适应原则，严格按照批准的生产规模进行开采，严禁超量开采。

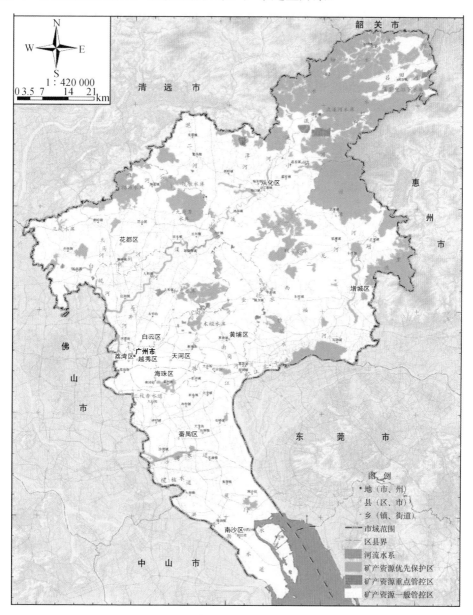

图 9-12　广州市矿产资源管控分区

　　根据水泥用灰岩、建筑用花岗岩等资源分布规律，结合产业布局、新型城镇化发展、基础设施建设规划以及主体功能区规划等要求，在北部地区设置开采区块，控制矿山设置数量，矿山之间应保持足够安全距离，矿区边界距离不得小于300 m。

　　严格执行矿山最低开采规模准入标准。为促进矿产资源开发的规模化、集约化，结合实际情况，以矿山开采规模与矿产资源储量规模相适应为原则，对矿山最低开采规模实行限制。

　　采石场选址应避免与重要交通线、重要水系保护区域发生冲突，以保护沿线自然景观和生态环境。铁路、高速公路、国道、省道两侧一定距离（铁路 1 000 m、公路 300 m），重要水系两岸第一重山以内禁止采石、取土活动。

第 10 章 江河湖库（海）岸线
分类管控

10.1 研究内容

以水（环境）功能区划相关水体、海岸线为划定范围，根据江河湖库（海）岸线保护开发定位、相邻水（海）域和陆域生态环境功能目标等差异性特征，结合岸线开发保护现状，衔接现有岸线管理要求，将江河湖库（海）岸线划分为优先保护岸线、重点管控岸线和一般管控岸线。

10.1.1 搭建江河湖库（海）岸线工作底图

将广东省技术组下发的基础矢量数据作为工作底图框架，结合广州市水（环境）功能区划数据，在此基础上通过数据及图像解译、提取、比对、评价、增补、调整等技术手段搭建广州市江河湖库（海）岸线工作底图，为后续评估岸线分类管控格局提供技术支撑。

10.1.2 形成江河湖库（海）岸线分类管控方案

根据江河湖库（海）岸线保护开发定位、相邻水（海）域和陆域生态环境功能目标等差异性特征，考虑岸线生态环境功能与开发利用现状等特征以及岸线对应水域和陆域生态环境保护的要求，综合评估确定各类岸线生态环境管控属性。对相关法律、法规和政策文件要求已明确了空间管理属性的岸线，可按实际情况需求将管控范围扩展到岸线毗邻空间。将江河湖库（海）岸线划分为优先保护岸线、重点管控岸线和一般管控岸线。

10.1.3　制定岸线分类管控要求

衔接相关法律、法规、规划、设计及其他政策文件要求，依据岸线管控属性，结合对应水（海）域和陆域生态环境保护要求、开发利用现状、存在问题等特征综合确定管控要求。优先保护岸线参照对应水域和陆域的管控要求，原则上按照生态保护红线和一般生态空间制定管控要求，重点管控岸线以优化开发利用为导向，结合岸线用途、存在的环境问题等实际情况制定管控要求。

10.2　岸线资源概况

10.2.1　江河湖库岸线现状

本书中市方案江河湖库岸线研究范围主要包括广东省水（环境）功能区划中的水体岸线，干流主要有流溪河、增江、东江北干流、珠江广州河段、蕉门水道、洪奇沥等，岸线总长为 2 909.41 km。

《广东省"三线一单"生态环境分区管控方案》由广东省技术组划定，省方案江河湖库岸线研究范围主要为东江北干流、珠江广州河段、蕉门水道、洪奇沥等，水库岸线未纳入研究范围，纳入研究的岸线总长为 477.69 km。

10.2.2　海岸线现状

广州海岸线主要分布在南沙区、番禺区、黄埔区，本次纳入市方案中的生态环境管控海岸线总长为156.43 km，纳入省方案中的生态环境管控海岸线总长为152.15 km。

10.3　岸线分区划定

10.3.1　划分方法

坚持水（海）陆统筹原则，综合考虑岸线对应水（海）域和陆域生态环境保护要求、岸线开发利用现状和规划，划定岸线生态环境管控属性。

（1）针对广州市实际情况，将饮用水水源保护区、国家和市级自然保护区、森林公园所在岸线，以及自然形态保持完好、生态功能与资源价值显著的江河湖库（海）岸线划定为优先保护岸线。生态保护红线中的岸线也纳入优先保护岸线。

（2）将人工化程度较高的建成区、各类港区及临港工业区域对应的岸线划为重点管控岸线。

（3）其余岸线为一般管控岸线。

本书岸线划定范围主要为水（环境）功能区段岸线，未划定功能区的内河涌不做具体要求。

10.3.2　江河岸线分区划定结果

1. 市方案

根据《"三线一单"岸线生态环境分类管控技术说明》的要求，本书中纳入广州市江河岸线分类管控的岸线共 115 段，总长度为 2 909.41 km。其中优先保护岸线 35 段，长度为 726.73 km，占比为 24.98%，主要为生态保护红线及饮用水水源保护区内的江河岸线；重点管控岸线 35 段，长度为 854.24 km，占比为 29.36%；一般管控岸线 45 段，长度为 1 328.44 km，占比为 45.66%。广州市江河岸线分类管控划分结果（市方案）如图 10-1 所示，广州市江河岸线生态环境管控统计（市方案）见表 10-1。

2. 省方案

根据《广东省"三线一单"生态环境分区管控方案》的规定，纳入广州市江河岸线分类管控的岸线共 29 段，总长度为 477.69 km。其中优先保护岸线 8 段，长度为 138.22 km，占比为 28.94%，主要为饮用水水源保护区内的江河岸线；重点管控岸线 10 段，长度为 90.49 km，占比为 18.94%；一般管控岸线 11 段，长度为 248.98 km，占比为 52.12%。广州市江河岸线分类管控划分结果（省方案）如图 10-2 所示，广州市江河岸线生态环境管控统计（省方案）见表 10-2。

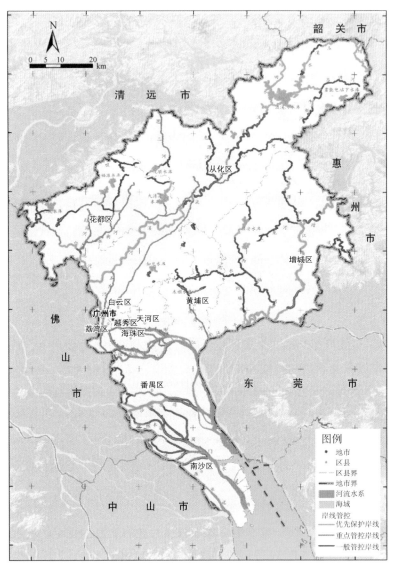

图 10-1 广州市江河岸线分类管控划分结果（市方案）

表 10-1 广州市江河岸线生态环境管控统计（市方案）

江河岸线	数量/段	长度/km	长度占比/%
优先保护岸线	35	726.73	24.98

续表

江河岸线	数量/段	长度/km	长度占比/%
重点管控岸线	35	854.24	29.36
一般管控岸线	45	1 328.44	45.66
合计	115	2 909.41	100

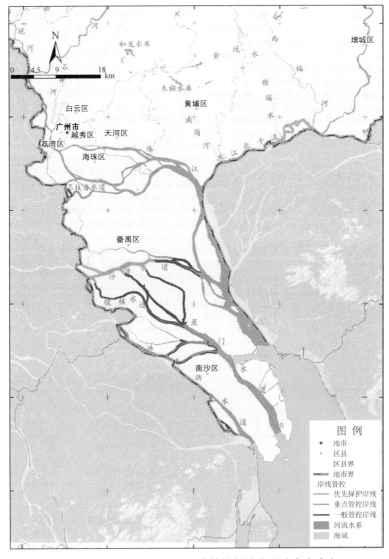

图 10-2　广州市江河岸线分类管控划分结果（省方案）

表 10-2　广州市江河岸线生态环境管控统计（省方案）

江河岸线	数量/段	长度/km	长度占比/%
优先保护岸线	8	138.22	28.94
重点管控岸线	10	90.49	18.94
一般管控岸线	11	248.98	52.12
合计	29	477.69	100

10.3.3　水库岸线分区划定结果

根据《广州市"三线一单"生态环境分区管控方案》的要求，纳入水库岸线生态环境管控的岸线共 23 段，总长度为 529.55 km。其中优先保护岸线 13 段，长度为 451.01 km，占比为 85.17%，主要为生态保护红线及饮用水水源保护区内的水库岸线；一般管控岸线 10 段，长度为 78.54 km，占比为 14.83%；水库岸线没有划分重点管控岸线。广州市水库岸线生态环境管控统计见表 10-3，广州市水库岸线生态环境管控信息见表 10-4。

《广东省"三线一单"生态环境分区管控方案》未划定水库岸线。

表 10-3　广州市水库岸线生态环境管控统计

水库岸线	数量/段	长度/km	长度占比/%
优先保护岸线	13	451.01	85.17
一般管控岸线	10	78.54	14.83
合计	23	529.55	100

表 10-4　广州市水库岸线生态环境管控信息　　　　　　　　单位：km

序号	水体名称	水体类型	管控分类	岸线长度
1	伯公坳水库	水库	优先保护岸线	8.94
2	陈禾洞蓄能电站上水库	水库	优先保护岸线	12.94
3	蓄能电站下水库	水库	优先保护岸线	10.22
4	芙蓉嶂水库	水库	优先保护岸线	13.45
5	福源水库	水库	优先保护岸线	18.97

序号	水体名称	水体类型	管控分类	岸线长度
6	和龙水库	水库	优先保护岸线	11.81
7	黄龙带水库	水库	优先保护岸线	69.14
8	九湾潭水库	水库	优先保护岸线	52.85
9	联安水库	水库	优先保护岸线	31.57
10	流溪河水库	水库	优先保护岸线	159.48
11	茂墩水库	水库	优先保护岸线	18.76
12	三坑水库	水库	优先保护岸线	26.67
13	天湖水库	水库	优先保护岸线	16.22
14	白汾水库	水库	一般管控岸线	10.90
15	白芒潭水库	水库	一般管控岸线	2.97
16	大源水库	水库	一般管控岸线	2.13
17	集益水库	水库	一般管控岸线	15.22
18	金坑水库	水库	一般管控岸线	10.11
19	梅帘水库	水库	一般管控岸线	7.96
20	木褛水库	水库	一般管控岸线	13.49
21	南大水库	水库	一般管控岸线	4.58
22	水声水库	水库	一般管控岸线	5.25
23	新坡水库	水库	一般管控岸线	5.94

10.3.4 海岸线分区划定结果

1. 市方案

《"三线一单"岸线生态环境分类管控技术说明》，纳入《广州市"三线一单"生态环境分区管控方案》海岸线分类管控的岸线共 18 段，总长度为 156.43 km。其中优先保护岸线 7 段，长度为 7.36 km，占比为 4.70%；重点管控岸线 7 段，长度为 114.61 km，占比为 73.27%；一般管控岸线 4 段，长度为 34.46 km，占比为 22.03%。广州市海岸线生态环境管控统计（市方案）见表 10-5，广州市海岸线生

态环境管控信息（市方案）见表 10-6，广州市海岸线分类管控划分结果（市方案）
如图 10-3 所示。

表 10-5　广州市海岸线生态环境管控统计（市方案）

海岸线	数量/段	长度/km	长度占比/%
优先保护岸线	7	7.36	4.70
重点管控岸线	7	114.61	73.27
一般管控岸线	4	34.46	22.03
合计	18	156.43	100

表 10-6　广州市海岸线生态环境管控信息（市方案）　　　　单位：km

序号	岸线名称	管控分类	岸线长度
1	洪奇沥水道西城镇东—团结围严格保护岸线	优先保护岸线	0.29
2	化龙严格保护岸线	优先保护岸线	1.81
3	蕉门水道严格保护岸线	优先保护岸线	2.27
4	南沙严格保护岸线	优先保护岸线	0.68
5	沙湾水道入海口严格保护岸线	优先保护岸线	0.85
6	珠江河口农兴围北严格保护岸线	优先保护岸线	0.84
7	珠江河口农兴围南严格保护岸线	优先保护岸线	0.61
8	大岭界优化利用岸线	重点管控岸线	8.60
9	番禺优化利用岸线	重点管控岸线	24.72
10	黄埔优化利用岸线	重点管控岸线	18.48
11	南沙经济开发区优化利用岸线	重点管控岸线	20.99
12	万顷沙东优化利用岸线	重点管控岸线	19.86
13	万顷沙西侧优化利用岸线	重点管控岸线	20.40
14	珠江河口农兴围优化利用岸线	重点管控岸线	1.56
15	化龙限制开发岸线	一般管控岸线	1.61
16	沥沁沙限制开发岸线	一般管控岸线	10.58
17	南沙限制开发岸线	一般管控岸线	2.60
18	万顷沙南侧限制开发岸线	一般管控岸线	19.67

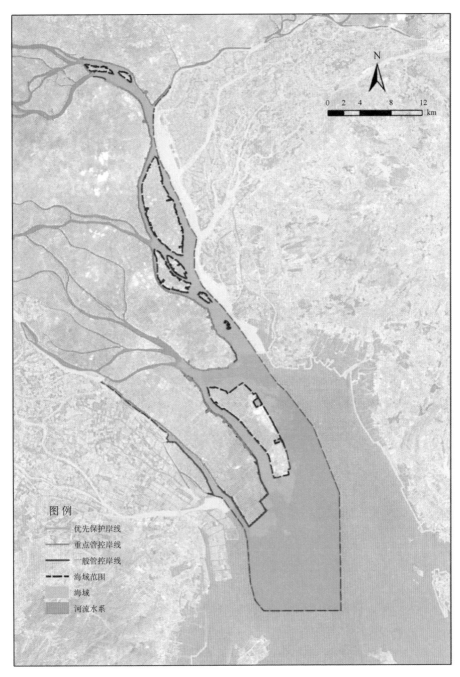

图 10-3　广州市海岸线分类管控划分结果（市方案）

2. 省方案

根据《广东省"三线一单"生态环境分区管控方案》的要求,纳入广州市海岸线分类管控的岸线共 15 段,总长度为 152.15 km。其中优先保护岸线 4 段,长度为 5.61 km,占比为 3.69%;重点管控岸线 7 段,长度为 113.87 km,占比为 74.84%;一般管控岸线 4 段,长度为 32.67 km,占比为 21.47%。广州市海岸线生态环境管控统计(省方案)见表 10-7,广州市海岸线生态环境管控信息(省方案)见表 10-8,广州市海岸线分类管控划分结果(省方案)如图 10-4 所示。

表 10-7　广州市海岸线生态环境管控统计(省方案)

海岸线	数量/段	长度/km	长度占比/%
优先保护岸线	4	5.61	3.69
重点管控岸线	7	113.87	74.84
一般管控岸线	4	32.67	21.47
合计	15	152.15	100

表 10-8　广州市海岸线生态环境管控信息(省方案)　　　单位:km

序号	岸线名称	行政区	管控分类	岸线长度
1	化龙严格保护岸线	番禺区	优先保护岸线	1.81
2	沙湾水道入海口严格保护岸线	番禺区	优先保护岸线	0.85
3	蕉门水道严格保护岸线	南沙区	优先保护岸线	2.27
4	南沙严格保护岸线	南沙区	优先保护岸线	0.68
5	番禺优化利用岸线	番禺区	重点管控岸线	24.72
6	黄埔优化利用岸线	黄埔区	重点管控岸线	18.48
7	珠江河口农兴围优化利用岸线	黄埔区	重点管控岸线	1.56
8	大岭界优化利用岸线	南沙区	重点管控岸线	8.60
9	南沙经济开发区优化利用岸线	南沙区	重点管控岸线	21.06
10	万顷沙东优化利用岸线	南沙区	重点管控岸线	19.86
11	万顷沙西侧优化利用岸线	南沙区	重点管控岸线	19.58
12	化龙限制开发岸线	番禺区	一般管控岸线	1.61
13	沥沁沙限制开发岸线	南沙区	一般管控岸线	10.57
14	南沙限制开发岸线	南沙区	一般管控岸线	2.60
15	万顷沙南侧限制开发岸线	南沙区	一般管控岸线	17.89

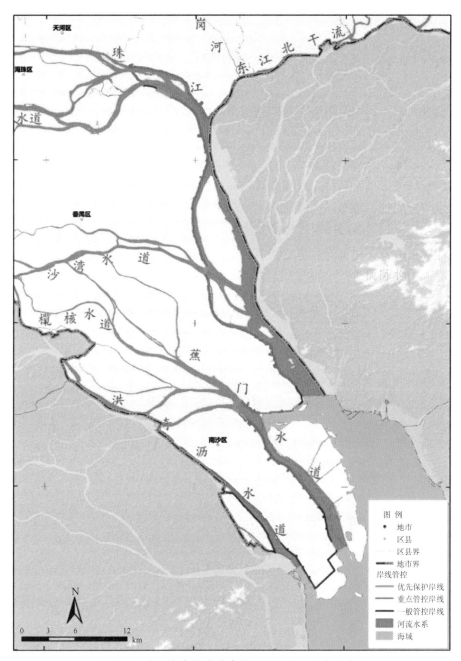

图 10-4　广州市海岸线分类管控划分结果（省方案）

10.4　岸线开发利用管控要求

10.4.1　江河湖库岸线管控要求

1. 江河湖库岸线管控要求

优先保护岸线参照对应水域和陆域的管控要求，原则上按照生态保护红线和一般生态空间制定生态环境管控要求。重点管控岸线以优化开发利用为导向，结合岸线用途、存在的环境问题等实际情况，制定生态环境管控要求。一般管控岸线管控要求应符合相关的保护与利用规划，可按照岸线利用规划的总体布局进行合理有序的开发利用。江河湖库岸线管控要求见表10-9。

表 10-9　江河湖库岸线管控要求

管控类型	管控要求
优先保护岸线	1. 严禁以各种名义侵占河道、围垦湖泊、非法采砂，对岸线乱占滥用、多占少用、占而不用等突出问题开展清理整治； 2. 禁止新建、改建、扩建排放污染物的建设项目； 3. 严禁破坏水环境生态平衡、水源涵养林、护岸林、与水源保护相关的植被的活动； 4. 河道管理范围内应当严格限制建设项目和生产经营活动，禁止非法占用水利设施和水域； 5. 维护湖泊生物多样性，保护湖泊生态系统，禁止猎取、捕杀和非法交易野生鸟类及其他湖泊珍稀动物；禁止采集和非法交易珍稀、濒危野生植物； 6. 禁止设置油类及其他有毒有害物品的储存罐、仓库、堆栈、油气管道和废弃物回收场、加工场； 7. 禁止设置占用河面、湖面等饮用水水源水体或者直接向河面、湖面等水体排放污染物的餐饮、娱乐设施； 8. 禁止在湖泊管理范围和保护范围内新建不符合国家产业政策的小型造纸、制革、印染、染料、炼焦、炼硫、炼砷、炼汞、炼油、电镀、农药、石棉、水泥、玻璃、钢铁、火电以及其他排放含磷、氮、重金属等严重污染水环境的生产项目； 9. 禁止排放、倾倒、堆放、填埋、焚烧剧毒物品、放射性物质以及油类、酸碱类物质、工业废渣、生活垃圾、医疗废物、粪便及其他废弃物

管控类型	管控要求
重点管控岸线	1. 严格水域岸线等水生态空间管控，依法划定河湖管理范围，落实规划岸线分区管理要求，强化岸线保护和节约集约利用； 2. 明确分区管理保护要求，强化岸线用途管制和节约集约利用，严格控制开发利用强度，最大限度地保持湖泊岸线自然形态； 3. 对于利用河道开展的常规活动（如灌溉、航运、供水、水力发电、渔业养殖等），应当符合河道整治规划、河道岸线保护和开发利用规划、水功能区保护有关要求； 4. 不得影响水利设施的安全运行，不得缩小水域面积，不得降低行洪和调蓄能力，不得擅自改变水域滩地的使用性质
一般管控岸线	1. 利用河道进行灌溉、航运、供水、水力发电、渔业养殖等活动，应当符合河道整治规划、河道岸线保护和开发利用规划、水功能区保护有关要求，统筹兼顾，合理利用，发挥河道的综合效益； 2. 保护区禁止建设除防洪、河势控制及水资源开发利用工程以外的工程。保留区作为今后开发利用预留的岸线，原则上应维持现状。在控制利用区进行对岸线和水资源有较大影响的活动，必须按有关规定，经有管辖权的行政主管部门批准。岸线开发利用区在符合基本建设程序条件下，可按照岸线利用规划的总体布局进行合理有序的开发利用

2. 海岸线管控要求

优先保护岸线保护水源地及其江海岸生态环境，保护滨海湿地、潮滩生物资源及生态系统，保持重要自然景观和人文景观的完整性和原生性，禁止损害和破坏生态功能的活动；重点管控岸线重点保障港口、临海工业、旅游及城镇建设用海，其他用海类型如对岸线主导功能基本没有影响，可适当兼容；一般管控岸线中，湿地公园严格限制占用海岸线开发活动，不再安排围海等改变海域自然属性的用海项目，其他岸线保留现有用海活动，禁止新增围海等改变海域自然属性的用海项目。海岸线管控要求见表 10-10。

表 10-10　海岸线管控要求

管控类型	管控要求
优先保护岸线	1. 保护水源地及其江海岸生态环境，保护滨海湿地、潮滩生物资源及生态系统，保持重要自然景观和人文景观的完整性和原生性，禁止损害和破坏生态功能的活动。 2. 对于禁止类红线区实行严格的禁止与保护，禁止围填海，禁止一切损害海洋生态的开发行动；对于限制类红线区禁止围填海，但可在保护海洋生态前提下，限制性地批准对生态环境没有破坏的公共或公益性涉海工程等项目。

续表

管控类型	管控要求
优先保护岸线	3. 除安全需要外,禁止在优先保护岸线的保护范围内构建永久性建筑物、围填海、开采海砂、设置排污口等损害海岸地形地貌和生态环境的活动。 4. 禁止实施各种与保护无关的工程建设活动。 5. 严格控制底土开挖等可能改变海域自然属性、破坏湿地生态系统功能和生态保护对象的开发活动。 6. 禁止采石、爆破等危害海岸地貌形态、海岸景观的开发活动,保护自然景观完整性。 7. 禁止开展污染海洋环境、破坏岸滩整洁、排放海洋垃圾、引发岸滩蚀退等损害公众健康、妨碍公众亲水活动的开发活动,禁止占用沙滩和沿海保护林,严格控制岸线附近的景区建设工程,限制近海养殖活动。 8. 设立砂质海岸退缩线,禁止在高潮线向陆一侧500 m或第一个永久性构筑物或防护林以内构建永久性建筑。在砂质海岸向海一侧3.5海里内禁止采挖海砂、围填海、倾倒废弃物等可能诱发沙滩蚀退的开发活动。 9. 确保生态功能不降低、长度不减少、性质不改变。禁止在优先保护岸线范围内开展任何损害海岸地形地貌和生态环境的活动;严守生态红线,实施四个"不减少",即自然岸线不得减少,自然湿地不得减少,沙滩不得减少,公益林不得减少。 10. 不得新增入海陆源工业直排口,严格控制河流入海污染物排放,海洋生态红线区陆源入海直排口污染物排放达标率达100%
重点管控岸线	1. 重点保障港口、临海工业、旅游及城镇建设用海,其他用海类型如对岸线主导功能基本没有影响,可适当兼容。 2. 严格控制改变海岸自然形态和影响海岸生态功能的开发利用活动预留未来发展空间,严格海域使用审批。 3. 应集中布局确需占用海岸线的建设项目,严格控制占用岸线长度,提高投资强度和利用效率,优化海岸线开发利用格局。 4. 占用海岸线的建设项目应优先采取人工岛、多突堤、区块组团等布局方式,增加岸线长度,减少对水动力条件和冲淤环境的影响。新形成的岸线应当进行生态建设,营造植被景观,促进海岸线自然化和生态化。 5. 在确保海洋生态系统安全的前提下,允许适度利用海洋资源,鼓励实施与保护区保护目标相一致的生态型资源利用活动,发展生态旅游、生态养殖等海洋生态产业,严格控制河流入海污染物排放,不得新增入海陆源工业直排口,控制养殖规模。 6. 统筹规划、集中布局确需占用海岸线的建设项目,推动海域资源利用方式绿色化、生态化转变。 7. 优先支持海洋战略性新兴产业、绿色环保产业、循环经济产业发展和海洋特色产业园区建设用海。 8. 严格执行建设项目用海面积控制指标等相关技术标准,提高海岸线利用效率。优化海岸线的建设项目布局,减少对海岸线资源的占用,增加新形成的海岸线长度,新形成的海岸线应当进行生态建设,营造人工湿地和植被景观,促进海岸线自然化、绿植化和生态化,提升新形成海岸线的景观生态效果。

管控类型	管控要求
重点管控岸线	9. 农渔业功能岸线严格控制近海近岸的养殖规模，养殖项目不得超标排放污染物，加强海水入侵、海岸侵蚀严重岸段综合治理和修复工程。 10. 生态功能岸线内严格控制开挖山体、开采矿产，顺岸围填海等改变地形地貌和海域自然属性的活动，严格控制开采海砂、设置排污口、排放污水、倾倒废弃物和垃圾
一般管控岸线	1. 湿地公园严格限制占用海岸线开发活动，不再安排围填海等改变海域自然属性的用海项目。其他岸线保留现有用海活动，禁止新增围填海等改变海域自然属性的用海项目。 2. 占用人工岸线的建设项目应按照集约节约利用的原则，严格执行建设项目用海控制标准，提高人工岸线利用效率。 3. 要以保护和修复生态环境为主，为未来发展预留空间，控制开发强度，不再安排围填海等改变海域自然属性的用海项目，在不损害生态系统功能的前提下，因地制宜，适度发展旅游、休闲渔业等产业；根据实际情况，对已经批准的填海项目要按照国家要求开展海岸线自然化、绿植化、生态化建设。 4. 除必须临水布置或需要实施海岸线安全隔离的用海项目，新形成的海岸线与建设项目之间应留出一定宽度的生态、生活空间。 5. 完善岸线退让制度，明确海岸线退让范围，加强退让范围内新建、扩建、改建建筑物的管理，着重控制建筑高度、密度、色彩等，保护通山面海视廊通畅。 6. 海洋休闲娱乐区、滨海风景名胜区、沙滩浴场、海洋公园等公共利用区域内的岸线，未经批准不得改变其公益用途

第 11 章 环境管控单元及分类管控

11.1 广州市产业布局分析

11.1.1 广州市工业产业区块

1. 工业产业区块

工业产业区块是指为保障广州市工业用地总规模，提高工业用地节约集约利用水平，促进产业集聚发展，需要严格控制和保护的以工业为主导功能的区块范围。

工业产业区块内的工业用地，指普通工业用地、新型产业用地以及用于支持工业发展的仓储用地、港口用地、发展备用地等，包括国有用地和集体用地。

2. 工业产业区块划定策略

（1）立足现状，保大保优：基于现状工业发展基础较好的、连片集聚的开发区、产业园区、产业基地等，结合现状工业用地产出效率、开发建设、企业情况等进行综合判断，巩固现状产业发展基础，逐步清退不适应城市发展的低效工业用地，实现现状工业用地的优化提升。对于国家级、省级开发区、价值创新园区，市区级重点产业项目以及产出效率较高、现状发展较好的优质项目，通过划定工业产业区块重点落实用地管控。

（2）面向未来，战略引领：以长远的战略眼光对广州市产业发展空间进行前瞻性的谋划，结合粤港澳大湾区及全市总体发展方向、产业发展趋势，对全市产业空间布局进行战略性统筹，提出远近结合、面向未来的产业空间发展目标，划定产业空间保护底线和过渡线，制定严格的空间保障措施，确保城市发展战略在空间上和产业上得以落实。

（3）空间统筹，连片集中：充分衔接国土空间总体规划、产业空间布局规划、生态环境保护规划、控制性详细规划等相关规划的要求，通过工业产业区块的划定，引导全市先进制造业和战略性新兴产业空间布局优化。原则上以行政边界、道路边界、自然山体、河流等为边界，划定连片集中的建设用地作为工业产业区块管理范围，引导全市工业及相关产业集聚、集中、规模化发展。

（4）分区指引，分级管控：按照不同地区的发展基础、未来发展定位，提出各片区的工业发展目标以及用地管控策略，优化提升主城区，巩固发展外围地区，落实国土空间总体规划三大产业集聚带的发展布局，实现分区差异化发展。

广州市各区工业产业区块布局策略见表 11-1。

表 11-1　广州市各区工业产业区块布局策略

行政区	产业发展引导
荔湾区	联动佛山、南海地区，落实荔湾区三大发展片区的战略，整合零散产业用地，保障重点产业园区发展，总体形成"一核四片"的空间布局
海珠区	海珠区以营造产业创新生态与推动产城融合为导向，重点打造"一区、一谷、一湾"三大功能片区
白云区	优化提升主城区，重点疏解非核心城市功能，推动传统制造业转型升级；落实区层面"1358"发展思路。空间格局上重点打造五大功能片区；白云区北二环以南，控量提质，重点清退低效工业用地，控制工业用地总量，除园区外，原则上少划一级线；白云区北二环以北，增量提质，重点增加北部四镇产业发展空间，原则上多划一级线
黄埔区	建立以广州科学城为智造核心、中新知识城为创新引擎，生物岛、永和、东区、云埔、大沙多个先进制造组团的"一核一城一轴多组团"的产业空间布局，建立全面对接广州、辐射粤港澳大湾区的产业空间发展体系
番禺区	广明高速以北纳入主城区，未来工业发展方向主要位于广明高速以南、番禺区东部的未来创新智慧区组团和科技现代产业区组团，西部主要以现状较为成熟的工业园区为主
花都区	依据全区"一轴四带、一核多组团"的空间布局结构，东部、西部为主要的先进制造业增量提质区域，中部引导工业功能转型，北部生态区严格限制工业发展
南沙区	落实广州副中心建设战略，打造"两中心一基地"，即作为区域的高端服务业中心与高端制造业中心以及满足整个城市经济发展与人口就业的现代制造业基地，推进产业集聚化、链条化、高端化、智慧化发展，打造珠江三角洲高端制造业基地，建设以生产性服务业为主导的现代产业新高地，成为区域经济发展的新引擎
增城区	以"核心区+特色园区"模式建立各园区品牌共建共享机制，完善开发区中新园区、仙村园区、东部园区、新塘园区（国批园区）、宁西园区、石滩园区、沙庄园区的建设发展，进一步发挥开发区招商引资的品牌和园区高端定位

续表

行政区	产业发展引导
从化区	未来从化区工业用地布局将主要集聚在明珠工业园、高技术产业园两大产业平台,深化从化经济开发区管理体制机制改革,打造成国家级经济技术开发区和省级高新区。明晰"一区两园"空间布局和以"集聚创新发展"作为传统产业与新兴产业发展导向,逐步引导园外企业逐步进园,充分挖掘日用化妆品、摩托车等传统产业链的潜力,拓展新能源新材料、电子信息、高新技术等新兴产业链的上下游链条,形成产业集聚发展布局新格局
空港经济区	结合现行控制性详细规划用地布局,将一级控制线主要布置在白云国际机场北侧航空物流区、综合保税区及机场控规范围内产业发展用地中,保障临空、物流产业的长远发展;二级控制线主要布局在空港经济区南部区域,在未来发展中促进产业的转移,实现片区功能的转换

注:白云区、花都区未包括空港经济区范围

3. 分级管控

(1)一级控制线是为保障产业长远发展而确定的工业用地管理的底线,是广州市先进制造业、战略性新兴产业发展的核心载体。具体划定范围如下:

① 一级控制线原则上应位于国土空间总体规划的城镇开发边界内,与永久基本农田、生态保护红线等相关管控要求不冲突,规划主导功能为工业,包括现行法定规划为工业或规划可调整为工业的情形。

② 集中成片、符合规划要求的工业用地(含有条件的村级工业园)应划入一级控制线内,部分现状工业基础较好、用地规模较小、符合规划要求确需予以控制的工业用地也应划入一级控制线内。

③ 规划新增连片工业用地、重点项目意向用地以及其他对未来国民经济和产业发展有重大保障作用的预留备用地应纳入一级控制线内。

④ 国家级、省级开发区中连片工业用地,市级认定工业主导的价值创新园,国土空间规划确定的先进制造业发展重点区域,市区级重点产业园区、产业集群用地,市区级重大产业项目、倍增企业、骨干企业、规模以上企业、全市百强工业企业等重要企业的工业用地,应优先纳入一级控制线。

⑤ 经各区研究论证确需保障的用于支持工业发展的其他用地可纳入一级控制线内。

(2)二级控制线是为稳定城市一定时期(5年以上)工业用地总规模、未来可根据城市发展需求适当调整使用性质的工业用地管理的过渡线。具体划定范围如下:

① 二级控制线原则上应位于国土空间总体规划的城镇开发边界或农业农村发展区内，与永久基本农田、生态保护红线等相关管控要求不冲突，为现状及一定时期（5 年以上）内保留工业用地功能、未来可根据城市发展需求适当调整的工业用地。

② 现状工业基础较好，在现行国土空间规划中确定为非工业主导功能，但近期仍需保留工业用途的工业用地（含有条件的村级工业园）应划入二级控制线内。

③ 现状产出效率较低，在现行国土空间规划中确定为非工业主导功能，但近期可通过产业升级、园区整治提升等手段保留工业用途、提升产出效率的产业组团、产业地块，可纳入二级控制线。

④ 未来发展方向尚未明确，但各区意向作为工业发展用地进行预留的，在与生态保护红线、永久基本农田、城镇开发边界等相关管控要求不冲突的前提下，可将该部分用地纳入二级控制线，待未来规划稳定后，按照工业产业区块管理相关程序进行调整和优化。

4. 工业产业区块划定成果

广州市划定工业产业区块共 669 个，面积为 620.96 km²，重点分布在黄埔、南沙、花都、增城、白云、番禺等区，具体见表 11-2。

表 11-2　广州市各区产业区块统计

序号	行政区	区块/个	划定面积/km²	占比/%
1	荔湾区	26	4.79	0.77
2	越秀区	—	—	—
3	海珠区	13	1.86	0.30
4	天河区	—	—	—
5	白云区	91	80.06	12.89
6	番禺区	153	67.19	10.82
7	黄埔区	75	101.48	16.34
8	南沙区	12	98.12	15.80
9	花都区	170	92.61	14.92
10	增城区	44	89.60	14.43
11	从化区	63	60.18	9.69

续表

序号	行政区	区块/个	划定面积/km²	占比/%
12	空港经济区	22	25.07	4.04
合计		669	620.96	100

注：白云区、花都区未包括空港经济区数据。

广州市划定一级控制线 194 个，面积为 443.26 km²，占全市工业产业区块面积的 71.38%，主要分布在黄埔、南沙、花都、增城、番禺等区；全市划定二级控制线 475 个，面积为 177.70 km²，占全市工业产业区块面积的 28.62%，主要分布在白云、花都、增城、黄埔、南沙、从化等区。各区工业产业区块一级控制线及二级控制线划定规模见表 11-3，广州市工业产业区块划定成果如图 11-1 所示。

表 11-3 广州市各区产业区块分类统计

序号	行政区	一级控制线			二级控制线		
		区块/个	划定面积/km²	占比/%	区块/个	划定面积/km²	占比/%
1	荔湾区	1	0.71	0.16	25	4.08	2.30
2	越秀区	—	—	—	—	—	—
3	海珠区	—	—	—	13	1.86	1.05
4	天河区	—	—	—	—	—	—
5	白云区	22	40.08	9.04	69	39.97	22.49
6	番禺区	49	49.11	11.08	104	18.08	10.17
7	黄埔区	45	79.79	18.00	30	21.70	12.21
8	南沙区	5	77.96	17.59	7	20.17	11.35
9	花都区	30	65.18	14.71	140	27.43	15.44
10	增城区	14	65.00	14.66	30	24.59	13.84
11	从化区	12	42.37	9.56	51	17.81	10.02
12	空港经济区	16	23.06	5.20	6	2.01	1.13
合计		194	443.26	100	475	177.70	100

注：白云区、花都区未包括空港经济区数据。

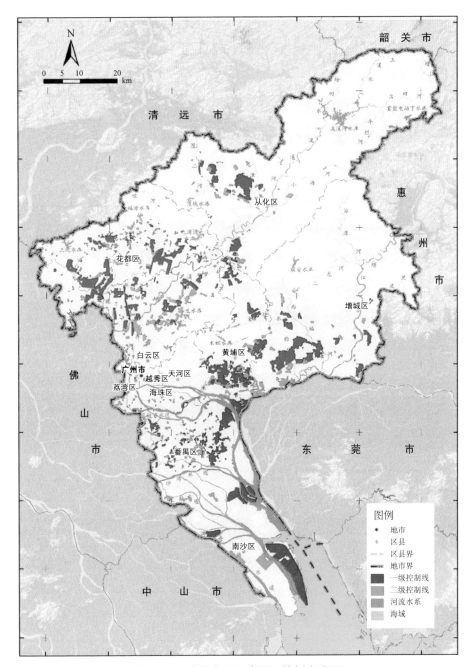

图 11-1 广州市工业产业区块划定成果

11.1.2　广州市省级及以上园区

1. 省级及以上园区概况

广州市现有省级及以上工业园区共计 17 个，分布于天河区、黄埔区、白云区、越秀区、番禺区、从化区、空港经济区、增城区和南沙区等区域，具体见表 11-4。

表 11-4　广州市省级及以上工业园区情况

序号	级别	工业园区名称	类型
1	国家级	广州高新技术产业开发区	高新区
2	省级	广州天河高新技术产业开发区	
3	省级	广州琶洲高新技术产业开发区	
4	省级	广州花都高新技术产业开发区	
5	国家级	广州经济技术开发区	开发区
6	国家级	广州南沙经济技术开发区	
7	国家级	增城经济技术开发区	
8	省级	广州花都经济开发区	
9	省级	广东从化经济开发区	
10	省级	广州白云工业园区	
11	省级	广州云埔工业园区	
12	省级	广州番禺经济技术开发区	
13	国家级	广州白云机场综合保税区	海关特殊监管区
14	省级	广州保税区	
15	省级	广州保税物流园区	
16	省级	广州出口加工区	
17	省级	广州南沙保税港区	

依据广东省科技厅、广东省工业和信息化厅、广东省商务厅提供的材料确定省级以上产业园区名单，根据广东省自然资源厅提供的矢量数据初步确定部分园区边界。广州市省级及以上工业园区初步校核信息见表 11-5，省级及以上工业园区边界情况如图 11-2 所示。

表 11-5　广州市省级及以上工业园区初步校核信息　　　　单位：km²

工业园区名称	核准面积	初步校核矢量面积
广州高新技术产业开发区	37.340 0	37.360 0
广州经济技术开发区	38.577 2	37.174 8
广州南沙经济技术开发区	27.600 0	25.847 6
增城经济技术开发区	5.000 0	4.979 6
广州花都经济开发区	11.883 4	0.500 0
广东从化经济开发区	1.320 0	1.321 8
广州白云工业园区	1.590 6	1.805 0
广州云埔工业园区	7.718 1	7.718 1
广州番禺经济技术开发区	9.137 1	—
广州白云机场综合保税区	2.943 0	4.527 0
广州保税区	1.400 0	1.400 0
广州保税物流园区	0.507 0	—
广州出口加工区	0.947 4	2.994 0
广州南沙保税港区	4.990 0	4.371 0

注：广州天河高新技术产业开发区、广州琶洲高新技术产业开发区和广州花都高新技术产业开发区均为 2020 年 2 月以后获批，广东省下发版本无该园区，故本表中未列入。

2. 省级及以上园区边界校核

在广泛调研各工业园区发展现状、充分考虑园区现状发展边界的基础上，收集工业园区规划等相关规划边界情况，进一步校核辖区内省级及以上工业园区矢量边界及面积。广州市省级及以上工业园区边界校核情况见表 11-6，最终的校核边界情况如图 11-3 所示。

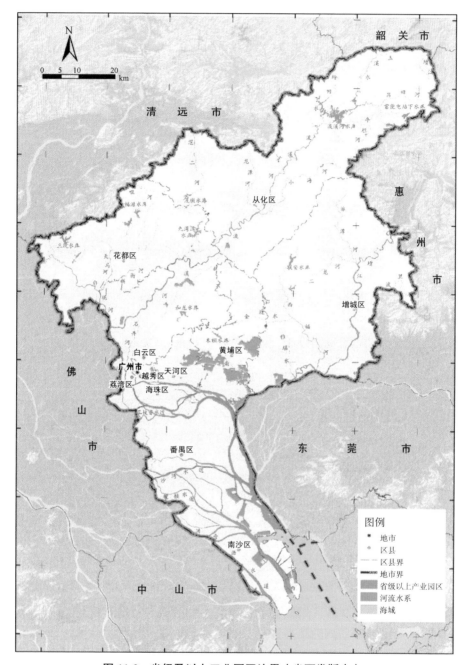

图 11-2 省级及以上工业园区边界（省下发版本）

表 11-6　广州市省级及以上工业园区边界校核结果　　　　单位：km²

工业园区名称	核准面积	地市校核矢量面积
广州高新技术产业开发区	37.34	37.41
广州天河高新技术产业开发区	16.17	16.17
广州琶洲高新技术产业开发区	12.87	14.85
广州花都高新技术产业开发区	11.24	11.73
广州经济技术开发区	38.58	37.17
广州南沙经济技术开发区	27.60	27.21
增城经济技术开发区	5.00	99.01
广州花都经济开发区	11.88	11.73
广东从化经济开发区	1.32	1.32
广州白云工业园区	1.59	1.59
广州云埔工业园区	7.72	15.98
广州番禺经济技术开发区	9.14	9.13
广州白云机场综合保税区	2.94	2.95
广州保税区	1.40	1.40
广州保税物流园区	0.51	0.51
广州出口加工区	0.95	2.99
广州南沙保税港区	4.99	4.99

由表 11-6 校核面积可以看出，变化比较大的是增城经济技术开发区。根据《国务院办公厅关于增城工业园升级为国家级经济技术开发区的复函》的规定，增城工业园经国务院批准，同意将其升级为国家经济技术开发区，定名为增城经济技术开发区，实行现行国家级经济技术开发区的政策，批复面积为 5.00 km²。目前以增城经济技术开发区为名发展的是广州东部（增城）汽车产业基地地块（规划面积为25.49 km²，穗发改函〔2006〕688 号），而国批地块没有实际的规划发展，因此保持原有的发展模式。另外，增城经济技术开发区将进行"一区多园"管理（2019 年 12月 31 日，广州市增城区委托增城经济技术开区管理"一区多园"工作方案经广州市政府批复同意），包括国批园区 5.00 km²、开发区南区（涉及新塘、永宁、仙村、宁西、核心区等区域)共 72.10 km²、开发区东区(涉及增江、石滩等区域)共 6.30 km²、开发区北区（涉及朱村、中新等区域）共 15.60 km²，管理面积共计 99.00 km²。

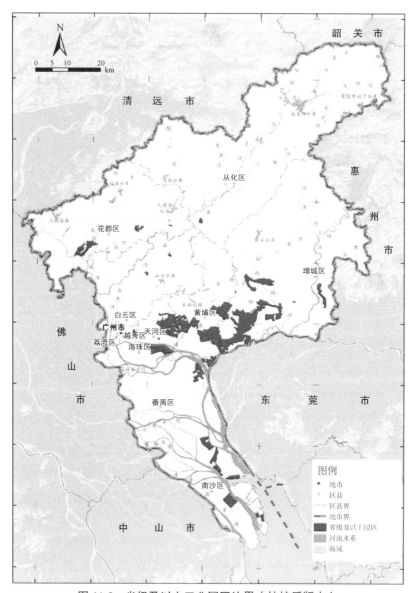

图 11-3　省级及以上工业园区边界（校核后版本）

11.1.3　产业总体布局

根据《广州市工业产业区块划定成果》，工业产业区块作为全市工业用地发展的核心载体，纳入工业产业区块的规划工业用地面积占全市规划工业用地面积的比例应不少于 80%，保障当前以及未来一段时间内大部分工业用地位于工业产业区块内并实现工业用地的节约集约管理，有利于后续工业用地相关扶持政策的精准施策。

综合以上，省级及以上园区和工业产业区块现状和将来都作为全市主要的工业产业集聚地，省级及以上园区和工业产业区块总面积为 896.86 km²（去除重复），约占广州市面积的 12.37%。广州市工业产业总体布局情况如图 11-4 所示。

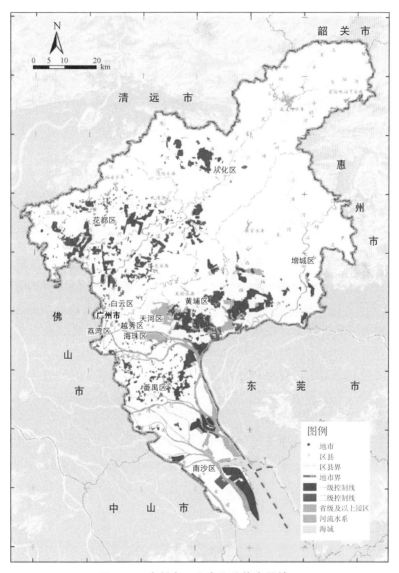

图 11-4　广州市工业产业总体布局情况

11.2 环境管控单元划分

11.2.1 工作目标

将"三线"管控分区成果综合叠加，衔接行政边界和工业园区边界，综合划定环境管控单元，实施分类管控，进一步优化城镇空间布局、调整产业结构。

11.2.2 陆域环境管控单元划定

1. 划定原则

根据《"三线一单"编制技术指南（试行）》《"三线一单"编制技术要求（试行）》《"三线一单"成果数据规范（试行）》等相关文件，将村级行政、工业园区（集聚区）等边界与生态保护红线、生态空间、水环境管控分区、大气环境管控分区（其中，大气环境布局敏感重点管控区、大气环境弱扩散重点管控区不参与叠加）等进行叠加。在已经细化到村级行政边界的水环境管控分区的基础上，叠加大气环境管控分区（除大气环境布局敏感重点管控区和大气环境弱扩散重点管控区）、生态空间管控分区等，结合生态环境主导功能和主要生态环境问题，按照单元主要要素的主要管控分区性质，划定环境管控单元，涉及省级及以上工业园区以园区边界单独划定园区型重点管控单元。

（1）提高战略定位、对接管理需求。环境管控单元划分成果应体现广州市城市战略定位和生态保护战略定位，对接环境管理需求，聚焦优先保护区和重点管控区，形成分区管控体系。

（2）整合要素分区、保持单元完整。根据广州市社会经济发展现状和规划、区域生态环境主要功能、主要生态环境问题等情况，考虑各要素分区的面积和分布，对叠加图层进行适当取舍，避免环境管控单元过于破碎，保留要素分区的相关属性和管控要求。

（3）以单元内所有要素各类别分区面积之和占单元面积比重为判断依据，按照优先、重点、一般顺序确定单元等级，尽可能突出各要素优先保护类别要求。

2. 划定过程

参与要素叠加主要有生态管控分区、水环境管控分区和大气环境管控分区；主体上以水环境管控分区（以村行政边界划定）边界为基础划定综合管控单元；涉及省级及以上工业园区的单元，按省级产业园区边界进行划分，将省级及以上工业园区作为一个单元单独抠出（当省级及以上工业园区跨区边界时，区边界两侧需各单独划分为一个单元）。环境管控单元划定过程如图 11-5 所示。

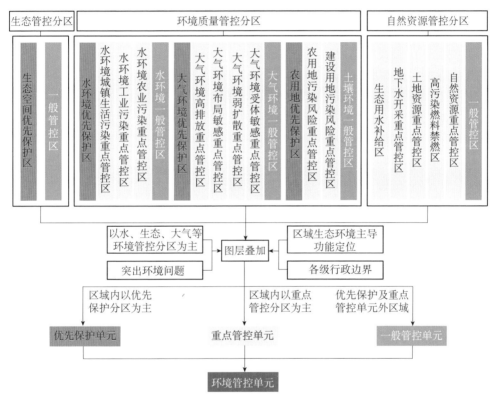

图 11-5　环境管控单元划定过程

具体步骤如下：

将生态管控分区、水环境管控分区和大气环境管控分区（除大气环境布局敏感重点管控区和大气环境弱扩散重点管控区）优先保护区和重点管控区分别并集叠加，优先保护区与重点管控区重叠的区域按照优先保护区处理，通过对比分析叠加后优先保护区和重点管控区以及一般管控区的面积大小关系，对优先保护单元、重点管控单元或一般管控单元进行判别。

（1）优先保护单元：若优先保护区面积多于重点管控区面积，且占比单元面积较大（推荐为50%以上），则该控制单元为优先保护单元。

（2）重点管控单元：若重点管控区面积多于优先保护区面积，重点管控区面积占比单元面积较大时（推荐为50%以上），则该控制单元为重点管控单元。原则上，省级及以上园区需纳入重点管控单元，酌情考虑工业产业区块控制线。省级及以上园区根据园区边界单独划定管控单元。

（3）一般管控单元：除优先保护单元和重点管控单元以外的环境管控单元。

$1\ km^2$ 以下的碎斑可与周边区域合并（对应管控单元准入清单中需明确该碎斑的管控要求）。涉及生态保护红线、一类环境空气质量功能区和饮用水水源保护区的优先保护区在叠加划定综合管控单元时，原则上应将其划定为优先保护单元；当叠加后由于该类优先保护区面积较小而判定为重点管控单元或一般管控单元时，直接将其按照上述几类区域的实际边界进行切分作为一个单元，该单元拆分后再按上述原则进行优先保护单元、重点管控单元或一般管控单元划定。

11.2.3　海域环境管控单元划定

将海洋生态红线划为近岸海域优先保护区。将广东省海洋功能区划中位于广州市范围内的港口航运区、工业与城镇用海区、矿产与能源区和现状劣四类海域划为近岸海域重点管控区。其余区域作为近岸海域一般管控区。对接近岸海域专题研究成果，将近岸海域优先保护区划定为海域优先保护单元，近岸海域重点管控区为海域重点管控单元。

11.2.4　环境管控单元划定成果

1. 环境管控单元划定成果

广州市共划定环境管控单元253个，其中陆域环境管控单元237个，海域环境管控单元16个。

（1）陆域环境管控单元。优先保护单元84个，面积为 $2\ 365.58\ km^2$，占广州市陆域面积的32.64%，主要为生态保护红线、一般生态空间、饮用水水源保护区和一类环境空气质量功能区等区域；重点管控单元107个，面积为 $3\ 118.39\ km^2$，占广州市陆域面积的43.02%，主要为人口集中、工业集聚、环境质量超标的区域；一般管控单元46个，面积为 $1\ 764.31\ km^2$，占广州市陆域面积的24.34%，为优先保护单元和重点管控单元以外的区域。广州市陆域环境管控单元划定情况见表 11-7，广州市环境管控单元分布情况如图 11-6 所示。

表 11-7　广州市陆域环境管控单元划定情况

管控单元类别	数量/个	面积/km²	面积占比/%
优先保护单元	84	2 365.58	32.64
重点管控单元	107	3 118.39	43.02
一般管控单元	46	1 764.31	24.34

（2）海域环境管控单元。优先保护单元 9 个，为海洋生态保护红线；重点管控单元 7 个，主要为用于拓展工业与城镇发展空间、开发利用港口航运资源、游憩资源的海域和现状劣四类海水海域。广州市海域环境管控单元划定情况见表 11-8。

表 11-8　广州市海域环境管控单元划定情况

管控单元类别	编号	管控单元名称
优先保护单元	HY44010010001	南沙坦头村重要滩涂及浅海水域
	HY44010010002	广州番禺海鸥岛红树林湿地自然公园
	HY44010010003	广州南沙大虎山地质自然公园
	HY44010010004	广州南沙湿地自然公园
	HY44010010005	广州市番禺区红树林
	HY44010010006	广州市南沙区红树林
	HY44010010007	狮子洋—虎门—蕉门水道重要河口 1
	HY44000010001	狮子洋—虎门—蕉门水道重要河口 2
	HY44000010017	万顷沙重要滩涂及浅海水域
重点管控单元	HY44010020001	黄埔港口航运区—劣四类海域
	HY44010020002	蒲洲旅游休闲娱乐区—劣四类海域
	HY44010020003	万顷沙海洋保护区—劣四类海域
	HY44010020004	龙穴岛港口航运区—劣四类海域
	HY44010020005	南沙港口航运区—劣四类海域
	HY44000020001	狮子洋保留区—劣四类海域
	HY44000020002	伶仃洋保留区—劣四类海域

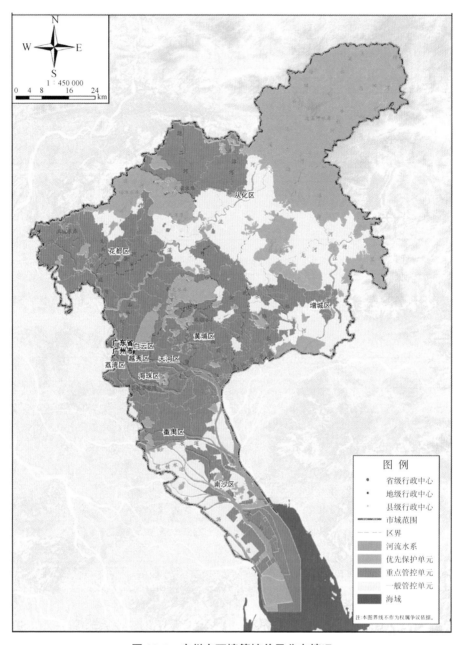

图 11-6 广州市环境管控单元分布情况

2. 优先保护单元的划定

根据《"三线一单"编制技术指南（试行）》和《"三线一单" 编制技术要求（试行）》的规定，优先保护单元是以生态环境保护为主，禁止或限制大规模的工业发展、矿产等自然资源开发和城镇建设的区域。广州市优先保护单元包括生态保护红线、饮用水水源保护区（一级与二级）、大气优先保护区（一类环境空气质量功能区）和一般生态空间等。

广州市优先保护单元共 84 个，面积为 2 365.58 km²。主要包括自然保护区、风景名胜区、森林公园、湿地公园及重要湿地、饮用水水源保护区、一类环境空气质量功能区、水产种质资源保护区等重要保护地，以及生态功能较重要的地区。广州市优先保护单元划定情况见表 11-9。

表 11-9　广州市优先保护单元划定情况

行政区	个数/个	面积/km²	面积占比/%
荔湾区	1	1.26	2.01
越秀区	1	4.55	13.51
海珠区	1	8.70	9.46
天河区	2	13.54	9.91
白云区	9	170.10	25.60
黄埔区	4	21.95	4.56
番禺区	13	266.66	27.51
花都区	4	25.73	5.00
南沙区	7	30.18	4.35
从化区	23	1 208.72	60.92
增城区	19	614.19	38.03
全市	84	2 365.58	32.64

3. 重点管控单元的划定

广州市重点管控单元主要包括大气环境重点管控区（大气环境高排放重点管控区和大气环境受体敏感重点管控区）、水环境重点管控区（水环境工业污染重点管控区、水环境城镇生活污染重点管控区和水环境农业污染重点管控区）以及省级及以上产业园区和绝大部分工业产业区块。广州市重点管控单元共 107 个，面积为 3 118.39 km²。广州市重点管控单元划定情况见表 11-10。

表 11-10　广州市重点管控单元划定情况

行政区	数量/个	面积/km²	面积占比/%
荔湾区	6	61.41	97.99
越秀区	3	29.12	86.49
海珠区	5	83.25	90.54
天河区	6	123.11	90.09
白云区	20	451.21	67.89
黄埔区	15	437.67	90.98
番禺区	11	534.90	55.19
花都区	11	396.22	76.92
南沙区	10	250.70	36.10
从化区	4	421.12	21.22
增城区	16	329.68	20.42
全市	107	3 118.39	43.02

4. 一般管控单元的划定

优先保护单元与重点管控单元之外的区域划为一般管控单元，对照各要素分区要求制定相应的准入清单。广州市一般管控单元共计 46 个，面积为 1 764.31 km²。广州市一般管控单元划定情况见表 11-11。

表 11-11　广州市一般管控单元划定情况

行政区	数量/个	面积/km²	面积占比/%
荔湾区	0	0	0
越秀区	0	0	0
海珠区	0	0	0
天河区	0	0	0
白云区	1	43.26	6.51
黄埔区	2	21.47	4.46
番禺区	4	167.58	17.29
花都区	2	93.18	18.09
南沙区	15	413.48	59.55

续表

行政区	数量/个	面积/km²	面积占比/%
从化区	3	354.35	17.86
增城区	19	670.99	41.55
全市	46	1 764.31	24.34

11.3 环境准入清单

11.3.1 编制原则

1. 规范性原则

以"三线一单"技术指南和要求为引，根据各类管控单元、各类管控要求的共性和差异，规范清单内容表达方式。

2. 针对性原则

以环境管控单元为载体，以维护区域生态环境功能、解决突出环境问题为目标，衔接既有环境管理要求，叠加"三线"工作成果，对各环境管控单元分别提出管控要求。

3. 可操作性原则

通过市区联动、部门对接，充分考虑不同区域资源禀赋、环境容量、发展基础和发展意愿，确保管控要求适用、管用。

4. 动态更新原则

随着生态文明建设、绿色发展理念、高质量发展内涵、生态环境保护目标要求的深化，对生态环境准入清单相关内容逐步完善、动态更新。

11.3.2 总体框架

广州市准入清单总体框架包括广州市总体准入清单和各管控单元准入清单两个层次。

（1）总体准入要求以广州市为单元提出，市级生态环境准入清单是全市分区分类管控的基本要求，各区应根据自身的区域生态环境功能定位及管控单元的环境质量目标和环境风险管控要求,在不突破市级生态环境准入清单的前提下,进一步细化补充相应的分区分类生态环境准入要求。

(2)各管控单元准入清单内容上包含两个方面:①管控单元根据所处各要素管控分区情况,分别执行该环境要素细类的管控要求;②根据管控单元所在区域内的主体功能定位、规划主要产业导向以及存在的问题等特有情况,提出总体准入清单以外的特有管控要求,以改善单元内在生态环境问题,达到设定的生态环境质量目标。

11.3.3　技术路线

(1)梳理法规政策,衔接既有管理要求。从区域(市/区)、流域、园区等不同维度,分别梳理国家和地方相关法律、法规及各类规划、计划、政策文件以及战略/规划环评成果,衔接集成关于区域布局管控要求、能源资源利用要求、污染物排放管控要求和环境风险防控要求等既有管理要求。

(2)集成"三线"成果,明确单元管控目标。根据"三线"工作成果,将生态保护红线的空间布局约束要求,水环境和大气环境质量底线的管控措施要求,土壤环境风险防控要求,水资源、土地资源、能源等开发利用效率方面的要求,从空间上全部落到各环境管控单元中。

(3)研判单元特征,制定生态环境准入清单。分级研判市区城镇建设、资源开发和产业发展形势,逐一分析各环境管控单元的生态环境主要特征和突出问题,研究达到单元管控目标的路径和措施,同时结合前期与市、县政府部门在收集资料、座谈、调研过程中反馈的地方具体产业分布、产业发展规划、环保行业重大规划与工程建设情况,对工作基础扎实的区域应将优化调整措施落实到产业上,最终形成以改善生态环境质量为目标、分别针对各环境管控单元、有针对性、可操作的管控要求。

11.3.4　生态环境准入清单编制

1. 清单主要内容

根据"三线一单"编制技术指南和技术要求,准入清单分为区域布局管控要求、能源资源利用要求、污染物排放管控要求和环境风险防控要求4个维度,并结合各区实际情况对 4 个维度做必要的细化和调整。生态环境准入清单内容见表 11-12。

表 11-12　生态环境准入清单内容

	区域布局管控要求	能源资源利用要求	污染物排放管控要求	环境风险防控要求
总体准入要求	包括禁止或限制的开发建设活动，对不符合空间布局要求活动提出退出方案	包括区域水资源总量、地下水禁采或限采、能源总量及效率要求、禁燃区等要求	包括区域水及大气污染物总量管控要求、现有源提标改造要求	包括区域环境风险联防联控等要求
优先保护单元准入要求	包括允许、禁止或限制的开发建设活动，对不符合空间布局活动提出退出方案等	—	—	—
重点管控单元准入要求	同总体准入要求	包括水资源利用效率、地下水禁采或限采、能源效率要求、禁燃区管控等要求	包括现有源提标改造、新增源等量或倍量替代、新增源排放标准限制、污染物排放绩效水平准入等要求	包括工业用地、产业园区及企业环境风险防控等要求
一般管控单元准入要求	根据其各类环境要素属性、单元发展定位及发展现状、主要环境问题等单元特征，参照优先保护单元或重点管控单元相应部分从 4 个维度提出要求			

2. 广州市总体准入清单内容

对标国际一流湾区，强化创新驱动和绿色引领，以环境管控单元为基础，从区域布局管控、能源资源利用、污染物排放管控、环境风险防控等方面提出准入要求，建立生态环境准入清单管控体系。具体如下：

（1）区域布局管控要求。

① 优先保护生态空间，保育生态功能，筑牢生态安全格局，加强区域生态绿核、珠江流域下游水生态系统、入海河口等生态保护，大力保护生物多样性。加强从化区北部山地、花都区北部山地、花都区西部农林、增城区北部山地、增城区西部山水、帽峰山、增城区南部农田、南沙区北部农田和南沙区滨海景观九大生态片区的生态保护与建设。建设"三纵五横"（流溪河—珠江西航道—洪奇沥水道、帽峰山—火龙凤—南沙港快速—蕉门水道、增江河—东江—狮子洋；北二环、珠江前后航道、金山大道—莲花山、沙湾水道、横沥—凫洲水道）生态廊道。

② 实施创新驱动发展战略，充分发挥粤港澳大湾区区域发展核心引擎作用，深化与港澳和周边城市产业合作，建设以 IAB（新一代信息技术、人工智能、生物医药）、NEM（新能源、新材料）等战略性新兴产业为引领，现代服务业为主导，先进制造业为支撑，具有国际竞争力的创新型现代产业体系。

③ 推动先进制造业高质量发展。围绕南沙副中心、中新广州知识城、空港经济区三个智造核心平台，布局优势产业集群，重点建设东翼、南翼、北翼三大产业集聚带，构建"一廊三芯、三带多集群"的空间结构，推进全市先进制造业集聚集群集约发展，形成若干个世界级先进制造业集群，发展壮大新一代信息技术、人工智能、生物医药、新能源、新材料、数字经济、高端装备制造、海洋经济等战略性新兴产业，优化提升汽车、电子、电力、石化等传统优势产业，推动制造业高端化、智能化、绿色化、服务化发展。

（2）能源资源利用要求。

① 积极发展天然气发电等清洁能源，逐步提高可再生能源与低碳清洁能源比例，大力推动终端用能电能、氢能替代，着力打造现代化能源体系。禁止新建、扩建燃煤燃油火电机组和企业燃煤燃油自备电站，符合国家能源安全保障有关政策规划的除外；原则上不再新建燃煤锅炉，制订集中供热计划，逐步淘汰生物质锅炉、集中供热管网覆盖区域内的分散供热锅炉。在符合当地城乡发展、城市燃气发展规划等相关规划的前提下，坚持集约用地和公平开放的原则，鼓励天然气企业对城市燃气公司和靠近主干管道且具备直接下载条件的大工业用户直供，降低供气成本等政策举措。严格控制煤炭消费总量，落实能源消费总量和强度"双控"制度，新建高能耗项目单位产品（产值）能耗达到国际国内先进水平。

② 实施以碳强度控制为主、碳排放总量控制为辅的制度。以建设低碳试点城市为抓手，强化温室气体排放控制，深化全市温室气体清单编制和减排潜力分析，实施碳排放达峰行动，探索形成广州碳中和路径。推动产业低碳化发展。推进碳排放交易，鼓励企业参与自愿减排项目。推广近零碳排放区首批示范工程项目经验，创建一批低碳园区。深化碳普惠制，鼓励申报碳普惠制核证减排量，探索开展低碳产品认证和碳足迹评价。

③ 大力推进绿色港口和公用码头建设，提升岸电使用率；有序推动船舶、港作机械等"油改气""油改电"，严格落实船舶大气污染物排放控制区要求，降低港口柴油使用比例。依法依规科学合理优化调整储油库、加油站布局，加快充电

桩、加气站、加氢站以及综合性能源补给站建设，积极推动机动车和非道路移动机械电动化（或实现清洁燃料替代）。依法依规强化油品生产、流通、使用、贸易等全流程监管，减少直至杜绝非法劣质油品在全市流通和使用。

④ 贯彻落实"节水优先"方针，实行最严格水资源管理制度，把水资源作为刚性约束，以节约用水扩大发展空间。推进工业节水减排，重点在高耗水行业开展节水改造，提高工业用水效率。加强江河湖库水量调度，保障生态流量。

⑤ 盘活存量建设用地，控制新增建设用地规模。强化自然岸线保护，优化岸线开发利用格局，建立岸线分类管控和长效管护机制，规范岸线开发秩序；除国家重大项目外，全面禁止围填海。落实单位土地面积投资强度、土地利用强度等建设用地控制性指标要求，提高土地利用效率。

⑥ 积极发展农业资源利用节约化、生产过程清洁化、废弃物利用资源化等生态循环农业模式。

（3）污染物排放管控要求。

① 实施重点污染物①总量控制，重点污染物排放总量指标优先向重大发展平台、重点建设项目、重点工业园区、战略性产业集群倾斜。在可核查、可监管的基础上，新建项目原则上实施 NO_x 等量替代，VOCs 两倍削减量替代。以臭氧生成潜势较大的行业企业为重点，推进 VOCs 源头替代，全面加强无组织排放控制，深入实施精细化治理。超过重点污染物排放总量控制指标或未完成环境质量改善目标的区域，新建、改建、扩建项目重点污染物实施减量替代。重金属污染重点防控区内，重点重金属排放总量只减不增；重金属污染物排放企业清洁生产逐步达到国际国内先进水平。严格环境准入，严控高耗能、高排放项目。

② 实施重点行业清洁生产改造，火电及钢铁行业企业大气污染物达到可核查、可监管的超低排放标准，水泥、石化、化工及有色金属冶炼等行业企业大气污染物达到特别排放限值要求。深入推进石化化工、溶剂使用及挥发性有机液体储运销的挥发性有机物减排，通过源头替代、过程控制和末端治理实施反应活性物质、有毒有害物质、恶臭物质的协同控制。

③ 加大工业园区污染治理力度，加快完善污水集中处理设施及配套工程建设，建立健全配套管理政策和市场化运行机制，确保园区污水稳定达标排放。电镀专业园区、电镀企业严格执行广东省电镀水污染物排放限值。

④ 率先消除城中村、老旧城区和城乡接合部生活污水收集处理设施空白区。

---

① 重点污染物包括 COD、NH_3-N、NO_x、VOCs 等。

加快推进生活污水处理设施建设和提质增效，因地制宜治理农村面源污染，加强畜禽养殖废弃物资源化利用。开展农村黑臭水体全面排查和治理。

⑤ 地表水Ⅰ、Ⅱ类水域，以及Ⅲ类水域中的保护区、游泳区，禁止新建排污口，已建成的排污口应当实行污染物总量控制且不得增加污染物排放量。

⑥ 大力推进固体废物源头减量化、资源化利用和无害化处置，稳步推进"无废城市"试点建设。

⑦ 建立和完善扬尘污染防治长效机制，以新区开发建设和旧城改造区域为重点，实施建设工地扬尘精细化管理。严格落实绿色文明施工，重点做好施工场地围闭、地面硬化绿化、工地砂土覆盖、裸露地表抑尘、物料堆放遮盖、进出车辆冲洗等环节扬尘管控措施六个100%。

（4）环境风险防控要求。

① 加强流溪河、增江、东江北干流、沙湾水道等供水通道干流沿岸以及饮用水水源地、备用水源环境风险防控，推进与东莞、佛山、清远等周边城市共同完善跨界水源水质保障机制，强化地表水、地下水和土壤污染风险协同防控，建立完善突发环境事件应急管理体系。

② 重点加强环境风险分级分类管理，强化化工企业、涉重金属行业、工业园区等重点环境风险源的环境风险防控；加强广州市石化区域以及小虎岛等化工重点园区环境风险防控，建立完善污染源在线监控系统，开展有毒有害气体监测，落实环境风险应急预案。

③ 提升危险废物监管能力，利用信息化手段，推进全过程跟踪管理；健全危险废物收集体系，推进危险废物利用处置能力结构优化。

3. 环境管控单元准入清单

为充分体现管控单元的差异性，根据管控单元的主体功能定位、规划主要产业导向以及存在的问题等特有情况，提出广州市总体准入清单以外的特有管控要求。环境管控单元准入清单编制过程中重点关注解决工业产业区块的突出环境问题并改善环境质量，开展并提供工业产业区块成果对接、布局问题诊断和布局优化的解决路径，避免产业发展与生态环境保护的矛盾，助推工业产业高质量发展。

（1）优先保护单元以生态功能维护为主，体现生态保护红线和一般生态空间的管控要求，侧重空间布局约束。优先保护单元管控要求示例见表11-13。

表 11-13　优先保护单元管控要求示例

ZH44011810001	广州增城地质自然公园优先保护单元	广东省	广州市	增城区	优先保护单元	生态保护红线、一般生态空间、水环境优先保护区、水环境一般管控区、大气环境优先保护区、大气环境一般管控区、建设用地污染风险重点管控区、土地资源重点管控区、江河湖库优先保护岸线、江河湖库一般管控岸线
管控维度	管控要求					
区域布局管控	1.【生态/禁止类】生态保护红线内，广州增城大东坑次生林自然保护区核心保护区原则上禁止人为活动，广州增城大东坑次生林自然保护区一般控制区、广州增城地质自然公园、南岭山地生物多样性维护—水源涵养生态保护红线严格禁止开发性、生产性建设活动，在符合现行法律法规前提下，除国家重大战略项目外，仅允许对生态功能不造成破坏的有限人为活动。 2.【生态/限制类】派潭镇生物多样性—水源涵养生态功能区一般生态空间内，不得从事影响主导生态功能的人为活动。 3.【水/禁止类】派潭河高滩段饮用水水源一级保护区、密石山林山溪水饮用水水源一级保护区内禁止新建、改建、扩建与供水设施和保护水源无关的建设项目。 4.【水/禁止类】派潭河高滩段饮用水水源二级保护区（汉湖村段）、密石山林山溪水饮用水水源二级保护区、石马龙水库饮用水水源二级保护区、大封门水库饮用水水源二级保护区内禁止新建、改建、扩建排放污染物的建设项目；石马龙水库饮用水水源准保护区、增江荔城段饮用水水源准保护区（汉湖村以北段）内禁止新建、扩建对水体污染严重的建设项目。 5.【大气/禁止类】增城白水寨风景名胜区（派潭镇北部）环境空气功能区一类区实施严格保护，禁止新建、扩建有大气污染物排放的工业项目；现有项目改建的，应当减少大气污染物排放总量					
ZH44011810016	东江北干流饮用水水源保护区优先保护单元	广东省	广州市	增城区	优先保护单元	生态保护红线、一般生态空间、水环境优先保护区、大气环境布局敏感重点管控区、大气环境一般管控区、江河湖库优先保护岸线
管控维度	管控要求					
区域布局管控	1.【产业/限制类】单元内增城经济技术开发区国批园区产业区块应严格执行饮用水水源保护区相关法律法规要求。 2.【生态/禁止类】东江北干流饮用水水源一级保护区生态保护红线内，严格禁止开发性、生产性建设活动，在符合现行法律法规前提下，除国家重大战略项目外，仅允许对生态功能不造成破坏的有限人为活动。 3.【生态/限制类】东江北干流饮用水水源二级保护区一般生态空间内，不得从事影响主导生态功能的人为活动。					

续表

管控维度	管控要求
区域布局管控	4.【水/禁止类】东江北干流饮用水水源一级保护区内禁止新建、改建、扩建与供水设施和保护水源无关的建设项目；二级保护区内禁止新建、改建、扩建排放污染物的建设项目。 5.【水/禁止类】禁止在东江干流和一级支流两岸最高水位线水平外延 500 m 范围内新建废弃物堆放场和处理场。已有的堆放场和处理场应当采取有效的防治污染措施，危及水体水质安全的，由县级以上人民政府责令限期搬迁。 6.【大气/限制类】大气环境布局敏感重点管控区内，应严格限制新建使用高挥发性有机物原辅材料项目，大力推进低 VOCs 含量原辅材料替代，全面加强无组织排放控制，实施 VOCs 重点企业分级管控
能源资源利用	【岸线/综合类】严格水域岸线用途管制，土地开发利用应按照有关法律法规和技术标准要求，留足河道、湖泊的管理和保护范围，非法挤占的应限期退出

（2）重点管控单元主要体现产业工业园区和环境要素重点管控单元的管控要求，主要体现在区域布局约束、能源资源利用、污染物排放管控、环境风险防控要求 4 个方面。重点管控单元管控要求示例见表 11-14。

表 11-14　重点管控单元管控要求示例

ZH44011820004	增城经济技术开发区重点管控单元	广东省	广州市	增城区	重点管控单元	水环境工业污染重点管控区、水环境城镇生活污染重点管控区、水环境一般管控区、大气环境高排放重点管控区、建设用地污染风险重点管控区、土地资源重点管控区、江河湖库一般管控岸线
管控维度	管控要求					
区域布局管控	1.【产业/综合类】园区重点发展清洁生产水平高的汽车及新能源汽车制造、汽车零部件、显示面板、电子元器件、半导体材料、芯片设计、制造、封装、测试、总部经济、科技研发、医疗仪器设备及器械制造、再生医学、现代中药研发、医学检验检测、健康管理等相关产业。 2.【产业/限制类】开发区用地范围内距离生态保护红线、自然保护地、饮用水水源地等生态环境敏感区域 1 km 的区域，应优化产业布局，控制开发强度，优先引进无污染或轻污染的产业和项目，防止侵占生态环境敏感区域。 3.【产业/综合类】新建项目应符合现行有效的《产业结构调整指导目录》《市场准入负面清单》等国家和地方产业政策及园区相关产业规划等要求。					

续表

管控维度	管控要求
区域布局管控	4.【产业/综合类】科学规划功能布局,突出生产功能,统筹生活区、商务区、办公区等城市功能建设,促进新型城镇化发展。 5.【产业/综合类】现有不符合产业规划、效益低、能耗高、产业附加值较低的产业和落后生产能力逐步退出或关停。 6.【大气/鼓励引导类】大气环境高排放重点管控区内,应强化达标监管,引导工业项目落地集聚发展,有序推进区域内行业企业提标改造
能源资源利用	1.【水资源/综合类】提高园区水资源利用效率,提高企业工业用水重复利用率和园区再生水(中水)回用率。 2.【土地资源/综合类】提高园区土地资源利用效益,积极推动单元内工业用地提质增效,推动工业用地向高集聚、高层级、高强度发展,加强产城融合。 3.【其他/综合类】有行业清洁生产标准的新引进项目清洁生产水平须达到本行业先进水平
污染物排放管控	1.【水/综合类】园区内所有企业自建预处理设施,确保达标排放;建立水环境管理档案"一园一档"。 2.【大气/综合类】重点推进汽车制造、高端装备制造和电子信息产业等重点行业 VOCs 污染防治,鼓励园区建设集中涂装中心代替分散的涂装工序,配备高效废气治理设施,提高有机废气收集处理率;涉 VOCs 重点企业按"一企一方案"原则,对本企业生产现状、VOCs 产排污状况及治理情况进行全面评估,制订 VOCs 整治方案。 3.【其他/综合类】园区主要污染物排放总量不得突破规划环评核定的污染物排放总量管控要求,开发区内广州市东部(增城)汽车产业基地进入污水处理厂系统工程的废水量需控制在 5.46 万 t/d 以内,大气污染物 SO_2 排放量不高于 100 t/a。当园区环境目标、产业结构和生产力布局以及水文、气象条件等发生重大变化时,应动态调整污染物总量管控要求,结合规划和规划环评的修编或者跟踪评价对区域能够承载的污染物排放总量重新进行估算,不断完善相关总量管控要求
环境风险防控	1.【风险/综合类】建立企业、园区、政府三级环境风险防控体系。开展区域环境风险评估和区域环境风险防控体系建设。健全园区环境事故有毒有害气体预警预报机制,建设园区环境应急救援队伍和指挥平台,提升园区环境应急管理能力。 2.【风险/综合类】生产、储存、运输、使用危险化学品的企业及其他存在环境风险的入园企业,应根据要求编制突发环境事件应急预案,以避免或最大限度地减少污染物或其他有毒有害物质进入厂界外大气、水体、土壤等环境介质。 3.【土壤/综合类】建设用地污染风险管控区内企业应加强用地土壤和地下水环境保护监督管理,防止用地土壤和地下水污染

续表

ZH44011820005	增城区新塘镇官湖村、坭紫村等重点管控单元	广东省	广州市	增城区	重点管控单元	水环境城镇生活污染重点管控区、大气环境受体敏感重点管控区、大气环境布局敏感重点管控区、大气环境高排放重点管控区、建设用地污染风险重点管控区、土地资源重点管控区、江河湖库优先保护岸线
管控维度	管控要求					
区域布局管控	1.【产业/限制类】现有不符合产业规划、主导产业、效益低、能耗高、产业附加值较低的产业和落后生产能力逐步退出或关停。 2.【水/禁止类】东江北干流饮用水水源准保护区内禁止新建、扩建对水体污染严重的建设项目。 3.【大气/禁止类】禁止在居民住宅楼、未配套设立专用烟道的商住综合楼以及商住综合楼内与居住层相邻的商业楼层内新建、改建、扩建产生油烟、异味、废气的餐饮服务项目。 4.【大气/限制类】大气环境受体敏感重点管控区内，应严格限制新建储油库项目、产生和排放有毒有害大气污染物的工业建设项目以及使用溶剂型油墨、涂料、清洗剂、胶黏剂等高挥发性有机物原辅材料项目。 5.【大气/限制类】大气环境布局敏感重点管控区内，应严格限制新建使用高挥发性有机物原辅材料项目，大力推进低VOCs含量原辅材料替代，全面加强无组织排放控制，实施VOCs重点企业分级管控。 6.【大气/鼓励引导类】大气环境高排放重点管控区内，应强化达标监管，引导工业项目落地集聚发展，有序推进区域内行业企业提标改造。 7.【土壤/禁止类】禁止在居民区和学校、医院、疗养院、养老院等单位周边新建、改建、扩建可能造成土壤污染的建设项目					
能源资源利用	1.【岸线/综合类】严格水域岸线用途管制，土地开发利用应按照有关法律法规和技术标准要求，留足河道、湖泊的管理和保护范围，非法挤占的应限期退出。 2.【其他/鼓励引导类】单元内规模以上工业企业鼓励采用先进适用的技术、工艺和装备，单位产品能耗、水耗和污染物排放等清洁生产指标应达到清洁生产先进水平					
污染物排放管控	1.【水/综合类】强化城中村、老旧城区和城乡接合部污水截流、收集，合流制排水系统要加快实施雨污分流改造，难以改造的，应采取截流、调蓄和治理等措施；完善城镇污水处理设施管网建设，加强污水处理设施和管线维护检修，提高城镇生活污水集中收集处理率。 2.【大气/综合类】餐饮项目应加强油烟废气防治，餐饮业优先使用清洁能源；禁止露天烧烤；严格控制恶臭气体排放，减少恶臭污染影响。 3.【大气/综合类】大气环境敏感点周边企业加强管控工业无组织废气排放，防止废气扰民					
环境风险防控	1.【风险/综合类】建立健全事故应急体系，落实有效的事故风险防范和应急措施，有效防范污染事故发生。 2.【土壤/综合类】建设用地污染风险管控区内企业应加强用地土壤和地下水环境保护监督管理，防止用地土壤和地下水污染					

一般管控单元以解决环境问题为主，提出针对性管控要求。一般管控单元管控要求示例见表 11-15。

表 11-15　一般管控单元管控要求示例

ZH44011330001	番禺区石壁街一般管控单元	广东省	广州市	番禺区	一般管控单元	水环境一般管控区、大气环境布局敏感重点管控区、大气环境高排放重点管控区、大气环境受体敏感重点管控区、大气环境一般管控区、江河湖库重点管控岸线、江河湖库一般管控岸线
管控维度	管控要求					
区域布局管控	1.【产业/限制类】现有不符合产业规划、主导产业、效益低、能耗高、产业附加值较低的产业和落后生产能力逐步退出或关停。 2.【产业/鼓励引导类】单元内石壁街产业区块-8、石壁街产业区块-9、石壁街产业区块-2 重点发展其他制造业。 3.【大气/限制类】大气环境布局敏感重点管控区内，应严格限制新建使用高挥发性有机物原辅材料项目，大力推进低 VOCs 含量原辅材料替代，全面加强无组织排放控制，实施 VOCs 重点企业分级管控。 4.【大气/鼓励引导类】大气环境高排放重点管控区内，应强化达标监管，引导工业项目落地集聚发展，有序推进区域内行业企业提标改造。 5.【大气/限制类】大气环境受体敏感重点管控区内，应严格限制新建储油库项目、产生和排放有毒有害大气污染物的工业建设项目以及使用高挥发性溶剂型油墨、涂料、清洗剂、胶黏剂等原辅材料的项目					
能源资源利用	1.【水资源/综合类】全面开展节水型社会建设。推进节水产品推广普及；限制高耗水服务业用水；加快节水技术改进；推广建筑中水应用。 2.【岸线/综合类】严格水域岸线用途管制，土地开发利用应按照有关法律法规和技术标准要求，留足河道、湖泊的管理和保护范围，非法挤占的应限期退出					
污染物排放管控	【水/综合类】强化工业污染防治。推进城乡生活污染治理，完善污水处理系统。推进农业面源污染治理，控制农药化肥施用量					
环境风险防控	【风险/综合类】建立健全事故应急体系，落实有效的事故风险防范和应急措施，有效防范污染事故发生					

11.3.5　准入清单实施应用

1. 早期介入精准对接，推动落实可持续发展

在广州市工业产业区块及"三线一单"编制过程中，就"三线一单"与工业

产业区块划定存在的冲突问题，广州市生态环境局与广州市工业和信息化局进行了 3 次调研座谈，2 次书面复函。其中发现与生态空间重叠面积 96.76 hm²，涉及地块 46 个；与现行生态保护红线重叠面积 12.03 hm²，涉及地块 8 个；与现行的饮用水水源保护区重叠面积 592.06 hm²，涉及地块 31 个；与"三线一单"初步成果中水环境优先保护区重叠面积 74.32 hm²，涉及地块 26 个。经认真研究、科学判定、细致对接，及时调整了工业产业布局，布局优化前后的工业产业区块成果总体由 632.64 km²（682 个区块）减少为 620.96 km²（669 个区块），基本避让了与生态敏感区的重叠区域，由于历史原因未能调减的区域在用地管理层面和"三线一单"编制成果中均给出了解决方案：如《广州市工业产业区块管理办法》中明确了，工业产业区块用地如涉及生态保护红线、饮用水水源保护区、一类环境空气质量功能区、区域空间生态环境评价等上位规划划定的刚性管控空间要素的，应按照相关法律、法规和管控要求管控。而广州市"三线一单"成果中识别了冲突区域并在环境管控单元生态环境准入清单中提出了十余条管控要求，有效避免了产业开发与生态环境冲突矛盾，为推动落实工业产业经济和生态环境协调可持续发展提供有力支撑。

2. 避免生态空间侵占，维护生态系统功能

广州市"三线一单"划定的优先保护单元以维护生态系统功能为主，禁止或限制大规模、高强度的工业和城镇建设，严守生态环境底线，确保生态功能不降低。通过对工业产业区块布局问题深入研判，优化工业产业区块中与饮用水水源、生态保护红线、一般生态空间等冲突区域的产业布局和结构调整，有效避免了敏感区域的侵占，并维护了生态系统功能的稳定。

3. 优化布局管控，助推工业产业高质量发展

以解决工业产业区域突出环境问题和改善环境质量为目标，广州市"三线一单"精准编制了各工业产业区块的生态环境准入管控要求，对工业产业区块主导产业、企业资源能源利用水平、污染物管控水平提出了要求，优化了产业空间布局，引领和推动了产业绿色发展，推动经济高质量发展和生态环境高水平保护良性互动。

4. 加强组织领导和工作保障，强化生态环境宏观管控

各区、各部门充分认识实施"三线一单"生态环境分区管控的重要意义，切实加强组织领导，建立"三线一单"实施应用工作机制，不断提高"三线一单"成果应用的战略性、针对性和可操作性。广州市生态环境主管部门充分发挥市区

域空间生态环境评价工作联席会议作用，做好统筹协调，同时组建长期稳定的技术团队，切实做好技术保障。广州市有关部门根据职能分工做好数据更新和实施应用。各区人民政府要切实落实"三线一单"实施的主体责任，扎实推进编制、实施和应用工作。各区、各部门强化"三线一单"的刚性约束，将其作为规划资源开发、产业布局和结构调整、城镇建设以及重大项目选址的重要依据，并在政策制定、规划编制、执法监管过程中做好应用，严把生态环境准入关。广州市生态环境主管部门以"三线一单"为基础，深化国家和省的环评改革措施，着力构建"三线一单"、区域规划环评、建设项目环评、排污许可相互衔接的固定污染源全链条环境管理体系，不断提升环境监管效能。

5. 建立分级实施和动态调整机制

按照广东省"三线一单"实施管理相关规定，做好成果实施、评估更新和动态调整工作。5 年内，因法律、法规、国家和地方重大发展战略、国土空间规划、区域生态环境质量以及生态保护红线、自然保护地、饮用水水源保护区等发生重大变化，需要调整"三线一单"成果的，由广州市生态环境主管部门提请广州市政府按广东省规定程序调整更新。

6. 建立完善的数据应用平台

结合"穗智管"城市运行管理中枢建设，建立"三线一单"成果数据应用平台，将生态、水、大气、土壤、近岸海域、资源利用等分区管控要求纳入平台，实现编制成果信息化应用。推动"三线一单"与环境质量、排污许可、环评审批、环境监测、环境执法等数据系统的互联互通；推动"三线一单"成果纳入"多规合一"平台，加强与有关部门业务平台对接，实现数据共享共用。